华章IT
HZBOOKS | Information Technology

技术丛书

Mastering Scala Machine Learning

Scala机器学习

[美]　亚历克斯·科兹洛夫(Alex Kozlov)　著

罗棻　刘波　译

图书在版编目（CIP）数据

Scala 机器学习 /（美）亚历克斯·科兹洛夫（Alex Kozlov）著；罗棻，刘波译．—北京：机械工业出版社，2017.7

（大数据技术丛书）

书名原文：Mastering Scala Machine Learning

ISBN 978-7-111-57215-2

I. S… II. ① 亚… ② 罗… ③ 刘… III. JAVA 语言－程序设计 IV. TP312.8

中国版本图书馆 CIP 数据核字（2017）第 146773 号

本书版权登记号：图字：01-2016-8654

Alex Kozlov: *Mastering Scala Machine Learning* (ISBN: 978-1-78588-088-9).

Scala 机器学习

出版发行：机械工业出版社（北京市西城区百万庄大街 22 号 邮政编码：100037）

责任编辑：缪 杰　　责任校对：殷 虹

印　刷：三河市宏图印务有限公司　　版　次：2017 年 7 月第 1 版第 1 次印刷

开　本：186mm × 240mm 1/16　　印　张：13.5

书　号：ISBN 978-7-111-57215-2　　定　价：59.00 元

凡购本书，如有缺页、倒页、脱页，由本社发行部调换

客服热线：（010）88379426 88361066　　投稿热线：（010）88379604

购书热线：（010）68326294 88379649 68995259　　读者信箱：hzit@hzbook.com

The Translator's Words 译 者 序

大数据是当前热门的话题，其特点为数据量巨大，增长速度快，拥有各种类型。分布式机器学习是一种高效处理大数据的方法，其目的是从大数据中找到有价值的信息。目前各大互联网公司都投入巨资研究分布式机器学习。

在实现分布式机器学习算法时，函数式编程有天生的优势。这是因为函数式编程不会共享状态，也不会造成资源竞争。Scala 是一种优秀的函数式编程语言，同时它也是基于 Java 虚拟机的面向对象的编程语言。使用 Scala 编程非常方便快捷。

Spark 是 2009 年出现的一种基于内存的分布式计算框架，它的处理速度比经典的分布式计算框架 Hadoop 快得多。Spark 的核心部分是由 Scala 实现的。Spark 对于处理迭代运算非常有效，而分布式机器学习算法经常需要迭代运算，因此 Spark 能很好地与机器学习结合在一起。

本书共 10 章，介绍了如何使用 Scala 在 Spark 平台上实现机器学习算法，其中 Scala 的版本为 2.11.7，Spark 采用基于 Hadoop 2.6 的版本，这些都是比较新的版本。本书从数据分析师怎么开始数据分析入手，介绍了数据驱动过程和 Spark 的体系结构；通过操作 Spark MLlib 库，介绍了机器学习的基本原理及 MLlib 所支持的几个算法；接着介绍了 Scala 如何表示和使用非结构化数据，以及与图相关的话题；再接着介绍了 Scala 与 R 和 Python 的集成；最后介绍了一些特别适合 Scala 编程的 NLP 常用算法及现有的 Scala 监控解决方案。总之，本书非常适合从事分布式机器学习的数据工作者，使用书中提供的大量针对性编程例子，可提高工程实战能力。

本书的第 1～3 章和第 7 章由重庆工商大学计算机科学与信息工程学院刘波博士翻译；第 4～6 章和第 8～10 章由重庆工商大学计算机科学与信息工程学院罗棻翻译。同时，刘波博士负责全书的技术审校工作。

翻译本书的过程也是译者不断学习的过程。为了保证专业词汇翻译的准确性，我们在翻译过程中查阅了大量相关资料。但由于时间和能力有限，书中内容难免出现差错。若有问题，读者可通过电子邮件（liubo7971@163.com; luofcn@163.com）与我们联系，欢迎一起探讨，共同进步。并且，我们也会将最终的勘误信息公布在 http://www.cnblogs.com/ml-cv/ 上。

本书的顺利出版还要特别感谢机械工业出版社华章公司的编辑在翻译过程中给予的帮助！

本书的翻译也得到如下项目资助：（1）国家自然科学基金一般项目，非同步脉冲神经膜系统研究，项目号：61502063；（2）重庆市检测控制集成系统工程实验室新技术新产品开放课题，基于图像内容的目标检测算法及应用研究，项目号：KFJJ2016042。

Preface 前　言

这是一本关于机器学习的书，它以 Scala 为重点，介绍了函数式编程方法以及如何在 Spark 上处理大数据。九个月前，当我受邀写作本书时，我的第一反应是：Scala、大数据、机器学习，每一个主题我都曾彻底调研过，也参加了很多的讨论，结合任何两个话题来写都具有挑战性，更不用说在一本书中结合这三个主题。这个挑战激发了我的兴趣，于是就有了这本书。并不是每一章的内容都像我所希望的那样圆满，但技术每天都在快速发展。我有一份具体的工作，写作只是表达我想法的一种方式。

下面先介绍机器学习。机器学习经历了翻天覆地的变换；它是由人工智能和统计学发展起来的，于 20 世纪 90 年代兴起。后来在 2010 年或稍晚些时候诞生了数据科学。数据科学家有许多定义，但 Josh Wills 的定义可能最通俗，我有幸在 Cloudera 工作时和他共事过。这个定义在图 1 中有具体的描述。虽然细节内容可能会有争议，但数据科学确实是几个学科的交叉，数据科学家不一定是任何一个领域的专家。据 Jeff Hammerbacher（Cloudera 的创始人，Facebook 的早期员工）介绍，第一位数据科学家工作于 Facebook。Facebook 需要跨学科的技能，以便从当时大量的社交数据中提取有价值的信息。虽然我自称是一个大数据科学家，但我已经关注这个交叉领域很久了，以至于有太多知识出现混淆。写这本书就是想使用机器学习的术语来保持对这些领域的关注度。

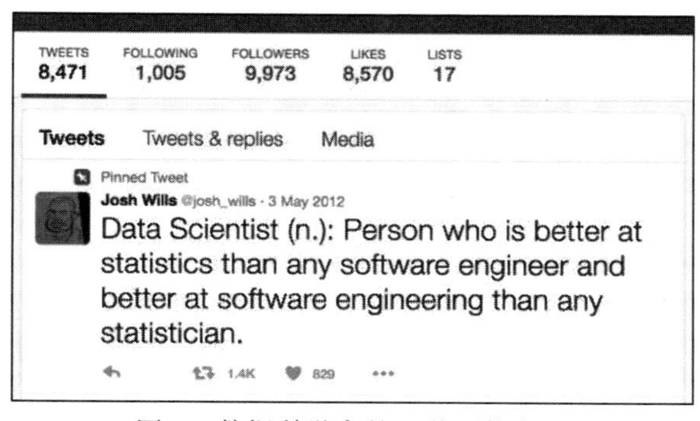

图 1　数据科学家的一种可能定义

最近，在机器学习领域出现了另一个被广泛讨论的话题，即数据量击败模型的复杂度。在本书中可以看到一些 Spark MLlib 实现的例子，特别是 NLP 的 word2vec。机器学习模型可以更快地迁移到新环境，也经常击败需要数小时才能构建的更复杂的模型。因此，机器学习和大数据能够很好地结合在一起。

最后也很重要的一点是微服务的出现。作者在本书中花了大量的篇幅介绍机器和应用程序通信，所以会很自然地提及 Scala 与 Akka actor 模型。

对于大多数程序员而言，函数式编程更多是关于编程风格的变化，而不是编程语言本身。虽然 Java 8 开始有来自函数式编程的 lambda 表达式和流，但是人们仍然可以在没有这些机制的情况下编写函数式代码，甚至可以用 Scala 编写 Java 风格的代码。使得 Scala 在大数据世界中名声鹊起的两个重要思想是惰性求值和不可变性，其中惰性求值可大大简化多线程或分布式领域中的数据处理。Scala 有一个可变集合库和一个不可变集合库。虽然从用户的角度来看它们的区别很小，但从编译器的角度来看，不变性大大增加了灵活性，并且惰性求值能更好地与大数据相结合，因为 REPL 将大多数信息推迟到管道的后期处理，从而增加了交互性。

大数据一直备受关注，其主要原因是机器产生的数据量大大超越了人类在没有使用计算机以前的数量。Facebook、Google、Twitter 等社交网络公司已经证明专门用于处理大数据的工具（如 Hadoop、MapReduce 和 Spark）可以从这些数据块中提取丰富的信息。

本书后面将介绍关于 Hadoop 的内容。最初它能在廉价硬件上处理大量的信息，因为当时传统的关系数据库不能处理这样的信息（或能处理，但是代价过高）。大数据这个话题太大了，而 Spark 才是本书的重点，它是 Hadoop MapReduce 的另一个实现，Spark 提高了磁盘上持久化保存数据的效率。通常认为使用 Spark 有点贵，因为它消耗更多的内存，要求硬件必须更可靠，但它也更具交互性。此外，Spark 使用 Scala 工作（也可以使用 Java 和 Python 等），但 Scala 是主要的 API 语言。因此 Spark 用 Scala 在数据管道的表达方面有一定的协同性。

本书主要内容

第 1 章介绍数据分析师如何开始数据分析。除了允许用户使用新工具查看更大的数据集以外，该章并没有什么新东西。这些数据集可能分布在多台计算机上，但查看它们就像在本地机器上一样简单。当然，不会阻止用户在单个机器上顺序执行程序。但即使如此，作者写作的这个笔记本电脑也有四个核，可同时运行 1377 个线程。Spark 和 Scala（并行集合）允许用户透明地使用整个设备，有时并没有显式指定需要并行运行。现代服务器可对 OS 服务使用多达 128 个超线程。该章将展示如何使用新工具来进行数据分析，并用它来研究以前的数据集。

第 2 章介绍在 Scala/Spark 之前一直存在的数据驱动过程，也会介绍完全数据驱动的企业，这类企业通过多台数据生成机器的反馈来优化业务。大数据需要新的技术和架构来适应新的决策过程。该章借鉴了一些学术资料来阐述数据驱动型业务的通用架构。在这种架构下，大多数工人的任务是监控和调整数据管道。

第 3 章重点介绍 Spark 的体系结构，它是前面提及的 Hadoop MapReduce 的替代者（或补充）。该章还将特别介绍 MLlib 所支持的几个算法。虽然这是一个崭新的话题，但许多算法都对应着各种实现。该章将给出一些例子，比如怎样运行 org.apache.spark.mllib 包中标准的机器学习算法。最后介绍 Spark 的运行模式及性能调整。

第 4 章介绍机器学习的原理，虽然 Spark MLlib 的内容可能会不断变化，但这些原理是不会变的。监督学习和无监督学习是经典的机器学习算法，对大多数数据而言，它们对数据按行进行操作。该章是每一本机器学习书的经典部分，但作者增加了一些知识点，使其围绕 Scala/Spark 来介绍监督学习和无监督学习。

第 5 章引入回归和分类，这是机器学习算法的另一个经典内容。虽然分类算法可以用来做回归，回归算法也可以用于分类，但它们仍然是两种不同的算法。该章通过具体的算法展示回归和分类的实际例子。

第 6 章介绍社交数据的新特性。使用非结构化数据需要新的技术和格式，该章将详细介绍显示、存储以及改进这类数据的方法。Scala 在这里成为了一个大赢家，因为它天生具备处理数据管道中复杂数据结构的能力。

第 7 章介绍图，传统按行存储的数据库系统很难处理这类信息。最近图数据库也再次流行起来。该章将介绍两个不同的库：一个是 Assembla 的 Scala 图，它对图的表示和理解都非常方便；另一个是 Spark 的图类，并在其基础上实现了几个图算法。

第 8 章介绍与 Scala 相关的内容，但许多人因为太谨慎了而不愿意放弃他们以前所使用的库。该章将演示如何透明地引用以 R 和 Python 编写的遗留代码，这是作者经常听到的要求。简单地说，这里有两种运行机制可以满足这类需求：一种是使用 Unix 的管道；另一种是在 JVM 中启动 R 或 Python。

第 9 章介绍自然语言处理，即如何处理人机交互，以及计算机如何理解人类的这种非标准沟通方式。该章将重点介绍 Scala 为自然语言处理、主题关联以及处理大量文本信息（Spark）所提供的几个工具。

第 10 章介绍通常如何开发数据管道，人们怎样使用和调试这些管道。监控不仅对数据管道的终端用户非常重要，而且对寻求优化运行方案或进一步做设计的开发人员来说也非常重要。该章介绍用于监控系统和分布式机器集群的标准工具，以及如何设计一个钩子服务，以便在不附加调试器的情况下查看其功能。该章也讨论了新出现的统计模型监控。

本书所需的工具

本书所使用的工具都是开源软件。首先是 Java，可以从 Oracle 的 Java 下载页面下载它。读者必须接受安装许可，并为你的平台选择合适的映像。不要使用 OpenJDK，它与 Hadoop/Spark 的兼容性不好。

其次是 Scala。如果读者使用 Mac，建议安装 Homebrew：

```
$ ruby -e "$(curl -fsSL https://raw.githubusercontent.com/Homebrew/
install/master/install)"
```

读者还需要使用多个开源包。为了安装 Scala，请运行 brew install scala。在 Linux 平台上安装需要从 http://www.scala-lang.org/download/site 下载合适的 Debian 或 RPM 软件包。本书使用的版本是 2.11.7。

Spark 发行版可以从 http://spark.apache.org/downloads.html 上下载。本书使用预构建的 Hadoop 2.6（或更高版本）的映像。因为 Hadoop 是以 Java 编写的，只需要解压，然后运行 bin 子目录中的脚本。

R 和 Python 的包可分别从站点 http://cran.r-project.org/bin 和 http://python.org/ftp/python/$PYTHON_VERSION/Python-$PYTHON_VERSION.tar.xz 上获得。还有文档介绍具体如何配置它们。本书使用的 R 版本是 3.2.3，Python 的版本为 2.7.11。

本书面向的读者

想要提高实战技能的数据科学家，通过本书可以学习使用大数据的例子；想学习从大数据中有效地提取可靠信息的数据分析师；想超越现有的界限，成为数据科学家的统计师。

本书注重动手操作，除了少数几个例子有深入的介绍以外，本书不会深入地介绍数学证明。但本书会尽力提供代码示例和技巧，使读者可以尽快开始使用标准算法库。

下载示例代码

本书的代码包放在 GitHub 上，网址为 https://github.com/PacktPublishing/Mastering-Scala-Machine-Learning。

下载本书的彩色图片

我们还为读者提供了一个 PDF 文件，其中包含本书中使用的截图 / 图的彩色图片。彩色图片将帮助读者更好地了解输出的变化。读者可以从 https://www.packtpub.com/sites/default/files/downloads/MasteringScalaMachineLearning_ColorImages.pdf 上下载此文件。

致谢

我曾有几次都想写一本书，当 Packt 在我 50 岁生日之前给我打电话时，我几乎立马就同意了。Scala？机器学习？大数据？这三者如何组合才能做到既容易理解，其主题又很有市场的推广性？为了把我的想法转换成文字，随之而来的是 8 个月的熬夜。实际上，这个过程让我发现我的身体每天需要至少三个小时的睡眠。总的来说，这个经历是完全值得的。我真心感激身边每个人的帮助，首先是我的家人，他们陪伴我度过许多不眠之夜，也容忍我对家庭暂时缺少关爱。

我想感谢我的妻子，因为我经常写作到深夜而让她承担了很多额外的家庭琐事。我知道这是非常不容易的。我还要感谢编辑，特别是 Samantha Gonsalves，他不仅时时叮咛我要按时完成任务，也给我非常多的好建议，还忍受着我的拖延。尤其要感谢在 E8 Security 产品发布的几个关键阶段顶替我的同事（我们一起做了 GA，在这段时间至少发行了好几个版本）。我们的很多想法都渗透到了 E8 产品中。我要特别感谢 Jeongho Park，Christophe Briguet，Mahendra Kutare，Srinivas Doddi 和 Ravi Devireddy。感谢 Cloudera 公司所有同事的反馈和讨论，特别是 Josh Patterson，Josh Wills，Omer Trajman，Eric Sammer，Don Brown，Phillip Zeyliger，Jonathan Hsieh 等。最后，我要感谢我的博士生导师 Walter A. Harrison，Jaswinder Pal Singh，John Hennessy 和 Daphne Koller，是他们将我带入技术和创新的世界。

目　录 Contents

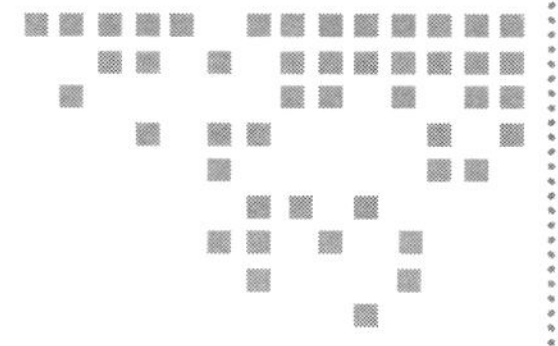

第 1 章 Chapter 1

探索数据分析

在本书深入研究复杂的数据分析方法之前，先来关注一些基本的数据探索任务，这些任务几乎会占据数据科学家 80%～90% 的工作时间。据估计，每年仅仅是数据准备、清洗、转换和数据聚合就有 440 亿美元的产值（*Data Preparation in the Big Data Era* by Federico Castanedo; Best Practices for Data Integration, O' Reilly Media, 2015）。即便如此，人们最近才开始把更多的时间花费在如何科学地开发最佳实践，以及为整个数据准备过程建立文档、教学材料的良好习惯上，这是一件令人惊讶的事情（*Beautiful Data: The Stories Behind Elegant Data Solutions*, edited by Toby Segaran and Jeff Hammerbacher, O' Reilly Media, 2009；*Advanced Analytics with Spark: Patterns for Learning from Data at Scale* by Sandy Ryza et al., O' Reilly Media, 2015）。

很少有数据科学家会对数据分析的具体工具和技术看法一致，因为有多种方式可进行数据分析，从 UNIX 命令行到使用非常流行的开源包，或商业的 ETL 和可视化工具等。本章重点介绍在笔记本电脑上如何通过 Scala 进行函数式编程。后面的章节会讨论如何利用这些技术在分布式框架 Hadoop/Spark 下进行数据分析。

那函数式编程有什么用呢？ Spark 用 Scala 开发是有原因的。函数式编程的很多基本原则（比如惰性求值、不变性、无副作用、列表推导式和单子（monad）），在分布式环境下做数据处理都表现得很好，特别是在大数据集上做数据准备和转换等任务时更是如此。也可在 PC 或笔记本上使用这些技术。通过笔记本电脑连接到分布式存储 / 处理集群就可处理多达数十 TB 的超级数据集。可以一次只涉及一个主题或关注一个领域，但通常进行数据采样或过滤时，不必考虑分区是否合适。本书使用 Scala 作为基本工具，必要时也会采用其他工具。

从某种意义上讲，Scala 能实现其他语言所能实现的一切功能。Scala 从根本上讲是一种高级语言，甚至可称其为脚本语言。Scala有自己的容器，并且实现了一些基本的算法，这些功能已经通过大量的应用程序（比如Java或C++）和时间的测试，程序员不必关心数据结构和算法实现的底层细节。本章也只会关注如何用Scala/Spark来实现高级任务。

本章会涉及如下主题：

- 安装Scala
- 学习简单的数据挖掘技术
- 学习如何下采样（downsample）原始数据集来提高效率
- 探讨在Scala上实现基本的数据转换和聚合
- 熟悉大数据处理工具，比如Spark和Spark Notebook
- 通过编程实现对数据集的简单可视化

1.1 Scala入门

如果已经安装了Scala，可以跳过本节。可以从http://www.scala-lang.org/download/下载最新版本的Scala，本书的Scala版本为2.11.7，操作系统为Mac OS X El Capitan 10.11.5。读者可以选择自己喜欢的版本，不过可能会遇到与其他包（如Spark）的兼容性问题。开源软件的一个通病就是所采用的技术可能会滞后几个版本。

提示 大多数情况需要确保所下载的版本和推荐的版本完全一致。因为不同版本间的差异会导致隐蔽的错误，由此带来漫长的调试过程。

如果已经正确安装Scala，输入scala之后就可以看到与下面类似的信息：

```
[akozlov@Alexanders-MacBook-Pro ~]$ scala
Welcome to Scala version 2.11.7 (Java HotSpot(TM) 64-Bit Server VM, Java
1.8.0_40).
Type in expressions to have them evaluated.
Type :help for more information.

scala>
```

这是Scala的一个REPL环境（read-evaluate-print-loop，读取–求值–输出–循环）提示符。虽然Scala程序是可以编译的，但本章的内容会在REPL中运行，这是因为本章只专注于交互性，这种交互性有时可能会出现一些异常。:help命令会给出一些REPL环境中的实用工具（留意开头的冒号）。

1.2 去除分类字段的重复值

请准备好数据集和电脑。为了方便起见，本书已经提供了一些关于点击流（clickstream）

数据的样本，它们是经过预处理过的，在 https://github.com/alexvk/ml-in-scala.git 上可以找到这些数据。chapter01/data/clickstream 文件夹中包含了时间戳、会话编号（session ID），以及在调用时的一些额外事件信息（比如 URL、类别信息等）。首先要对数据集的各个列做一些变换，以此得到数据的分布情况。

图 1-1 给出了在命令行中执行 gzcat chapter01/data/clickstream/clickstream_sample.tsv.gz | less-U 所得到的结果。列之间用 tab 键（^I）隔开。读者可能会注意到，许多值都空缺了，许多现实应用中的大数据集都是这样。数据的第一列是时间戳，文件包含了复杂的数据（比如数组（array）、结构（struct），以及映射（map）），这也是大数据集的另一个特征。

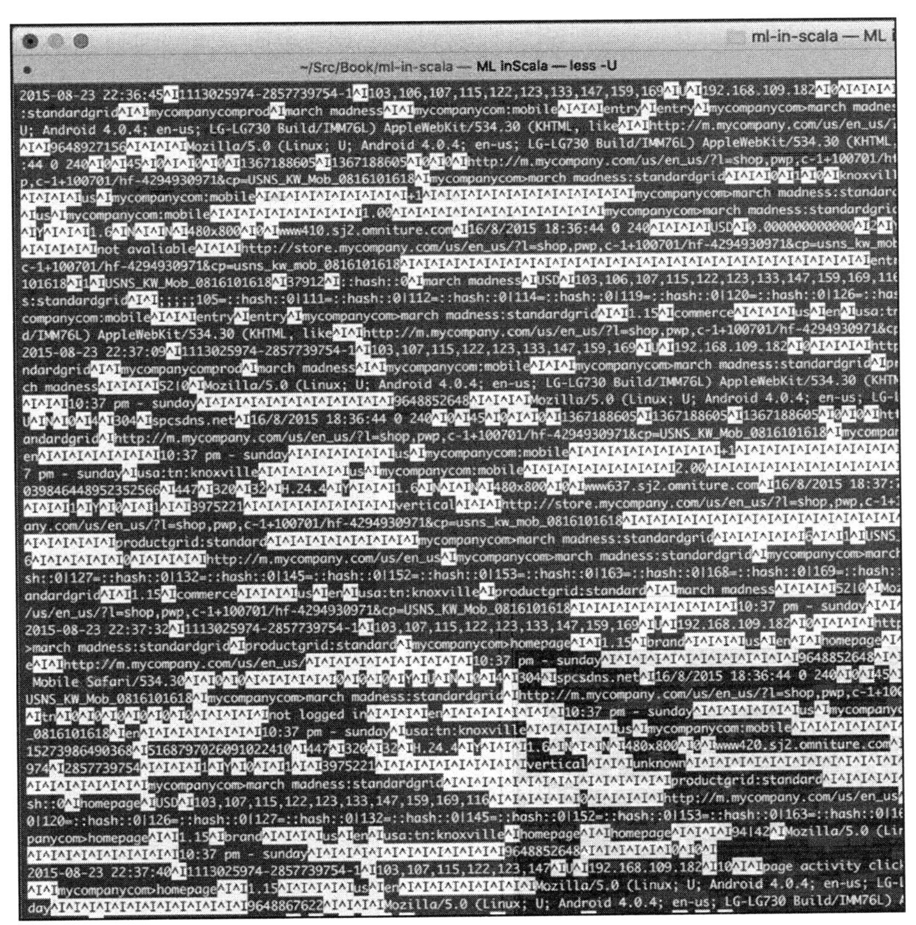

图 1-1　使用 Unix 的 less-U 命令后，clickstream 文件得到的输出

Unix 提供了一些工具来分析数据。less、cut、sort 和 uniq 大概是文本处理中最常用的命令行工具。awk、sed、perl 和 tr 可以做更复杂的转换和提取操作。

幸运的是，Scala 允许在 REPL 中透明地使用命令行工具来做转换：

```
[akozlov@Alexanders-MacBook-Pro]$ scala
…
scala> import scala.sys.process._
import scala.sys.process._
scala> val histogram = ( "gzcat chapter01/data/clickstream/clickstream_
sample.tsv.gz"  #|  "cut -f 10" #| "sort" #|  "uniq -c" #| "sort -k1nr"
).lineStream
histogram: Stream[String] = Stream(7731 http://www.mycompany.com/us/en_
us/, ?)
scala> histogram take(10) foreach println
7731 http://www.mycompany.com/us/en_us/
3843 http://mycompanyplus.mycompany.com/plus/
2734 http://store.mycompany.com/us/en_us/?l=shop,men_shoes
2400 http://m.mycompany.com/us/en_us/
1750 http://store.mycompany.com/us/en_us/?l=shop,men_mycompanyid
1556 http://www.mycompany.com/us/en_us/c/mycompanyid?sitesrc=id_redir
1530 http://store.mycompany.com/us/en_us/
1393 http://www.mycompany.com/us/en_us/?cp=USNS_KW_0611081618
1379 http://m.mycompany.com/us/en_us/?ref=http%3A%2F%2Fwww.mycompany.
com%2F
1230 http://www.mycompany.com/us/en_us/c/running
```

在 Scala REPL 环境中，可使用 scala.sys.process 包来调用熟悉的 Unix 命令。从输出结果可以立即看到这个网上商店的顾客最关注男鞋和跑步鞋，而且大多数访问者使用的推荐码（referral code）为 KW_0611081618。

读者可能会奇怪：究竟什么时候才开始使用复杂的 Scala 类型和算法。其实许多高度优化的工具在 Scala 之前就有了，而且在数据挖掘分析中会更高效。在最初的阶段，最大的瓶颈通常只是磁盘 I/O 和缓慢的交互性。随后才会去研究更多的迭代算法，它们通常都是内存密集型算法。值得注意的是：在现代多核计算机中，隐式地并行执行 Unix 的管道操作，就像在 Spark 中并行执行一样（后面的章节会介绍）。

对输入数据使用隐式的或显式的压缩，也可以减少 I/O 时间。这对具有重复值和稀疏内容的（大多数）半结构化数据集更有效。也可在多核计算机上隐式地并行执行解压操作，这可以消除计算瓶颈，但在硬件上却不能并行执行压缩操作（比如，在 SSD 上就不能并行压缩文件）。推荐使用文件夹而不是文件作为数据集的规范（paradigm），这样插入操作就可简化为把数据文件放在文件夹中。这就是 Hadoop（比如 Hive 和 Impala）组织数据的原理。

1.3 数值字段概述

虽然数据集的大多数列可能是类别（categorical）类型或复杂类型，但这里还是要介绍一下数值数据。通常数值数据会有五种汇总方式，即中位值、均值、四分位数、最小值和最大值。Spark 执行中位数和四分位数会特别简单，因此在介绍 Spark 的 DataFrame 时再来介绍这两种汇总方式。下面是采用 Scala 中相应的运算符来计算均值、最小值和最大值：

```
scala> import scala.sys.process._
import scala.sys.process._
scala> val nums = ( "gzcat chapter01/data/clickstream/clickstream_sample.
tsv.gz"  #|  "cut -f 6" ).lineStream
nums: Stream[String] = Stream(0, ?)
scala> val m = nums.map(_.toDouble).min
m: Double = 0.0
scala> val m = nums.map(_.toDouble).sum/nums.size
m: Double = 3.6883642764024662
scala> val m = nums.map(_.toDouble).max
m: Double = 33.0
```

在多个字段上 grep

有时需要知道怎样从多个字段上搜寻特定的值，最常见的是 IP/MAC 地址、日期和格式化的信息等。比如，若要得到一个文件或文档中的所有 IP 地址，就可将之前例子中的 cut 命令替换为 grep -o -E [1-9][0-9]{0,2}(?:\\.[1-9][0-9]{0,2}){3} 来得到。这里的 -o 选项表明 grep 仅获取匹配部分。更精确的 IP 地址的正则表达式为 grep –o –E (?:(?:25[0-5]|2[0-4][0-9]|[01]?[0-9][0-9]?)\.){3} (?:25[0-5]|2[0-4][0-9]|[01]?[0-9][0-9]?)，但这样会慢 50%，第一个正则表达式在大多数实际情形中都有效。这里不介绍如何在本书提供的样例文件上执行这条命令。

1.4　基本抽样、分层抽样和一致抽样

相当多的数据分析人员蔑视采样。通常要想处理整个数据集，只有改进模型。实际上，在这两者之间进行权衡会很复杂。首先，可以在抽样的数据集上建立更复杂的模型，特别是模型的时间复杂度是非线性（比如在大多数情况下至少是 $N^*\log(N)$）时更是如此。用更快的周期构建模型可让用户能更快地迭代模型，使其按最佳方式收敛。在很多情况下，若在整个数据集上建立模型，则在改进预测精度时可能会增加操作时间。

若一次只关注一个子问题，则可更好地理解整个问题域，因此在一些具体情形下可将滤波与采样适当结合。在许多情况下，分区是算法（比如稍后要介绍的决策树）的基础。通常，问题的本质要求重点专注原始数据的子集（比如，网络安全分析往往集中在一组特定的 IP 而不是整个互联网），因为基于这样的假设可以加快迭代。如果建模方法是正确的，那么在一开始就包含网络中所有 IP 集可能会让问题复杂化。

当处理罕见事件（如广告技术领域（ADTECH）中的点击率）时，需要使用不同的概率

对正例和反例进行抽样，有时也叫作过采样（oversampling），这样可在短时间内得到更好的预测结果。

从根本上讲，对每一行数据抽样相当于抛硬币（或者叫随机数生成器）。因此，这非常像一个流过滤操作，这里的过滤是在一个系统添加的列上进行的，该列的值是随机数。具体代码如下所示：

```
import scala.util.Random
import util.Properties

val threshold = 0.05

val lines = scala.io.Source.fromFile("chapter01/data/iris/in.txt").
getLines
val newLines = lines.filter(_ =>
    Random.nextDouble() <= threshold
)

val w = new java.io.FileWriter(new java.io.File("out.txt"))
newLines.foreach { s =>
    w.write(s + Properties.lineSeparator)
}
w.close
```

以上代码可以正常运行，但是有几个缺点：

- 虽然通常会取原始文件行数的 5%，但在处理之前并不知道该文件的行数。
- 抽样结果具有不确定性，很难在测试或验证时再重复这个过程。

为了解决第一个问题，需要给函数传入一个更复杂的对象，因为需要在遍历原始列表的过程中维持状态，这会导致原来的算法不具有函数式和并行化（稍后会讨论）：

```
import scala.reflect.ClassTag
import scala.util.Random
import util.Properties

def reservoirSample[T: ClassTag](input: Iterator[T],k: Int): Array[T]
= {
  val reservoir = new Array[T](k)
  // Put the first k elements in the reservoir.
  var i = 0
  while (i < k && input.hasNext) {
    val item = input.next()
    reservoir(i) = item
    i += 1
  }

  if (i < k) {
    // If input size < k, trim the array size
    reservoir.take(i)
  } else {
    // If input size > k, continue the sampling process.
```

```
    while (input.hasNext) {
      val item = input.next
      val replacementIndex = Random.nextInt(i)
      if (replacementIndex < k) {
        reservoir(replacementIndex) = item
      }
      i += 1
    }
    reservoir
  }
}

val numLines=15
val w = new java.io.FileWriter(new java.io.File("out.txt"))
val lines = io.Source.fromFile("chapter01/data/iris/in.txt").getLines
reservoirSample(lines, numLines).foreach { s =>
    w.write(s + scala.util.Properties.lineSeparator)
}
w.close
```

上面的代码将输出 numLines 行。分层抽样（stratified sampling）与蓄水池抽样（reservoir sampling）相似，对于按其他属性定义的所有层，它能得到相同的输入 / 输出行比率。该算法的实现过程为：将原始数据集分成对应的 N 个子集，执行蓄水池抽样，然后合并结果。MLlib 库（将在第 3 章中讨论）已经实现了分层抽样算法：

```
val origLinesRdd = sc.textFile("file://...")
val keyedRdd = origLines.keyBy(r => r.split(",")(0))
val fractions = keyedRdd.countByKey.keys.map(r => (r, 0.1)).toMap
val sampledWithKey = keyedRdd.sampleByKeyExact(fractions)
val sampled = sampledWithKey.map(_._2).collect
```

还有一个更微妙的方法。有时候需要在多个数据集上得到值一致的子集，以此实现再现性（reproducibility）或与另一个采样数据集建立联系。一般来讲，如果对两个数据集采样，结果会包含多个 ID 的随机子集，它们之间很少有（或者没有）交集。可用加密哈希函数来解决该问题，哈希函数（例如 MD5 或 SHA1）至少在理论上会得到统计意义不相关的比特序列。这里使用的 MurmurHash 函数在 scala.util.hashing 包中。

```
import scala.util.hashing.MurmurHash3._

val markLow = 0
val markHigh = 4096
val seed = 12345

def consistentFilter(s: String): Boolean = {
  val hash = stringHash(s.split(" ")(0), seed) >>> 16
  hash >= markLow && hash < markHigh
}

val w = new java.io.FileWriter(new java.io.File("out.txt"))
val lines = io.Source.fromFile("chapter01/data/iris/in.txt").getLines
lines.filter(consistentFilter).foreach { s =>
```

```
        w.write(s + Properties.lineSeparator)
    }
    w.close
```

这个函数保证返回完全相同的记录子集（这些记录是基于第一个字段的值），即要么返回所有与第一个字段某个值相等的记录，要么就不返回。这将得到只有约十六分之一的原始样本。hash 的范围是 0 到 65 535。

注意 MurmurHash 是什么函数？它不是一个加密哈希函数！
与 MD5 和 SHA1 之类的加密哈希函数不同，MurmurHash 不是专门被设计成难以找到一个逆函数的哈希函数。但它真的非常高效，这正是该例子所关心的。

1.5 使用 Scala 和 Spark 的 Notebook 工作

通常，这五种数字汇总方式不足以对数据形成初步认识。**描述性统计**（descriptive statistics）的术语非常通用，并且可以采用非常复杂的方法来描述数据。分位数和帕雷托图（Pareto chart）都是描述性统计的例子，当分析一个以上的属性时，相关性也是。在大多数情况下都能查阅到这些数据汇总的方法，但通过具体的计算来理解这些方法也很重要。

Scala 或者 Spark Notebook（https://github.com/Bridgewater/scala-notebook, https://github.com/andypetrella/spark-notebook）记录了完整的执行过程，并且保存为一个基于 JSON 的 *.snb 文件。Spark Notebook 项目可以从 http://spark-notebook.io? 上下载，本书提供了一个例子文件 Chapter01.snb。对于 Spark 的使用，会在第 3 章中进行更详细的讨论。

Spark 可以运行在本地模式下，这是一种特殊情形。即使在本地模式下，Spark 也可以在单机上进行分布式计算，不过会受机器的 CPU 核（或超线程）的数量限制。对配置进行简单修改后，Spark 就可在一个分布式集群上运行，并能使用多个分布式节点上的资源。

下面这组命令可用于下载 Spark Notebook，并从代码库中复制所需的文件：

```
[akozlov@Alexanders-MacBook-Pro]$ wget http://s3.eu-central-1.amazonaws.
com/spark-notebook/zip/spark-notebook-0.6.3-scala-2.11.7-spark-1.6.1-
hadoop-2.6.4-with-hive-with-parquet.zip
...
[akozlov@Alexanders-MacBook-Pro]$ unzip -d ~/ spark-notebook-0.6.3-scala-
2.11.7-spark-1.6.1-hadoop-2.6.4-with-hive-with-parquet.zip
...
[akozlov@Alexanders-MacBook-Pro]$ ln -sf ~/ spark-notebook-0.6.3-scala-
2.11.7-spark-1.6.1-hadoop-2.6.4-with-hive-with-parquet ~/spark-notebook
[akozlov@Alexanders-MacBook-Pro]$ cp chapter01/notebook/Chapter01.snb ~/
spark-notebook/notebooks
[akozlov@Alexanders-MacBook-Pro]$ cp chapter01/ data/kddcup/kddcup.
parquet ~/spark-notebook
[akozlov@Alexanders-MacBook-Pro]$ cd ~/spark-notebook
[akozlov@Alexanders-MacBook-Pro]$ bin/spark-notebook
```

```
Play server process ID is 2703
16/04/14 10:43:35 INFO play: Application started (Prod)
16/04/14 10:43:35 INFO play: Listening for HTTP on /0:0:0:0:0:0:0:0:9000
...
```

在浏览器地址栏上输入 http://localhost:9000 来打开 Notebook，具体如图 1-2 所示：

图 1-2　以列表形式来展示 Spark Notebook 的首页

通过点击来打开 Chapter01 notebook。语句被组织成多个单元，并可通过点击顶部那个向右的小箭头来执行每个单元（其结果如图 1-3 所示）。也可通过菜单 Cell → Run All 来一次性运行所有的单元。

首先来观察一下离散的变量。比如得到另一些观察属性。如果像下面的代码影响了标签的分布，就不可能这样做：

```
val labelCount = df.groupBy("lbl").count().collect
labelCount.toList.map(row => (row.getString(0), row.getLong(1)))
```

在 MacBook Pro 上第一次读入这个数据集可能需要几分钟，但是 Spark 会把数据缓存在内存中，随后的汇总只需要一秒钟左右。Spark Notebook 给出了数据值的分布，如图 1-4 所示。

通过查看离散变量对的交叉表计数（使用 http://spark.apache.org/docs/latest/api/scala/index.html#org.apache.spark.sql.DataFrameStatFunctions）来理解变量之间相互依赖的关系。DataFrameStatFunctions 不支持相关度量计算，如卡方等（见图 1-5）。

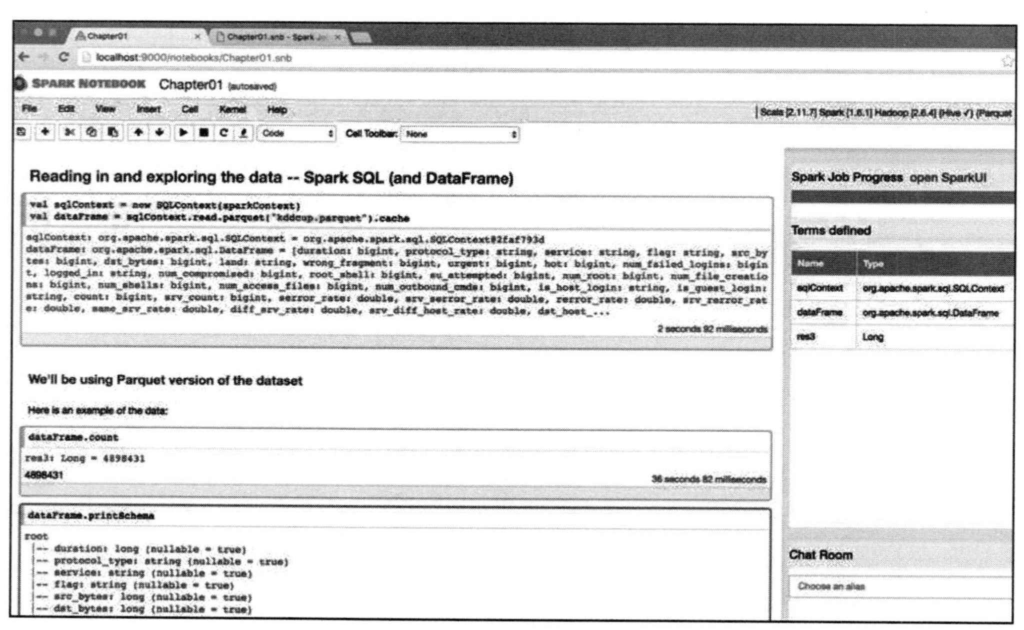

图 1-3　执行 notebook 中的前几个单元任务

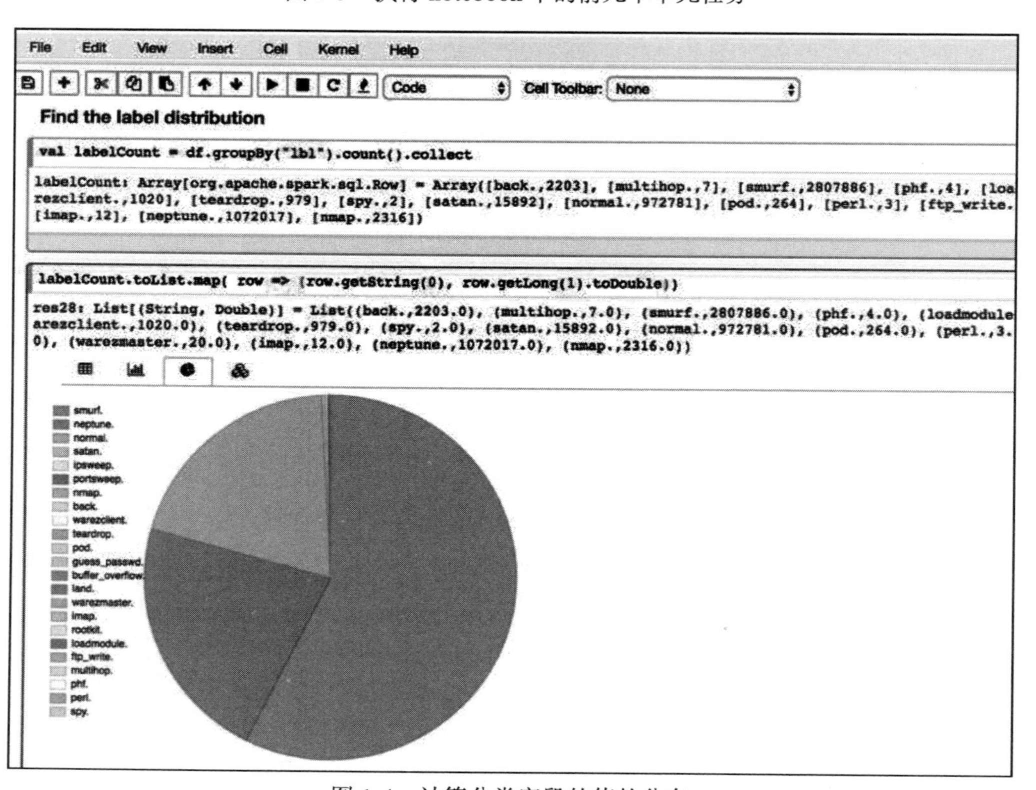

图 1-4　计算分类字段的值的分布

```
In [63]: dataFrame.stat.crosstab("service", "flag")

res48: org.apache.spark.sql.DataFrame = [service_flag: string, S0: bigint, RSTO: bigint, RSTR: bigint, RS
TOS0: bigint, SF: bigint, SH: bigint, REJ: bigint, S1: bigint, OTH: bigint, S2: bigint, S3: bigint]
Out[63]:
```

1 >>　　1 second 875 milliseconds

service_flag	S0	RSTO	RSTR	RSTOS0	SF	SH	REJ	S1	OTH	S2	S3
ftp	843	234	6	2	4115	1	0	10	2	1	0
netbios_ssn	842	1	6	0	3	1	202	0	0	0	0
hostnames	837	0	6	0	0	1	206	0	0	0	0
printer	834	202	5	0	2	1	0	1	0	0	0
finger	1634	212	7	2	5031	1	0	3	0	0	1
smtp	1008	349	9	2	95111	1	4	37	2	21	10
harvest	1	0	0	0	0	0	1	0	0	0	0
aol	0	0	0	0	0	0	2	0	0	0	0
name	837	0	8	1	0	1	220	0	0	0	0
whois	843	0	8	1	0	1	220	0	0	0	0
http_8001	1	0	0	0	0	0	1	0	0	0	0
private	820049	1203	4703	91	76524	981	197246	1	33	0	0
sql_net	839	0	6	0	0	1	205	0	1	0	0
shell	834	203	5	0	7	1	0	1	0	0	0
ftp_data	1611	0	9	1	38743	1	238	72	3	6	13
auth	837	4	6	0	2314	1	220	0	0	0	0
ssh	840	16	6	1	9	1	202	0	0	0	0
telnet	1730	315	43	2	2106	1	0	73	3	0	4
gopher	842	3	6	1	14	1	210	0	0	0	0
pop_2	843	1	5	0	2	1	203	0	0	0	0
domain	848	4	6	1	48	1	205	0	0	0	0
pm_dump	0	0	0	0	5	0	0	0	0	0	0
supdup	846	0	7	0	0	1	206	0	0	0	0
netbios_dgm	839	0	7	0	0	1	205	0	0	0	0
discard	841	202	8	2	1	1	4	0	0	0	0

图 1-5　列（contigency）联表（或交叉表）

从这里可以看出：最流行的服务是 private，并且和 SF 标志相关。分析依赖关系的另一种方法是看为 0 的项。比如，S2 和 S3 标志明显和 SMTP 以及 FTP 流量相关，因为其他项的值都是 0。

当然，最有趣的是与目标变量的相关性，但这些都可通过监督学习算法（在第 3 章和第 5 章会详细介绍）来更好地得到。

类似地，可以通过 dataFrame.stat.corr() 和 dataFrame.stat.cov() 函数计算数值变量的相关性（见图 1-6）。该类支持皮尔森相关系数。另外，也可以直接在 Parquet 文件上使用标准的 SQL 语句：

```
sqlContext.sql("SELECT lbl, protocol_type, min(duration),
  avg(duration), stddev(duration), max(duration) FROM
  parquet.`kddcup.parquet` group by lbl, protocol_type")
```

最后计算百分数。这通常会对整个数据集排序，其代价非常大。但如果要比较的是第一个或最后一个，通常可对计算进行优化：

```
val pct = sqlContext.sql("SELECT duration FROM
  parquet.`kddcup.parquet` where protocol_type =
  'udp'").rdd.map(_.getLong(0)).cache
pct.top((0.05*pct.count).toInt).last
```

从 Spark Notebook 的部分示例代码可看出计算更通用的精确百分位数会有更高的代价。

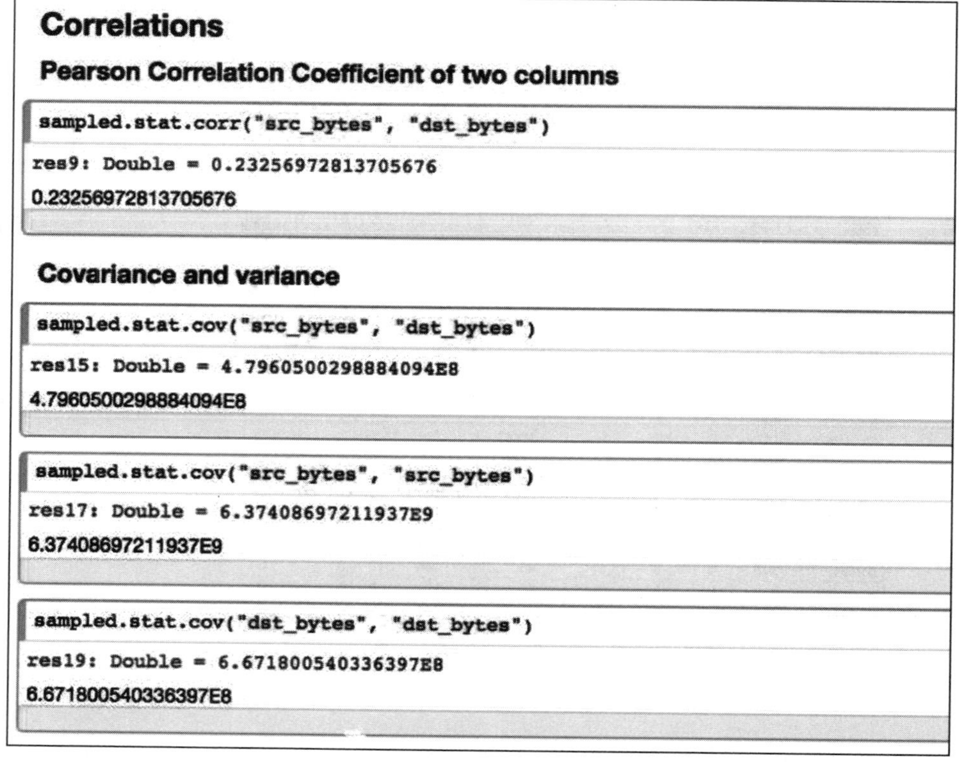

图 1-6 使用 org.apache.spark.sql.DataFrameStatFunctions 计算简单的汇总

1.6 相关性的基础

读者可能已经注意到，从列联表检测相关性是很难的。检测模式来源于实践，但许多人更擅长于识别可视化的模式。检测行为模式是机器学习的基本目标之一。虽然高级的监督机器学习技术将在第 4 章和第 5 章中讨论，但对变量之间相互依存关系的初步分析可得到正确的数据转换（或最佳的推理技术）。

目前有很多成熟的可视化工具及相关的网站（如 http://www.kdnuggets.com）都专注于数据分析、数据研究和可视化软件的排名以及推荐。本书不会去质疑该排名的有效性和准确性，但确实很少有网站会介绍用 Scala 进行数据可视化的具体方法。其实 Scala 确实能做可视化，比如用 D3.js 包。一个好的可视化可将你的发现展示给更多的观众，因为一图胜千言。

本章会使用 Grapher 进行可视化，Mac OS 的笔记本上都有这个软件。打开 Grapher，先进入 Utilities（在 Finder 中执行 <shift+command+U>），然后点击 Grapher 图标（或者按下 <command+space>，然后通过名字进行搜索）。Grapher 有许多选项，包括**对数 – 对数**（Log-Log）和**极坐标** (Polar) 选项，如图 1-7 所示。

从根本上讲，可视化信息的数量受限于屏幕像素点的个数，对于目前的大多数计算机而言，屏幕像素个数可达百万级，并且有各种颜色（Judd, Deane B.; Wyszecki, Günter (1975). *Color in Business, Science and Industry*. Wiley Series in Pure and Applied Optics (3rd ed.). New York）。对于一个 TB 级别的多维数据集，首先需要对数据汇总并进行处理，以减小尺寸，使其能显示在电脑屏幕上。

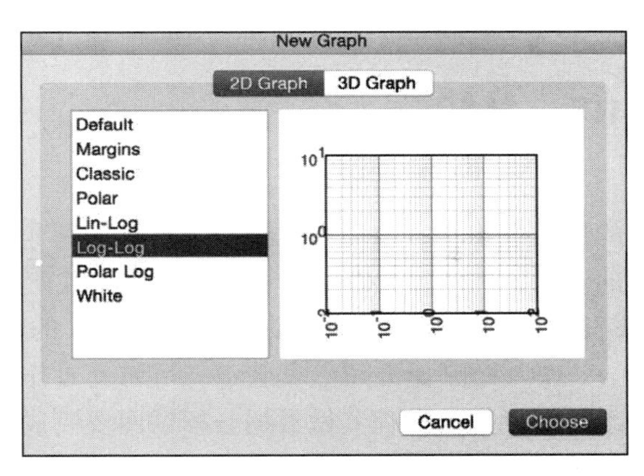

图 1-7　Grapher 窗口

下面用 Iris 数据集来举例说明，该数据集可以在 https://archive.ics.uci.edu/ml/datasets/Iris 获取。把数据导入 Grapher 中，需要输入以下命令（在 Mac OS 上）：

```
[akozlov@Alexanders-MacBook-Pro]$ pbcopy < chapter01/data/iris/in.txt
```

在 Grapher 中新建一个**点集**（Point Set）(<command+alt+P>)。点击**编辑点**（Edit Points），并按下 <command+V> 粘贴数据。该工具具有拟合基本的直线、多项式、指数分布等函数族的能力，并能通过卡方度量按自由参数的数量来评估拟合的优劣：

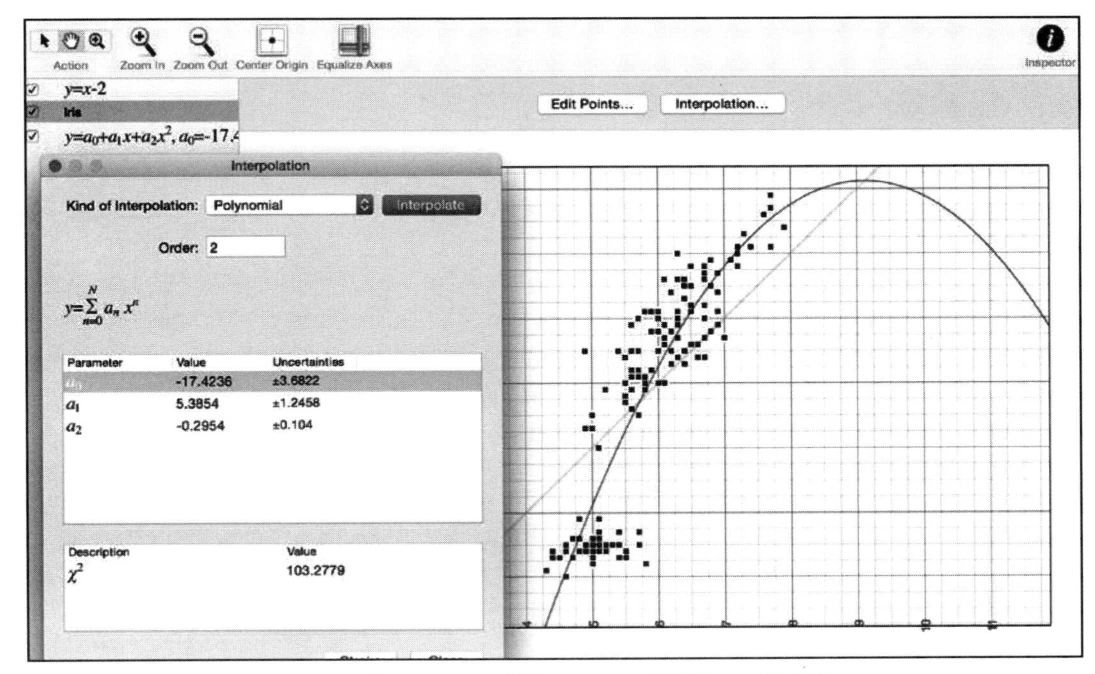

图 1-8　在 MacOS 上使用 Grapher 来拟合 Iris 数据集

下一章会讨论如何评估模型拟合的优劣。

1.7 总结

本章试图为后面更复杂的数据科学建立一个通用平台。不要认为这里介绍了一套完整的探索性技术，因为探索性技术可扩展到非常复杂的模式上。但是，本章已经涉及了简单的汇总、抽样、文件操作（如读和写），并使用 notebook 和 Spark DataFrame 等工具来工作，Spark 的 DataFrame 也为使用 Spark/Scala 的数据分析师引入了他们所熟悉的 SQL 结构。

下一章开始介绍数据管道，可将其看作基于数据驱动企业的一部分，并从商业角度给出数据发现的过程：做数据分析试图要完成的最终目标是什么。在介绍更复杂的数据表示之前，会先介绍一点传统的机器学习内容，如监督学习和无监督学习，从中也能看出 Scala 相对于 SQL 的优势。

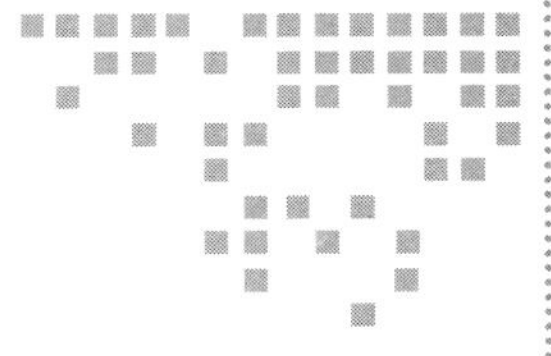

第 2 章 Chapter 2

数据管道和建模

上一章介绍了一些研究数据的基本工具。本章将深入介绍一些更复杂的主题，其中包括建立统计模型、最优控制以及科学驱动（science-driven）的工具等问题。不过事先声明，本书只会涉及最优控制的若干主题，因为本书是介绍基于 Scala 的机器学习（ML），而不是数据驱动的企业管理理论，企业管理理论本身就足以写成一本书。

本章不会介绍基于 Scala 的具体实现，而是在一个高层次上探讨构建数据驱动型企业的问题。后面的章节将详细讨论如何实现这些细节。本章也特别强调不确定性的处理。不确定性通常包含几个因素：首先，所得的信息肯定包含有噪声；其次，信息可能是不完整的，而系统在填充缺失部分时可能会有一定的随意性，这会带来不确定性。最后，可能对模型的解释和度量结果也存在差异，这一点容易被忽略，因为大多数经典教材都认为可以直接度量这些数据。但度量过程可能有噪音，而且度量的定义也是随时间变化的，比如满意度或幸福感的度量。当然，可以像通常所做的那样，只优化度量指标来避免歧义性。但这样做显然限制了应用领域。科学研究总是可以找到处理不确定性的方法。

预测的模型通常只是为理解数据而构建。从语言的衍化角度而言，模型是现实中复杂事物或处理过程的一种简化表示，以此来表明自己的观点并让人信服。预测模型的最终目标是通过为了找出最重要的影响因子来优化业务流程，使世界变得更美好。这正是本书（特别是本章）所关注的内容。建立预测模型必然有许多不确定因素，但是至少比优化点击率之类的模型要好得多。

传统的商业决策过程是这样的：传统商业可能是多个公司的高级主管做出的决策，该决策会基于一组可交互的图形信息，这些信息来自一个或多个数据库。自动化数据驱动业务声称能够自动做出不带主观因素的决策。但这并不是说不需要高级管理人员了，他们要帮助机器来做决策。

本章会涉及如下内容：

- 了解影响图的基本知识
- 在自适应 Markov 决策过程和 Kelly 准则下研究纯决策优化的各种情况
- 熟悉至少三种不同的实用策略，以便进行权衡
- 描述数据驱动的企业体系结构
- 讨论决策流程（pipeline）的主要结构组件
- 熟悉建立数据管道的标准工具

2.1 影响图

决策过程会涉及多个方面，但通常关于不确定条件下做决策的书都会介绍影响图（*Influence Diagrams for Team Decision Analysis*, Decision Analysis 2 (4): 207–228）。

影响图可以帮助分析和理解决策过程。决策可以很简单，比如在个性化环境中选择要展示给用户的下一篇新闻文章；也可以很复杂，比如检测企业网络中的恶意软件或者决定下一个研究项目内容。

假设要根据天气来决定一个人是否要乘船旅行。可以将决策过程描述为一个图表。图 2-1 展示了决定她是否在俄勒冈州的波特兰期间能参加一次划船旅行：

图 2-1 表示是否参加活动的决策是通过某种潜在满意度所驱动，它是决策本身以及在活动当时的天气的函数。然而，做划船旅行计划时，实际的天气条件是不确定的，因此，**天气**和**天气预报**节点之间用边连接起来，这表示天气预报和实际旅行时的天气有一定的相关性。**假期活动**节点是决策节点。该决策只基于**天气预报**，所以只有一个父节点。图中的最终节点**满意度**是一个旅行计划决策和实际天气的函数。显然，去＋好天气和不去＋坏天气会得到最高分（满意度最高）。而去＋坏天气和不去＋好天气则是一个不好的结果，后一种情况可能只是错失一个机会，但不一定是一个错误的决定，因为最终的结果取决于天气预报的准确度。

假设节点相互独立，则它们之间不存在边。比如，**满意度**不应该依赖于**天气预报**，因为只要人上了船，天气预报和满意度就变得不相关了。而一旦决定旅行，那么坐船旅行期间的实际天气就不再影响决策了。因为当初的决策完全是基于天气预报决定的，至少在这个简单模型中是这样，这里没有涉及购买旅行保险的情况。

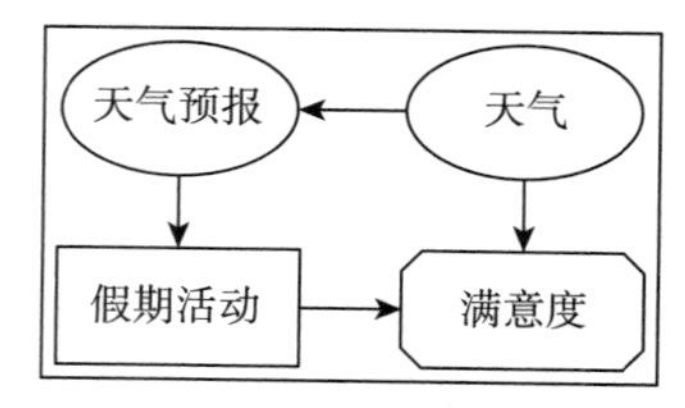

图 2-1 具有简单决策过程的休假影响图。该图包含决策节点（如休假活动），可观察和不可观察的信息节点（如天气预报和天气）。最后是价值节点（如满意度）

影响图展示了做决策的不同阶段和信息流（第 7 章会给出一个用 Scala 实现的具体图）。在这个简

化图中，决策唯一需要的信息就是天气预报。虽然在旅行中可以得到实际天气的信息，但若做出决策，就不会再改变了。天气和决策的数据可以用来对人们做出决策的满意度建模。

现在要将这个方法映射到广告问题上，即最终目标是用户对投放广告的满意度，这可能会让广告商投入更多的费用。满意度是用户特定环境状态的函数，广告商在做决策时并不知道。但是使用机器学习算法，通过用户最近访问网络的记录以及其他能收集到的信息（如地理位置、浏览器代理信息、访问时间、广告类别等（见图 2-2）），就可预测用户的状态。

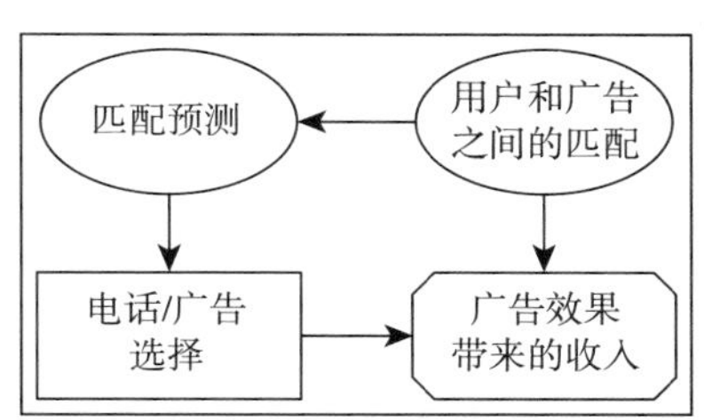

图 2-2 针对在线广告决策案例影响图，这与假期影响图类似。在线广告的决策每秒可能有数千次

虽然不太可能测量到用户大脑中多巴胺（dopamine）的水平（这种方式肯定能用一定的指标来度量，并有可能减少不确定性），但也可以通过用户的活动来间接度量用户的满意度，这些活动要么是用户对广告的反应，要么是用户从点击开始到浏览完相关信息所花的时间。它们都可以用来估计模型和算法的有效性。下图为影响图，它与之前那个“假期”的影响图相似，只是针对广告决策过程做了一些调整。

实际的处理过程可能更加复杂，可以用一个决策链来表示，它的每一个节点都跟前几个时间点有关。比如，著名的**马尔可夫决策过程**（Markov Chain Decision Process）。这种情况的图可能会在多个时间点上重复。

另外还有一个例子是企业互联网中的恶意软件分析系统，这种情况下，可通过**命令控制**（C2）、横向移动或者通过分析企业交换机上包的数据泄露情况来检测网络连接。其目标是最小化这种突发情况对运作系统所带来的潜在影响。

其中一种可能的决策是重新映像节点的子集（至少要分开它们）。收集的数据可能具有不确定性，许多正常的软件可能也会以可疑的方式发送数据包，模型能基于风险和潜在的影响来区分它们。这种特定情形下的决策可能需要收集额外的信息。

本书将这个案例以及其他潜在的商业案例留给读者去做成相应的图。下面会考虑一个更复杂的优化问题。

2.2 序贯试验和风险处理

如果风险偏好是为了多赚钱，但不会太在意丢失本金，那会怎么样呢？本节将简单研究为什么人的偏好是不对称的，并且也有科学证据表明：由于进化的原因，这种不对称性在我们的头脑中根深蒂固。

不过必须要对参数化非对称函数的期望值进行优化，函数具体形式如下：

$$\frac{\partial E(F(u(z)))}{\partial z} \tag{2-1}$$

为什么在分析中会出现非对称函数？一个例子是重复投注或重新投资，也称为 Kelly 准则问题。最初的 Kelly 准则是为了研究赌博机中的二元结果，以及优化每一轮赌博中钱的分配而发展起来的（*A New Interpretation of Information Rate*, Bell System Technical Journal 35 (4): 917–926, 1956）。作为再投资问题更通用的公式会涉及潜在收益的概率分布。

多个投注的回报由单个投注回报率相乘得到。回报率是赌博完成之后的资金与单独投注之前的原始资金的比率。其公式如下：

$$R=r_1r_2\cdots r_N$$

由于不知道如何优化独立同分布随机变量的积，因此不能优化总回报。可使用对数变换将积转换为和，然后应用 CLT（中心极限定理）来近似独立同分布变量之和（假设 r_i 的分布符合 CLT 条件，比如其均值和方差是有限的）。具体转换如下：

$$\begin{aligned}E(R)&=E(\exp(\log(r_1)+\log(r_2)+\cdots+\log(r_N)))\\&=\exp(N\times E(\log(r))+O(\sqrt{N}))\\&=\exp(E(\log(r)))^N+(1+O\left(\frac{1}{\sqrt{N}}\right))\end{aligned}$$

因此，N 次投注累积的结果像是进行 N 次期望回报为 $\exp(E(\log(r_i)))$ 的投注，而不是 $\mathrm{E}(r_i)$！

正如之前提到的，这个问题经常被应用于二元投注中，尽管它可以简单地推广到一般情形，但这会附加一个参数：x，它是每轮投注的金额。假设获利 W 的概率为 p（损失所有投注的概率为 $1-p$），优化带有附加参数的期望回报函数：

$$E(\log(r(x)))=p\log(1+xW)+(1-p)\log(1-x) \tag{2-2}$$

$$\frac{\partial E(\log(r(x)))}{\partial x}=\frac{pW}{1+xW}-\frac{(1-p)}{1-x}=0 \tag{2-3}$$

$$x=p-\left[\frac{1-p}{W}\right] \tag{2-4}$$

最后这个等式就是 Kelly 准则比率，它给出投注的最优金额。

投注小于总金额的原因是：即使平均回报为正数，但仍有一定的概率丢掉全部资金，特别是在信息极不平衡的情况下。比如，即使有 0.105 的概率得到 10 倍的回报（$W=10$，期望的回报是 5%），组合分析表明，在 60 局之后，所有回报为负的概率大约为 50%。实际上损失 27 倍（或更多）的投注的概率为 11%：

```
akozlov@Alexanders-MacBook-Pro$ scala
Welcome to Scala version 2.11.7 (Java HotSpot(TM) 64-Bit Server VM, Java
1.8.0_40).
Type in expressions to have them evaluated.
Type :help for more information.27
```

```
scala> def logFactorial(n: Int) = { (1 to n).map(Math.log(_)).sum }
logFactorial: (n: Int)Double

scala> def cmnp(m: Int, n: Int, p: Double) = {
     |   Math.exp(logFactorial(n) -
     |   logFactorial(m) +
     |   m*Math.log(p) -
     |   logFactorial(n-m) +
     |   (n-m)*Math.log(1-p))
     | }
cmnp: (m: Int, n: Int, p: Double)Double

scala> val p = 0.105
p: Double = 0.105

scala> val n = 60
n: Int = 60

scala> var cumulative = 0.0
cumulative: Double = 0.0

scala> for(i <- 0 to 14) {
     |   val prob = cmnp(i,n,p)
     |   cumulative += prob
     |   println(f"We expect $i wins with $prob%.6f probability
$cumulative%.3f cumulative (n = $n, p = $p).")
     | }
We expect 0 wins with 0.001286 probability 0.001 cumulative (n = 60, p =
0.105).
We expect 1 wins with 0.009055 probability 0.010 cumulative (n = 60, p =
0.105).
We expect 2 wins with 0.031339 probability 0.042 cumulative (n = 60, p =
0.105).
We expect 3 wins with 0.071082 probability 0.113 cumulative (n = 60, p =
0.105).
We expect 4 wins with 0.118834 probability 0.232 cumulative (n = 60, p =
0.105).
We expect 5 wins with 0.156144 probability 0.388 cumulative (n = 60, p =
0.105).
We expect 6 wins with 0.167921 probability 0.556 cumulative (n = 60, p =
0.105).
We expect 7 wins with 0.151973 probability 0.708 cumulative (n = 60, p =
0.105).
We expect 8 wins with 0.118119 probability 0.826 cumulative (n = 60, p =
0.105).
```

```
We expect 9 wins with 0.080065 probability 0.906 cumulative (n = 60, p =
0.105).
We expect 10 wins with 0.047905 probability 0.954 cumulative (n = 60, p =
0.105).
We expect 11 wins with 0.025546 probability 0.979 cumulative (n = 60, p =
0.105).
We expect 12 wins with 0.012238 probability 0.992 cumulative (n = 60, p =
0.105).
We expect 13 wins with 0.005301 probability 0.997 cumulative (n = 60, p =
0.105).
We expect 14 wins with 0.002088 probability 0.999 cumulative (n = 60, p =
0.105).
```

注意，要达到 27 倍的收入，平均只需要玩 log(27)/log(1.05)=68 局。虽然这些都是有利的几率（odd），但从最开始就是在赌。Kelly 准则假设最优的投注只是资金的 1.55%，注意如果投入全部的资金，会以 89.5% 的概率在第一局就输光（赢的概率只有 0.105）。如果开始以资金的若干分之一下注，会有很大的可能性继续进行，但是总的回报会更小。图 2-3 为期望回报的对数图，它是投注金额 x 的函数，并且只计算了在 60 轮赌局中收入的可能分布。博弈（game）结果的 24% 会比最低的曲线差，39% 会差于次低的曲线，44%～50% 会好于或者等同于中间黑色的曲线，30% 可能会高于最上面的一条曲线。x 的最优 Kelly 准则值是 0.0155，它最终将在无限多轮的博弈中优化所得的总回报：

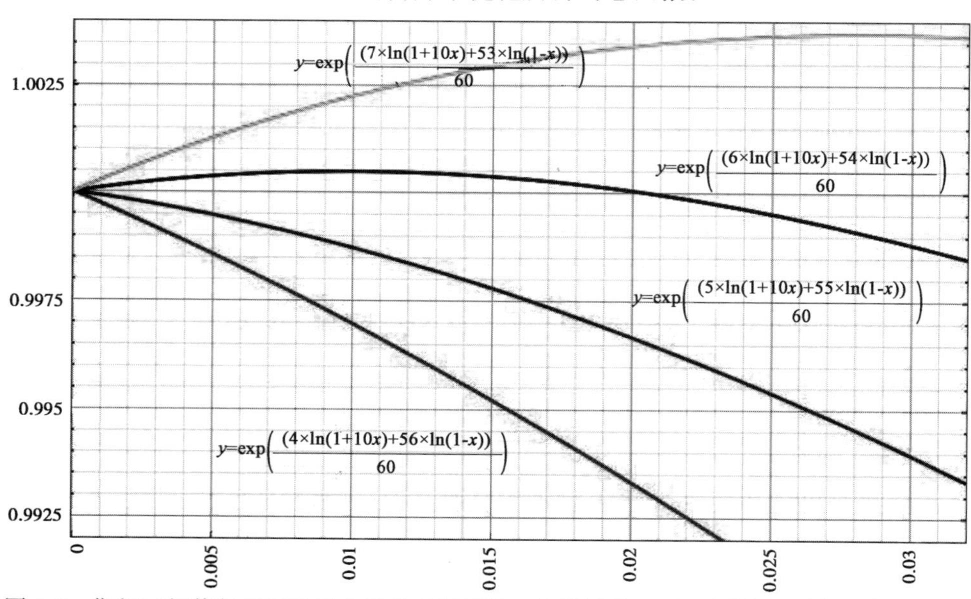

图 2-3 期望回报值与投注数量之间的对数函数，这是计算 60 轮后的结果（参见式（2-2））

有人认为 Kelly 准则过于激进（赌徒通常会高估自己获胜的可能 / 获胜率，而低估失败的概率），也有人认为过于保守（风险价值应该是总的可用资本，而不仅仅是资金本身），但是它给出了这样一个事实：需要使用额外的方式来弥补直觉理解的不足。

从金融的观点来看，Kelly 准则更像是风险描述，而不是作为波动的标准定义（或回报的方差）。对于通用的参数化回报分布 $y(z)$，其概率分布函数为 $f(z)$。若定义 $r(x)=1+x\,y(z)$（其中 x 是投注的数量），则式（2-3）可以重新表示为如下形式：

$$\frac{\partial E(\log(1+xy(z)))}{\partial x}=E\left(\frac{y(z)}{1+xy(z)}\right)=0$$

$$\int_{z=-\infty}^{\infty}\frac{y(z)f(z)}{1+xy(z)}dz=0 \tag{2-5}$$

在离散情况下也可以写为如下形式：

$$\sum_i \frac{y(z_i)p(z_i)}{1+xy(z_i)}=0 \tag{2-6}$$

该式子中分母强调的是来自负收益区域的贡献。具体而言，损失全部资金意味着分母 $(1+xy(z))$ 为 0。

正如前面提到的一个有趣现象：风险规避是基于人们的直觉。人类和灵长类动物似乎天生就有一种厌恶风险的偏好（*A Monkey Economy as Irrational as Ours* by Laurie Santos，TED talk，2010）。现在关注另一个颇有争议的话题——探索与利用的权衡，人们对这些内容的了解还不如前面的回报权衡问题。

2.3　探索与利用问题

探索（exploration）与利用（exploitation）的应用很广，从资金分配到研究自动驾驶汽车项目都在使用，但它最初也是源于赌博问题。该问题的经典形式是一个多臂赌博机（老虎机）问题，即假设有一个或多个手臂的赌博机，按次序以未知概率来拉动每个手臂，以此来表示独立同分布的回报。在这种简化模型中不断独立地重复。假设多个手臂间的回报是独立的。其目标是最大化回报（比如赢钱的金额），同时还要最小化学习成本（即在小于最优获胜率的情况下拉动手臂的次数）。假设已经给定了一个手臂选择策略，显然需要在寻找一个能得到最优回报的手臂与利用已知最好手臂之间做出权衡。

$$r_{opt}=\max_{i=1\ldots K}E(r_i)$$

pseudo-regret 就是两者的差：

$$R_N=Nr_{opt}-\sum_{i=1}^{N}E(r_{si})$$

其中 S_i 是 N 次试验中选择的第 i 个臂。多臂赌博机问题在 20 世纪 30 年代被广泛研究，而在本世纪初，随着金融和互联网广告技术领域的出现，它再次受到关注。通常由于问题的随机性，使 pseudo-regret 的期望界好于 N 的平方根。pseudo-regret 可以控制到以 $\log N$ 为界（*Regret Analysis of Stochastic and Nonstochastic Multi-armed Bandit Problems* by Sebastien Bubeck and Nicolo Cesa-Bianchi，http://arxiv.org/pdf/1204.5721.pdf）。

在实践中最常用的策略是 ε 策略，这种策略选择最优的手臂的概率是（1−ε），而选择另一个手臂概率为 ε。这种方法可能会在那些根本不带来回报的手臂上花费大量的资源。UCB 策略优化了 ε 策略，通过预估最大回报的手臂，然后再加上回报估计的某些标准偏差。这个方法需要在每一轮中再次计算最佳手臂，并且需要近似估计均值和标准偏差。另外，UCB 必须在每轮中重新计算估计值，这可能会带来扩展性问题。

最后来介绍 Thompson 采样策略。它使用一个固定的随机采样，该采样服从 β- 伯努利后验估计，并且赋给下一个能给出最小期望后悔（regret）的手臂。这种数据可以避免参数重新计算。尽管需要假设具体的数，但下图仍对这些模型的性能进行了有效比较：

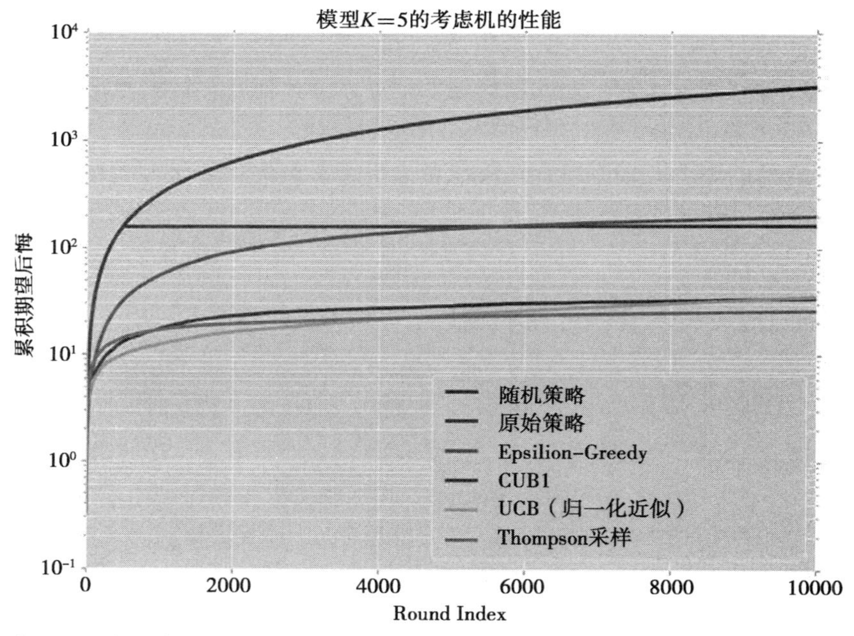

图 2-4　当 K=5 时，单臂老虎机和不同策略的情形下，对采用不同研究 – 利用策略的模拟结果

图 2-4 显示了不同策略的仿真结果（http://engineering.richrelevance.com/recommendations-thompson-sampling）。**随机**策略仅仅是随机地分配手臂，对应于纯粹的探索（exploration）模式。**朴素**策略是随机达到特定的阈值，再转成利用（exploitation）模式。**Upper Confidence Bound**（**UCB**）模式使用 95% 的置信区间，而 UCB1 是 UCB 的修改版，它考虑了分布的对数正态性。最后是 Thompson 策略，它通过实际的后验分布给出一个随机抽样来优化后悔值。

探索和利用模型对初始条件和异常值非常敏感，特别是在低响应的情形下。这已经在基本卡死的臂上进行过了大量的试验。

另一种增强的策略是基于额外的信息（如位置）来估计更好的先验，或者根据这些额外的信息限制手臂集，以便探索 K。但这些会涉及更专业的领域（如个性化或在线广告）。

2.4 不知之不知

“不知之不知”是出自美国国防部长 Donald Rumsfeld，他在美国国防部新闻发布会上回应记者“关于无证据表明伊拉克政府向恐怖组织提供大规模杀伤性武器”的提问时所说的一句话。Nassim Taleb 的书中也有提及（*The Black Swan: The Impact of the Highly Improbable* by Nassim Taleb, Random House, 2007）。

注意 **火鸡悖论**

可以说不知之不知是对火鸡悖论更好的解释。假设有一群火鸡在后院玩耍，享受着保护和免费的食物。越过栅栏，还有一群这样的火鸡。这一切都在日复一日，月复一月地进行着，直到感恩节到来。在加拿大和美国，感恩节是一个全国性的节日，在那里习惯用烤箱烤火鸡。这时候火鸡们很有可能会被抓去吃掉，虽然从火鸡的角度来看，不太可能在加拿大十月的第 2 个星期一和美国十一月的第 4 个星期四会发生这种情况。除非使用年度信息，否则不管怎么使用年内数据建模也不能解决这个预测问题。

不知之不知是指不在模型中且不能在模型中被预测的事件。在现实中，唯一感兴趣的不知之不知是指以前几乎不可能出现，但现在却出现了，并非常明显地影响着模型的事件。由于大多数的实际分布都是长尾指数分布（不会像正态分布那样偏离一些 σ），这对标准模型假设带来难以预料的结果。但人们仍提出了在模型中加入未知因素的策略（比如分形），但很少具有可操作性。从业者必须意识到风险，但风险的定义恰恰可能是模型无能为力的地方。当然，已知之不知和不知之不知的区别正是对风险的理解和探索的内容上。

在研究决策系统面临的基本问题之前，需要先关注数据管道和为决策提供信息的软件系统，以及在数据驱动系统中，设计数据管道时面临的实际问题。

2.5 数据驱动系统的基本组件

简单地说，一个数据驱动架构包含如下的组件（或者可精简为以下这些组件）：

- **数据收集**：需要从系统和设备上收集数据。大多数的系统有日志，或者至少可选择将日志写入本地文件系统。一些系统可以通过网络来传输信息，比如 syslog。但若没有审计信息，缺少持久层意味着有可能丢失数据。
- **数据转换层**：也被称为**提取**、**变换**和**加载**（ETL）。现在数据转换层也可以进行实时处理，即通过最近的数据来计算汇总信息。数据转换层也用来重新格式化数据和索引数据，以便能被 UI 组件有效地访问。
- **数据分析和机器学习引擎**：这层是标准数据转换层的一部分，因为这一层需要很多完全不一样的技术。构建合理统计模型的思维方式通常与快速移动数TB数据不同，尽管偶尔可以找到具有这两种技能的人。通常称这些人为数据科学家，但是他们在任何特定领域的技能通常不及专注于一个特定领域的人。另一个原因是机器学习，数据分析需要多次汇总和使用相同的数据（与大多数的流式ETL转换相反），这需要不同的引擎。

- **UI组件**：UI表示用户界面，它通常是一系列组件，这些组件能让用户通过浏览器来访问系统（浏览器曾经是一个简单的GUI，但如今基于Web的JavaScript或基于Scala的框架能构建更强大和更易于移植的UI）。从数据管道和建模透视图来看，UI提供了访问数据和模型的内部表示的API。
- **动作引擎**：这通常是一个可配置的规则引擎，基于灵感来优化给定的指标。这些动作可以是实时的，例如在线广告就属于这种情形。在这种情况下，引擎应当能够提供实时评分信息或者针对用户操作进行推荐，也可以采取电子邮件的形式来提醒。
- **关联引擎**：这是一种新的组件，可以对数据分析和机器学习引擎的输出进行分析，以便能对数据或模型有更深入的理解。动作也可能由此层的输出触发。
- **监控**：这是一个复杂的系统，包含的功能有日志记录、监控和更改系统参数。监控是为了优化系统性能的嵌套决策系统，并能自动减轻问题或者向系统管理员报告问题。

下面来详细讨论每个组件。

2.5.1 数据收集

随着智能设备的增加，信息收集对任何不止一种类型的文本业务而言都非常有必要。本章假设有一个或多个设备通过互联网来来传递信息，其连接方式可能是通过家庭拨号，也可能是网络直接连接。

此组件的主要目的是收集所有可能与数据驱动决策相关的信息。下表给出了与数据收集相关的最常见框架：

框　架	使用范围	注　释
syslog	syslog是基于Unix操作系统的计算机之间传递消息的最常见标准之一。syslog通常监听的端口为514，传输协议可以是UDP（不可靠）或TCP。在CentOS和Red Hat Linux上的rsyslog命令是syslog的增强版，rsyslog有许多高级选项，它通过正则表达式来过滤，这对系统性能调优和调试非常有用。对于纯文本，由于要处理重复字符串的长消息，这会使syslog的效率变得稍低一点。在其他情形下，syslog每秒可进行数万条消息传递	syslog是由Eric Allman实现的，它最初是Sendmail的一部分，是20世纪80年代开发的最古老的协议之一。虽然它不具有持久性，但对于分布式系统特别有用，是使用最广泛的消息传递协议之一。后来的一些框架，如Flume和Kafka，也有syslog接口

（续）

框　架	使用范围	注　释
rsync	rsync 是 20 世纪 90 年代开发的一个较年轻的框架。如果数据是本地文件系统上的文件，采用 rsync 可能是一个好的选择。虽然 rsync 常用于同步两个目录，但也可以定期批量传输日志数据。rsync 是由澳大利亚的计算机程序员 Andrew Tridgell 设计的递归算法。当接收数据的计算机相似的版本结构时，可用 rsync 来有效检测差异性，并能通过通信链路发送结构体（例如文件）。虽然这会带来额外的通信，但是从持久性的角度来看会更好，因为它总能检索原始副本，特别适合像日志数据那样的批量传输（例如上传或下载）	rsync 会受网络瓶颈的限制，因为它会在比较目录结构时通过网络传递更多的信息。但在传输时，传输的文件可能会被压缩。可以使用命令行来限制所占用的网络带宽
Flume	Flume 是 Cloudera 在 2009～2011 年开发的新型开源框架。通常将更流行的 flume-ng 而不是较老的 Flume 称为 Flume。它由源、管道、水槽构成，并且可以在多个节点上配置以实现高可用性和冗余性。Flume 具有高可靠性，这是通过重复数据来实现的。Flume 以 Avro 格式传递消息，这种格式也是开源的，可对传输协议和消息进行编码和压缩	尽管 Flume 最初是为了对一个或一组文件进行数据传输，但也可以配置侦听端口，也可从数据库抓取记录。Flume 有多个适配器，包括前面的 syslog
Kafka	Kafka 是最新的开源日志处理框架，由 LinkedIn 开发。Kafka 与以前的框架相比，更像是一个可靠的分布式消息队列。Kafka 能在多个分布式机器之间传输分区；人们可通过订阅（或取消订阅）特定的主题来获取消息。通过复制和一致协议使 Kafka 具有很高的可靠性	Kafka 可能不适合小系统（<5 个节点），因为完全分布式系统的好处只有在更大的规模才能体现出来。Confluent 对 Kafka 提供商业支持

如果要求数据传输接近实时的话，那通常会通过批量或小批量方式进行。信息通常会放在本地文件系统中，常称为日志的文件，然后被传送到控制中心。最近开发的 Kafka 和 Flume 通常用于管理这些传输，并将传统的 syslog、rsync 或 netcat 整合在一起。数据最终可保存在本地或分布式存储（如 HDFS、Cassandra 或 Amazon S3）中。

2.5.2　数据转换层

完成在 HDFS 或其他系统的存储后，需要处理数据。通常会按预定的计划处理数据，并且最终会按时间来划分。使用新的 Scala 流式处理框架时，处理时间可按天或小时为单位，甚至可以是次分钟（sub-minute），这取决于对延迟的要求。该处理过程可能涉及一些基本的特征构造（或向量化），这通常被认为是机器学习的任务。下表总结了一些有效的框架：

框　架	使用范围	注　释
Oozie	这是最古老的开源框架之一，由雅虎开发。它能很好地集成到大数据框架 Hadoop 中，并能列出作业历史的 UI	整个工作流被放到一个大的 XML 文件中，从模块化的角度来看这可能是一个缺点
Azkaban	这是 LinkedIn 开发的另一个开源工作流调度框架。它相比于 Oozie 来说有更好的 UI。缺点是所有高级任务都在本地执行，这可能会带来扩展性问题	Azkaban 背后的理念是创建一个完全模块化且可随时访问（drop-in）的架构，通过尽可能少的修改就能添加新的作业 / 任务

（续）

框　架	使用范围	注　释
StreamSets	StreamSets是由前Informix和Cloudera开发人员创建的。它具有非常完善的UI，并支持更丰富的输入源和输出目标	这是一个完全由UI驱动的工具，重点在于数据监管，例如，持续监控数据流的问题和异常

应该特别注意流处理框架，这种情形要求延迟减少到一次只有一个或几个记录。首先，流处理通常需要更多的处理资源，因为与处理成批记录不一样，若一次处理单个记录会更加昂贵，即使一次处理几十或几百个记录也是如此。所以，架构需要基于最近结果来判断附加成本，这并不能保证一定有。其次，流处理需要对架构进行一些调整，因为处理更新的数据有优先级；由单个子流或一组节点来处理最新数据的架构变得非常流行，比如目前流行的Druid（http://druid.io）系统。

2.5.3 数据分析与机器学习

机器学习（ML）算法用来计算可操作的聚合或摘要。从第3章到第6章都会涉及很复杂的机器学习算法。但在某些情况下，一个简单的滑动窗口平均，再加上偏离值就足够了。在过去的几年中，人们在进行模型构建和部署时还在采用A/B测试。作者并不是怀疑理论没有用，但许多基本假设（如独立同分布）、平衡设计和长尾现象在许多大数据情形下并不适用。更简单的模型往往会更快，并且具有更好的性能和稳定性。

例如，对于在线广告，仅仅需要跟踪一段时间内一组具有相似广告内容的平均表现就能决定是否投放此广告。关于异常或偏离的信息可能是新的不知之不知的信号，这表明旧数据不再适用，在这种情况下，系统不得不重新开始构建。

本书将在第6章、第8章以及第9章中讨论更复杂的非结构化数据、图和模式挖掘。

2.5.4 UI组件

在现实中，UI通常会让除数据科学家以外的人们感觉很不错。一个好的数据分析师应该够通过一张表的数据就能计算t检验。

应该评估不同组件的有用性以及所使用的次数。好的UI往往是合理的，但也与受众群体有关。

目前有一些UI和报表框架，它们中的大多数都不是基于函数式编程。由于复杂或半结构化数据的存在（将在本书第6章中做更详细的介绍），许多框架需要实现某种DSL才能做数据处理。下面介绍基于Scala构建的几个UI框架：

框　架	主要功能	注　释
Scala Swing	如果熟悉Java中的Swing，那就对Scala Swing不会陌生。Swing可以说是Java中可移植性最差的组件，所以在不同的平台上会有所不同	Scala.swing包使用标准的Java Swing库，但也进行了一些改进。由于它基于Scala，因此使用的方式比标准的Swing更简洁

（续）

框　架	主要功能	注　释
Lift	Lift 是用 Scala 编写的一个以开发人员为中心，安全、可扩展的交互式框架。Lift 是基于 Apache 2.0 许可协议下的开源软件	由于 David Polak 对 Ruby on Rails 框架的某些方面不满意，他于 2007 年发布了开源 Lift 框架。它可以在运行 Lift 应用程序时使用现有的任何 Java 库和 Web 容器。Lift 的 Web 应用程序需打包为 WAR 文件，并部署在 servlet 2.4 引擎（例如，Tomcat 5.5.xx，Jetty 6.0 等）上。Lift 程序员可以使用标准的 Scala/Java 开发工具链（比如 Eclipse、NetBeans 和 IDEA 等 IDE）。也可用标准 HTML5 或 XHTML 编辑器通过模板来生成动态网页。Lift 应用程序还受益于一些高级 Web 开发技术（例如 Comet 和 Ajax）对本地的支持
Play	Play 是 Scala 的一个 UI 框架，它得到 Typesafe（Scala 的商业公司）的正式支持。Play framework 2.0 构建在 Scala、Akka 和 sbt 上，可提供卓越的异步请求处理，而且快速可靠。Typesafe 模板以及具有灵活部署功能的强大构建系统。Play 是基于 Apache 2.0 许可协议下的开源软件	开源的 Play 框架由 Guillaume Bort 于 2007 年创建，致力于提供一个全新的 Web 开发体验。他受到现代 Web 框架（如 Ruby on Rails）的启发，同时也备受 Java Web 开发社区长期的困惑。Play 遵循人们所熟悉的无状态模型 – 视图 – 控制器架构模式，具有惯例配置（convention-over-configuration）的设计模式，并强调开发人员的生产力。与传统的 Java Web 框架（这些框架包含编译 – 包 – 部署 – 重新启动等 4 个步骤，很繁琐）不同，通过简单的浏览器刷新就可立即看到 Play 应用程序的更新
Dropwizard	dropwizard（www.dropwizard.io）项目尝试在 Java 和 Scala 中构建通用 RESTful 框架，尽管最后使用了更多的 Java 代码，但这个框架很灵活，可以与任意复杂数据（包括半结构化）一起使用。它是基于 Apache 2.0 许可协议下的开源软件	RESTful API 会假定状态，而函数语言不会使用状态。除非有足够的灵活性来避开函数方法，否则这个框架可能并不适合你
Slick	虽然 Slick 不是一个 UI 组件，但它是 Typesafe 公司用做查询的现代数据库，可以作为 UI 的后端访问 Scala 的库。Slick 允许用户使用存储的数据，这与使用 Scala 集合差不多。同时允许用户完全控制数据库的访问和数据的传输。用户也可以直接使用 SQL 来访问数据库。如果所有数据都是纯关系型的，使用 Slick 就很合适。Slick 是基于 BSD 许可协议的开源软件	Slick 由 Stefan Zeiger 于 2012 年开发，主要由 Typesafe 公司维护。它主要用于关系型数据库
NodeJS	Node.js 是一个基于 JavaScript 的运行时框架，它构建在 Chrome 的 V8 JavaScript 引擎上。Node.js 使用事件驱动的非阻塞 I/O 模型，这使其成为轻量且高效的框架。Node.js 的包称为 npm，它是世界上最大的开源库。Node.js 是基于 MIT 许可协议的开源软件	Node.js 由 Ryan Dahl 和 Joyent 公司的开发者于 2009 年首次开发的。最初 Node.js 仅支持 Linux，但现在它也支持 OS X 和 Windows
AngularJS	AngularJS（https://angularjs.org）是一个前端开发框架，可简化单页（one-page）式网页应用程序的开发。它是基于 MIT 许可协议下的开源软件	AngularJS 最初是由 Misko Hevery 于 2009 年在 Brat Tech LLC 开发的。AngularJS 主要由 Google、个人开发者社区以及一些公司进行维护，因此它有专门针对 Android 平台的版本（1.3 及以后版本不支持 IE8）

2.5.5 动作引擎

虽然这是数据导向的系统管道的核心，但它却最简单。一旦度量和值的系统是已知的，基于已知等式的系统将决定是否执行一组确定的动作，这些动作以提供的信息为基础。虽然基于阈值的触发是最常见的实现，但目前出现了一种概率方法，它可向用户呈现可能性和相关性，或者可以像搜索引擎那样向用户提供前 N 个相关的选择。

这会涉及规则管理。人们常用规则引擎（如 Drools，http://www.drools.org）来管理规则。但管理复杂规则常常需要开发 DSL（*Domain-Specific Languages* by Martin Fowler, Addison-Wesley, 2010）。Scala 非常适合开发这种动作引擎。

2.5.6 关联引擎

决策系统越复杂，就越需要一个次级决策系统来优化它管理。DevOps 正在变成 DataOps（*Getting Data Right* by Michael Stonebraker et al., Tamr, 2015）。在数据驱动系统上收集到与性能相关的数据通常用于异常检测和半自动维护。

模型经常会漂移，其性能可能由于数据收集层的变化或群体的行为变化而恶化（将在第10章讨论模型漂移）。模型管理的另一方面是跟踪模型性能，在某些情况下，可通过各种共识方案来使用模型的“集体”智慧。

2.5.7 监控

监控系统会收集用于审计、诊断或性能调整的系统性能信息。虽然它与前面几节提出的问题相关，但监控解决方案往往包含诊断和历史存储的解决方案，以及关键数据（如飞机上的黑匣子）的持久性。在 Java 和 Scala 中，一种流行的工具是 Java 性能 bean，它可以在 Java 控制台中进行监视。Java 本身支持 MBean，并用它来获取基于 JMX 的 JVM 信息。Kamon（http://kamon.io）是一个开源库，它也使用此机制来获取 Scala 和 Akka 度量。

Ganglia（http://ganglia.sourceforge.net/）和 Graphite（http://graphite.wikidot.com）是另外一些流行的开源解决方案。这里不再介绍，因为第 10 章会对系统和模型监控进行更为详细地介绍。

2.6 优化和交互

虽然收集的数据只能用于理解业务，但任何数据驱动业务的目标是通过基于数据和模型的决策来自动优化业务行为。人们希望将人为干预减少到最低限度。下面这个简图可以描述一个周期：

对于进入系统的新信息反复执行该循环。可以通过调整系统的参数来提高整个系统性能。

反馈回路

虽然大多数系统仍然需要人们的参与，但是近几年来出现了可以自己管理整个反馈循环的系统，其范围可从广告系统到自动驾驶汽车。

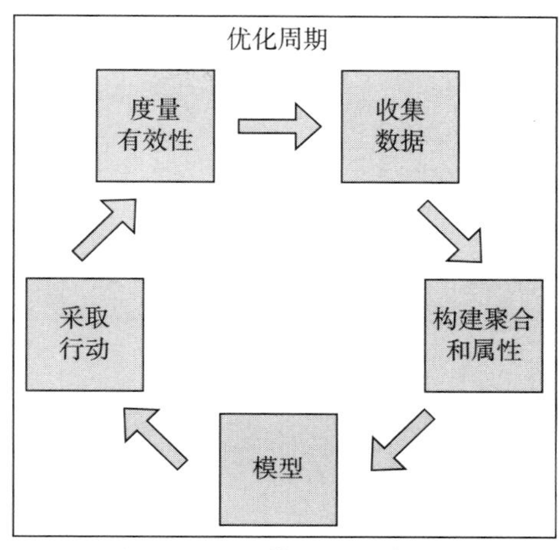

图 2-5　预测模型的生命周期

这个问题属于最优控制理论，也是一个让成本函数最小化的优化问题，人们用一组微分方程来描述该系统的成本函数。最优控制是通过一组控制策略来让成本函数在给定约束的情况下变得最小。例如，为了在一定时间内完成给定的路线，需要找到一种方法来驱动汽车，使其消耗的燃料最小；另外一个例子是在有限库存和有限时间的情况下，在网站上投放广告获得最大利润。用于最佳控制的大多数软件包是用高级语言（比如 C 或 MATLAB（PROPT、SNOPT、RIOTS、DIDO、DIRECT 和 GPOPS））编写的，但它们能提供 Scala 的接口。

但在许多情况下，用于优化、状态转换和微分方程的参数是不确定的。马尔可夫决策过程（MDP）提供了一种用于建立决策模型的数学框架，这些决策的结果有一部分是随机的，有一部分是在决策者的控制下得到的。在 MDP 中，需要处理一组离散的可能状态和一组动作。“奖励”和状态转换取决于状态和动作。MDP 可用来研究优化问题的求解，这些优化问题是基于动态规划和强化学习的。

2.7　总结

本章介绍了一种用于设计数据驱动企业的高级架构方法。同时还向读者介绍了影响图，它是一个用来了解传统企业和数据驱动企业是如何做决策的工具。接着介绍了几个重要的模型，如 Kelly 准则和多臂老虎机，并从数学的角度来说明这些问题是至关重要的。在这些内容的基础上还介绍了马尔可夫决策过程，该过程通过已有的决定和观察的结果来得到决策策略。本章深入研究了构建决策数据管道较为实用的方法，以及可用于构建它们的主要组件和框架。最后讨论了不同阶段和节点之间传递数据和建模结果的问题，以及将结果如何呈现给用户、反馈回路和系统监控等问题。

下一章将介绍 MLlib，它是一个用 Scala 编写，基于分布式集群的机器学习的库。

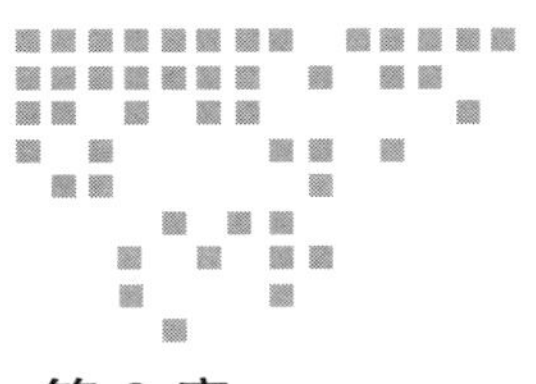

Chapter 3 第3章

使用 Spark 和 MLlib

上一章介绍了在全局数据驱动的企业架构中的什么地方以及如何利用统计和机器学习来处理知识，但接下来不会介绍 Spark 和 MLlib 的具体实现，MLlib 是 Spark 顶层的机器学习库。Spark 是大数据生态系统中相对较新的成员，它基于内存使用而不是磁盘来进行优化。数据仍然可以根据需要转储到磁盘上，但 Spark 只有在明确指示这样做或活动数据集不适合内存时才会执行转储。如果节点出现故障或由于某些原因从内存中擦除信息，Spark 会利用存储的信息来重新计算活动数据集。这与传统的 MapReduce 方法不同，传统的 MapReduce 方法会将每个 map 或 reduce 的数据保留到磁盘上。

Spark 特别适合于在分布式节点集上的迭代或统计机器学习算法，并且可以对其进行扩展。对于 Spark，唯一的问题是节点中可用的总内存空间和磁盘空间，以及网络速度。本章将介绍 Spark 架构和实现的基础知识。

可简单修改配置参数来管理 Spark 在单个节点上或跨一组节点执行数据管道。当然，这种灵活性以稍微复杂的框架和更长的设置时间为代价，但框架的并行性非常好。由于目前大多数笔记本电脑已经是多线程且足够强大，因此这样的配置通常不会有大问题。

本章将介绍以下主题：

- 安装和配置 Spark
- Spark 架构的基础知识，并解释为什么它会绑定 Scala 语言
- 为什么 Spark 是继顺序编程和 Hadoop MapReduce 之后的下一代技术
- Spark 组件
- Scala 和 Spark 中单词计数程序的实现
- 基于流的单词计数程序的实现

- ❑ 如何从分布式文件或分布式数据库中创建 Spark 的数据框（DataFrame）
- ❑ Spark 性能调整

3.1 安装 Spark

如果读者还没有安装过 Spark，可从 http://spark.apache.org/downloads.html 下载预先编译好的 Spark 包。在写本书时的发布版本为 1.6.1。

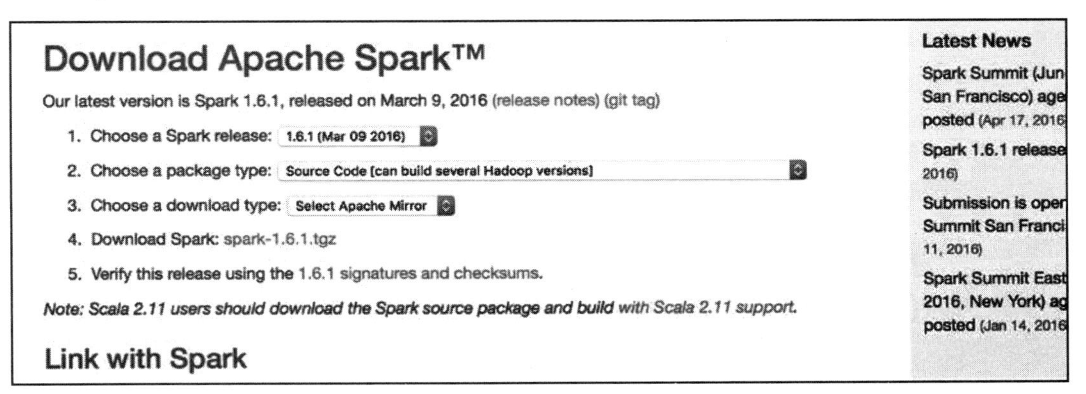

图 3-1 本章建议的下载链接 http://spark.apache.org/downloads.html

读者也可通过下面的链接下载完整的源代码来构建 Spark：

```
$ git clone https://github.com/apache/spark.git
Cloning into 'spark'...
remote: Counting objects: 301864, done.
...
$ cd spark
$sh ./ dev/change-scala-version.sh 2.11
...
$./make-distribution.sh --name alex-build-2.6-yarn --skip-java-test --tgz
-Pyarn -Phive -Phive-thriftserver -Pscala-2.11 -Phadoop-2.6
...
```

命令将下载必要的依赖并在 Spark 目录中创建 spark-2.0.0-SNAPSHOT-bin-alex-spark-build-2.6-yarn.tgz 文件，其版本是 2.0.0，这是在写本书时最新的发行版本。一般来说，如果不是对最新功能感兴趣，不建议从主分支进行构建。如果需要一个发行版本，可以从相应标签迁出（checkout）。通过 git branch -r 命令可以获得有效版本的完整列表。spark*.tgz 文件是在有 Java JRE 的计算机上运行 Spark 所需的所有文件。

发行版本都带有 docs/building-spark.md 文件，它介绍了用于构建 Spark 的其他选项，包括增量 Scala 编译器 zinc。完整的 Scala 2.11 支持的功能会出现在 Spark 2.0.0 的下一个版本中。

3.2 理解 Spark 的架构

并行化是将工作负载划分为在不同线程或不同节点上执行的子任务。下面介绍 Spark 实现并行化的原理，以及它如何管理子任务的执行和子任务之间的通信。

3.2.1 任务调度

Spark 工作负载的划分由**弹性分布式数据集**（Resilient Distributed Dataset，RDD）的分区数决定，这是 Spark 的基本抽象和管道结构。RDD 是一种可并行操作的、不可变元素的分区集合。具体细节可能取决于 Spark 的运行模式，图 3-2 为 Spark 任务 / 资源调度的示意图。

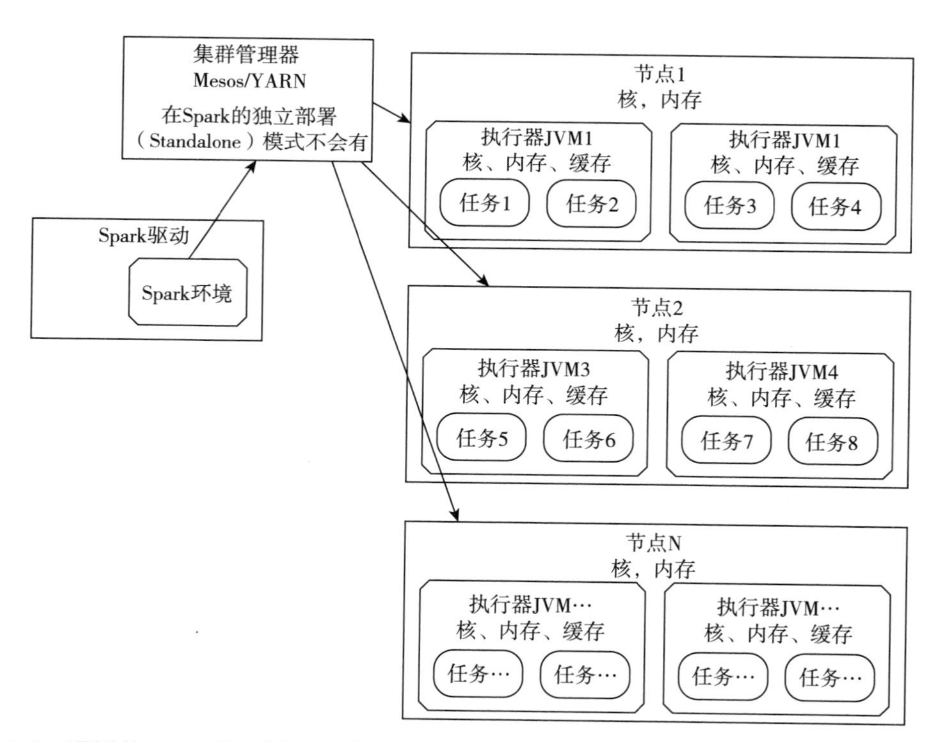

图 3-2 通用的 Spark 任务调度示意图。尽管在图中没有明确标识，Spark Context 通常会在端口 4040 上打开一个 HTTP UI（并发情形将打开 4041、4042 等），在任务执行期间会一直这样。Spark Master UI 的端口通常是 8080（虽然在 CDH 中改为了 18080），而 Worker UI 的端口通常是 7078。每个节点可以运行多个执行器，每个执行器可运行多个任务

提示 读者会发现Spark和Hadoop有很多参数。其中一些指定为环境变量（保存在$SPARK_HOME / conf / spark-env.sh文件中），但有些被当作命令行参数。此外，一些文件（其名称是预先定义好的）含有改变Spark行为的参数，比如core-site.xml文件。这可能会令人困惑，本章和后面的章节会尽可能多地介绍这方面的内容。如果使用了**Hadoop分布式文件系统**（HDFS），则core-site.xml和hdfs-site.xml文件将包含HDFS主节点的建议和规范。在CLASSPATH Java进程上要求加载这些文件，这可通过指定HADOOP_CONF_DIR或SPARK_CLASSPATH环境变量来设置。通常由于有源代码，有时需要通过查看源代码来了解各种参数的含义，所以在笔记本电脑上保留一个源代码树的副本是不错的做法。

集群中的每个节点可以运行一个或多个执行器，每个执行器可以调度一系列任务来执行Spark操作。Spark驱动负责调度执行，并与集群调度器（如Mesos或YARN）一起工作，实现对可用资源的调度。Spark驱动通常在客户端计算机上运行，但在最新版本中，它也可以在集群的集群管理器下运行。YARN和Mesos都有动态管理每个节点上并发运行的多个执行器的能力，并能对资源进行约束。

在独立模式下，Spark主节点要执行集群调度器的工作，这可能在分配资源方面效率较低，但它总比缺少预配置的Mesos或YARN要好。Spark标准发行版在sbin目录中有用来启动具有独立模式的Spark的shell脚本。Spark主节点和驱动会直接与一个或多个运行在单个节点上的Spark worker进行通信。一旦主节点运行，可用如下命令来启动Spark shell：

```
$ bin/spark-shell --master spark://<master-address>:7077
```

提示 注意，总可在本地模式下运行Spark，也就是说，所有任务将通过在单个JVM中指定--master local [2]来执行，其中2是线程数，至少为2。实际上，本书经常会使用本地模式来运行一些小例子。

从Spark的角度来看，Spark shell是一个应用程序。一旦开始一个Spark应用程序，便能在Spark Master UI中的“运行的应用程序”下看到它（或在相应的集群管理器中），这会重定向到Spark应用程序HTTP UI，其端口为4040，在这里可以看到子任务执行的时间线和其他重要属性，如环境设置，类路径（classpath），传递到JVM的参数和有关资源使用的信息（参见图3-3）：

在Spark的本地模式和集群模式之间切换的方法有：采用命令行选项--master；设置一个MASTER环境变量；修改spark-defaults.conf（该文件给出了执行期间的类路径）；直接使用Scala中SparkConf对象上的setters方法（这将在后面介绍）。

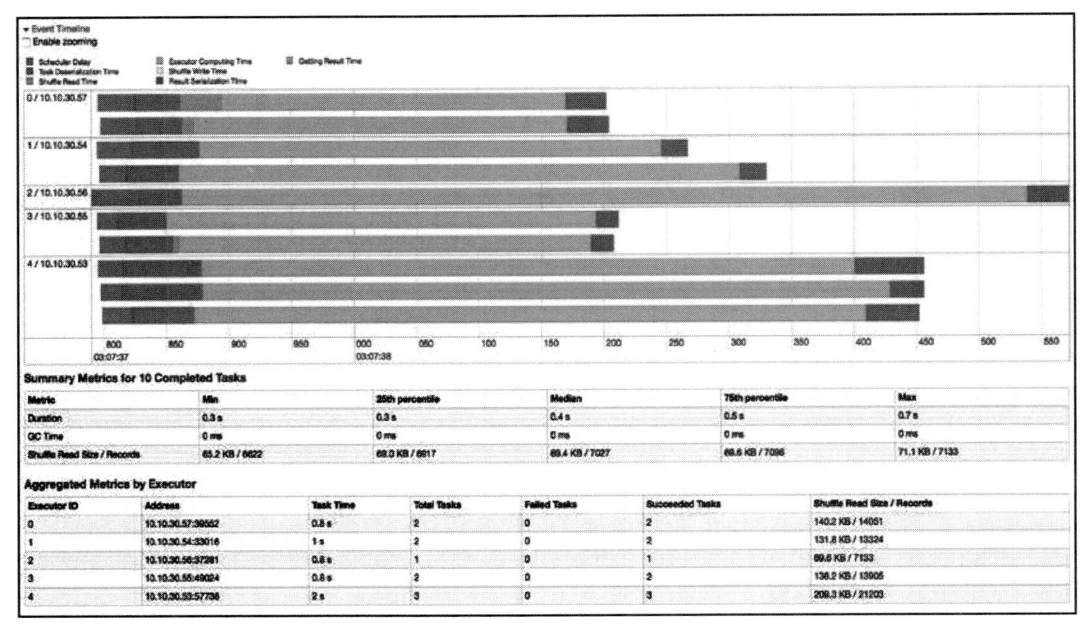

Metric	Min	25th percentile	Median	75th percentile	Max
Duration	0.3 s	0.3 s	0.4 s	0.5 s	0.7 s
GC Time	0 ms	0 ms	0 ms	0 ms	0 ms
Shuffle Read Size / Records	65.2 KB / 6622	69.0 KB / 6917	69.4 KB / 7027	69.6 KB / 7096	71.1 KB / 7133

Executor ID	Address	Task Time	Total Tasks	Failed Tasks	Succeeded Tasks	Shuffle Read Size / Records
0	10.10.30.57:39552	0.8 s	2	0	2	140.2 KB / 14051
1	10.10.30.54:33016	1 s	2	0	2	131.8 KB / 13324
2	10.10.30.56:37281	0.8 s	1	0	1	69.6 KB / 7133
3	10.10.30.55:49024	0.8 s	2	0	2	136.2 KB / 13905
4	10.10.30.53:57736	2 s	3	0	3	209.3 KB / 21203

图 3-3 在独立模式下，Spark 驱动的 UI 的时间分解

集群管理器	MASTER 环境变量	注 释
本地（单节点，多线程）	local[n]	*n* 是要使用的线程数，应大于或等于 2。如果希望 Spark 与其他 Hadoop 工具（如 Hive）通信，还需要通过设置 HADOOP_CONF_DIR 环境变量或复制 Hadoop 配置文件 * -site.xml 到 conf 子目录
独立模式（以守护进程的方法运行在节点上）	spark:// master-address>:7077	在 $SPARK_HOME/sbin 目录下有一系列启动和停止的脚本文件。也支持 HA 模式。更详细的描述可以在以下链接中找到：https:// spark.apache.org/docs/latest/spark- standalone.html
Mesos	mesos:// host:5050 or mesos://zk:// host:2181（多个主节点）	需要设置 MESOS_NATIVE_JAVA_ LIBRARY=<path to libmesos.so> 和 SPARK_EXECUTOR_URI=<URL of spark-1.5.0.tar.gz>。默认是细粒度模式，其中每个 Spark 任务作为单独的 Mesos 任务运行。用户也可指定粗粒度模式，其中 Mesos 任务在应用程序运行过程中会一直存在。粗粒度模式的优点是降低总启动成本，并可以使用动态分配（更多的细节可以在以下链接中找到：https://spark.apache.org/docs/latest/running-on-mesos.html）
YARN	yarn	Spark 驱动可以在集群中运行，也可以运行在由 --deploy mode 参数（shell 只能运行在客户端模式下）管理的客户端节点上。将 HADOOP_CONF_DIR 或 YARN_CONF_DIR 设置为指向 YARN 的配置文件。使用 --num-executors 标志或 spark.executor.instances 属性来设置执行器的固定（默认）数量。 将 spark.dynamicAllocation.enabled 设置为 true，根据应用程序要求来动态创建 / 删除执行器。有关的详细信息可请访问：https://spark.apache.org/docs/latest/running-on-yarn.html

最常用的主节点 UI 端口是 8080，应用 UI 端口是 4040。其他 Spark 端口都汇总在下表中。

独立模式端口				
发送方	接收方	默认端口	目的	配置设置
浏览器	独立模式中的主节点	8080	Web UI	spark.master.ui.port / SPARK_MASTER_WEBUI_PORT
浏览器	独立模式中的主节点	8081	Web UI	spark.worker.ui.port / SPARK_WORKER_WEBUI_PORT
驱动 / 独立模式中的 worker	独立模式中的主节点	7077	向集群提交作业 / 加入集群	SPARK_MASTER_PORT
独立模式中的主节点	独立模式中的 worker	（随机）	调度执行器	SPARK_WORKER_PORT
执行器 / 独立模式中的主节点	驱动	（随机）	连接到应用程序 / 通知执行器的状态变化	spark.driver.port
其他端口				
发送方	接收方	默认端口	目的	配置设置
浏览器	应用	4040	Web UI	spark.ui.port
浏览器	历史服务器	18080	Web UI	spark.history.ui.port
驱动	执行器	（随机）	调度任务	spark.executor.port
执行器	驱动	（随机）	针对文件和 jar 包的文件服务器	spark.fileserver.port
执行器	驱动	（随机）	HTTP	spark.broadcast.port

此外，在随源码发行的 docs 子目录中还有一些文档，但可能已经过期。

3.2.2　Spark 的组件

自 Spark 发布以来，已经有多个基于 Spark 的缓存 RDD 功能编写的应用，比如 Shark、Spork（Pig on Spark）、图形库（GraphX、GraphFrame）、流媒体、MLlib 等，其中一些将在本章和以后的章节中讨论。

本节将主要介绍用来收集、存储和分析数据的 Spark 架构组件。第 2 章介绍过一个更完整的数据生命周期架构，而下面只介绍 Spark 特有的组件：

图 3-4　Spark 的组件和架构

3.2.3 MQTT、ZeroMQ、Flume 和 Kafka

这些组件采用不同的方法将数据从一个地方可靠移动到另一个地方。这些组件通常都会实现一个发布、订阅模型，其中多个写入器（writer）和读取器（reader）采用不同的保障机制从相同队列写入和读取。著名的 Flume 是第一个分布式日志和事件管理系统，但它慢慢被 Kafka 取代，Kafka 由 LinkedIn 开发，是一个功能齐全的发布 - 订阅分布式消息队列，可在分布式节点上进行持久存储。上一章简要介绍了 Flume 和 Kafka。Flume 配置基于文件，通常用于将消息从一个 Flume 源（source）传递到一个或多个 Flume 接收器。其中一个常见的源是 netcat，它会监听来自各个端口上的原始数据。例如，以下配置描述了一个代理接收数据，每 30 秒（默认）将数据写入 HDFS：

```
# Name the components on this agent
a1.sources = r1
a1.sinks = k1
a1.channels = c1

# Describe/configure the source
a1.sources.r1.type = netcat
a1.sources.r1.bind = localhost
a1.sources.r1.port = 4987

# Describe the sink (the instructions to configure and start HDFS are
provided in the Appendix)
a1.sinks.k1.type=hdfs
a1.sinks.k1.hdfs.path=hdfs://localhost:8020/flume/netcat/data
a1.sinks.k1.hdfs.filePrefix=chapter03.example
a1.sinks.k1.channel=c1
a1.sinks.k1.hdfs.writeFormat = Text

# Use a channel which buffers events in memory
a1.channels.c1.type = memory
a1.channels.c1.capacity = 1000
a1.channels.c1.transactionCapacity = 100

# Bind the source and sink to the channel
a1.sources.r1.channels = c1
a1.sinks.k1.channel = c1
```

此文件可在本书提供的源代码的 chapter03/conf 目录中找到。可下载并启动 Flume 代理（用 http://flume.apache.org/download.html 所提供的内容来检查 MD5 总和）：

```
$ wget http://mirrors.ocf.berkeley.edu/apache/flume/1.6.0/apache-flume-
1.6.0-bin.tar.gz
$ md5sum apache-flume-1.6.0-bin.tar.gz
MD5 (apache-flume-1.6.0-bin.tar.gz) = defd21ad8d2b6f28cc0a16b96f652099
$ tar xf apache-flume-1.6.0-bin.tar.gz
$ cd apache-flume-1.6.0-bin
$ ./bin/flume-ng agent -Dlog.dir=. -Dflume.log.level=DEBUG,console -n a1
```

```
-f ../chapter03/conf/flume.conf
Info: Including Hadoop libraries found via (/Users/akozlov/hadoop-2.6.4/
bin/hadoop) for HDFS access
Info: Excluding /Users/akozlov/hadoop-2.6.4/share/hadoop/common/lib/
slf4j-api-1.7.5.jar from classpath
Info: Excluding /Users/akozlov/hadoop-2.6.4/share/hadoop/common/lib/
slf4j-log4j12-1.7.5.jar from classpath
...
```

现在可在单独的窗口键入 netcat 命令将文本发送给 Flume 代理：

```
$ nc localhost 4987
Hello
OK
World
OK

...
```

Flume 代理将首先创建一个以 tmp 为后缀名的文件，然后将其重命名为一个没有扩展名的文件（文件扩展名可以用于过滤掉正在写入的文件）：

```
$ bin/hdfs dfs -text /flume/netcat/data/chapter03.example.1463052301372
16/05/12 04:27:25 WARN util.NativeCodeLoader: Unable to load native-
hadoop library for your platform... using builtin-java classes where
applicable
1463052302380   Hello
1463052304307   World
```

这里的每一行由一个 Unix 时间（以毫秒为单位）和接收的数据构成。在这种情况下可将数据放入 HDFS，通过 Spark / Scala 程序来分析存储在 HDFS 上的这些数据，并排除那些以文件名 *.tmp 形式写入的文件。Spark 还有一些平台支持流，如果读者对一些最新、最有价值的平台感兴趣，可以参考本章接下来几节的内容。

3.2.4 HDFS、Cassandra、S3 和 Tachyon

HDFS、Cassandra、S3 和 Tachyon 采用不同的方式来持久保存数据，并采用不同的方式来保障计算节点所需的资源。HDFS 是 Hadoop 的一部分，它实现的分布式存储是 Hadoop 生态系统中多个产品的后台（backend）。HDFS 将每个文件划分成大小为 128 MB 的块，并将每个块至少存储在三个节点上。尽管 HDFS 是可靠的，并且支持 HA，但是 HDFS 存储的效率低，特别是用于机器学习时更是如此。Cassandra 是一个通用键 / 值存储，它能存储一行的多个副本，并且可通过配置来支持不同级别的一致性，以优化读取或写入速度。相对于 HDFS 模型而言，Cassandra 的优点是没有中央主节点，它通过共识算法来进行读写。但有时 Cassandra 可能不稳定。S3 是 Amazon 存储：数据存储在群集外，这会影响 I/O 速度。最近开发的 Tachyon 声称可利用节点的内存来优化对跨节点工作集的访问。

此外还有不断在开发的新后台，例如来自 Cloudera 的 Kudu（http://getkudu.io/kudu.pdf）和来自 GridGain 的 Ignite 文件系统（IGFS）（http://apacheignite.gridgain.org/v1.0/docs/igfs）。它们都是基于 Apache 许可协议的开源项目。

3.2.5 Mesos、YARN 和 Standalone

正如之前提到的，Spark 能运行在不同的集群资源调度器下。这些在集群上的调度器是为了调度 Spark 的容器和任务而具体实现的。调度器可视为集群核心，其功能与操作系统内核的调度器相似：资源分配、调度、I/O 优化、应用服务和 UI。

Mesos 是最早的集群管理器之一，它的设计原则与 Linux 内核相同，只是抽象级别不同。Mesos 的从节点运行在每台计算机上，并为整个数据中心和云环境中的资源管理和调度提供 API。Mesos 是用 C++ 编写的。

YARN 是雅虎最近开发的集群管理器。YARN 中的每个节点运行节点管理器，它可与运行在单独的节点上的资源管理器通信。资源管理器调度任务来满足内存和 CPU 约束。Spark 驱动本身可在集群中运行，这称为 YARN 的集群模式。也可在客户端模式下运行，这时只有 Spark 执行器运行在集群中，而调度 Spark 管道的驱动所运行的计算机与 Spark shell 或提交程序的计算机是同一台机器。在这种情况下，Spark 执行器将通过随机打开的端口与本地主机通信。YARN 是用 Java 编写的，这会出现不可预测的 GC 暂停，从而导致较重的延迟长尾。

如果这些资源调度程序都不可用，则独立模式会在每个节点上启动 org.apache.spark.deploy.worker.Worker 进程，该进程会与 Spark 主节点进程通信，主节点进程会以 org.apache.spark.deploy.master.Master 运行。工作进程完全由主节点管理并可以运行多个执行器和任务（见图 3-2）。

在具体的实现中，建议通过驱动器的 UI 来跟踪程序的并行性和所需资源。如果需要，可调整并行性、可用内存以及增加并行性。下一节将会开始介绍如何用 Spark 中的 Scala 来解决不同的问题。

3.3 应用

下面会介绍 Spark/Scala 中的一些实际示例和库，具体会从一个非常经典的单词计数问题开始。

3.3.1 单词计数

大多数现代机器学习算法需要多次传递数据。如果数据能存放在单台机器的内存中，则该数据会容易获得，并且不会呈现性能瓶颈。如果数据太大，单台机器的内存容纳不下，则可保存在磁盘（或数据库）上，这样虽然可得到更大的存储空间，但存取速度大约会降为原来的 1/100。另外还有一种方式就是分割数据集，将其存储在网络中的多台机器上，并通过网络来传输结果。虽然对这种方式仍有争议，但分析表明，对于大多数实际系统而言，如果能有效地在多个 CPU 之间拆分工作负载，则通过一组网络连接节点存储数据比从单个节点上的硬盘重复存储和读取数据略有优势。

> 提示 磁盘的平均带宽约为 100 MB/s，由于磁盘的转速和缓存不同，其传输时会有几毫秒的延迟。相对于直接从内存中读取数据，速度要降为原来的 1/100 左右，当然，这也会取决于数据大小和缓存的实现。现代数据总线可以超过 10 GB/s 的速度传输数据。而网络速度仍然落后于直接的内存访问，特别是标准网络层中 TCP/IP 内核的开销会对网络速度影响很大。但专用硬件可以达到每秒几十吉字节，如果并行运行，则可能和从内存读取一样快。当前的网络传输速度介于 1～10 GB/s 之间，但在实际应用中仍然比磁盘更快。因此，可以将数据分配到集群节点中所有机器的内存中，并在集群上执行迭代机器学习算法。

但内存也有一个问题：在节点出现故障并重新启动后，内存中的数据不会跨节点持久保存。一个流行的大数据框架 Hadoop 解决了这个问题。Hadoop 受益于 Dean/Ghemawat 的论文（Jeff Dean 和 Sanjay Ghemawat, *MapReduce: Simplified Data Processing on Large Clusters,* OSDI, 2004.），这篇文章提出使用磁盘层持久性来保证容错和存储中间结果。Hadoop MapReduce 程序首先会在数据集的每一行上运行 map 函数，得到一个或多个键 / 值对。然后按键值对这些键 / 值对进行排序、分组和聚合，使得具有相同键的记录最终会在同一个 reducer 上处理，该 reducer 可能在一个（或多个）节点上运行。reducer 会使用一个 reduce 函数，遍历同一个键对应的所有值，并将它们聚合在一起。如果 reducer 因为一些原因失败，由于其中间结果持久保存，则可以丢弃部分计算，然后可从检查点保存的结果重新开始 reduce 计算。很多简单的类 ETL 应用程序仅在保留非常少的状态信息的情况下才遍历数据集，这些状态信息是从一个记录到另一个记录的。

单词计数是 MapReduce 的经典应用程序。该程序可统计文档中每个单词的出现次数。在 Scala 中，对排好序的单词列表采用 foldLeft 方法，很容易得到单词计数。

```
val lines = scala.io.Source.fromFile("...").getLines.toSeq
val counts = lines.flatMap(line => line.split("\\W+")).sorted.
  foldLeft(List[(String,Int)]()){ (r,c) =>
    r match {
      case (key, count) :: tail =>
        if (key == c) (c, count+1) :: tail
        else (c, 1) :: r
        case Nil =>
          List((c, 1))
  }
}
```

如果运行这个程序，会输出（字，计数）这样的元组列表。该程序会按行来分词，并对得到的单词排序，然后将每个单词与（字，计数）元组列表中的最新条目（entry）进行匹配。同样的计算在 MapReduce 中会表示成如下形式：

```
val linesRdd = sc.textFile("hdfs://...")
val counts = linesRdd.flatMap(line => line.split("\\W+"))
    .map(_.toLowerCase)
    .map(word => (word, 1)).
    .reduceByKey(_+_)
counts.collect
```

首先需要按行处理文本，将行拆分成单词，并生成（word，1）对。这个任务很容易并行化。为了并行化全局计数，需对计数部分进行划分，具体的分解通过对单词子集分配计数任务来实现。在 Hadoop 中需计算单词的哈希值，并根据哈希值来划分工作。

一旦 map 任务找到给定哈希的所有条目，它就可以将键 / 值对发送到 reducer，在 MapReduce 中，发送部分通常称为 shuffle。从所有 mapper 中接收完所有的键 / 值对后，reducer 才会组合这些值（如果可能，在 mapper 中也可部分组合这些值），并对整个聚合进行计算，在这种情况下只进行求和。单个 reducer 将查看给定单词的所有值。

下面介绍 Spark 中单词计数程序的日志输出（Spark 在默认情况下输出的日志会非常冗长，为了输出关键的日志信息，可将 conf /log4j.properties 文件中的 INFO 替换为 ERROR 或 FATAL）：

```
$ wget http://mirrors.sonic.net/apache/spark/spark-1.6.1/spark-1.6.1-bin-
hadoop2.6.tgz
$ tar xvf spark-1.6.1-bin-hadoop2.6.tgz
$ cd spark-1.6.1-bin-hadoop2.6
$ mkdir leotolstoy
$ (cd leotolstoy; wget http://www.gutenberg.org/files/1399/1399-0.txt)
$ bin/spark-shell
Welcome to
      ____              __
     / __/__  ___ _____/ /__
    _\ \/ _ \/ _ `/ __/  '_/
   /___/ .__/\_,_/_/ /_/\_\   version 1.6.1
      /_/

Using Scala version 2.11.7 (Java HotSpot(TM) 64-Bit Server VM, Java
1.8.0_40)
Type in expressions to have them evaluated.
Type :help for more information.
Spark context available as sc.
SQL context available as sqlContext.
scala> val linesRdd = sc.textFile("leotolstoy", minPartitions=10)
linesRdd: org.apache.spark.rdd.RDD[String] = leotolstoy
MapPartitionsRDD[3] at textFile at <console>:27
```

这个过程发生的唯一的事情是元数据操作，Spark不会触及数据本身，它会估计数据集的大小和分区数。默认情况下是HDFS块数，但是可使用minPartitions参数明确指定最小分区数：

```
scala> val countsRdd = linesRdd.flatMap(line => line.split("\\W+")).
     | map(_.toLowerCase).
     | map(word => (word, 1)).
     | reduceByKey(_+_)
countsRdd: org.apache.spark.rdd.RDD[(String, Int)] = ShuffledRDD[5] at
reduceByKey at <console>:31
```

下面定义另一个RDD，它源于linesRdd：

```
scala> countsRdd.collect.filter(_._2 > 99)
res3: Array[(String, Int)] = Array((been,1061), (them,841), (found,141),
(my,794), (often,105), (table,185), (this,1410), (here,364),
(asked,320), (standing,132), ("",13514), (we,592), (myself,140),
(is,1454), (carriage,181), (got,277), (won,153), (girl,117), (she,4403),
(moment,201), (down,467), (me,1134), (even,355), (come,667),
(new,319), (now,872), (upon,207), (sister,115), (veslovsky,110),
(letter,125), (women,134), (between,138), (will,461), (almost,124),
(thinking,159), (have,1277), (answer,146), (better,231), (men,199),
(after,501), (only,654), (suddenly,173), (since,124), (own,359),
(best,101), (their,703), (get,304), (end,110), (most,249), (but,3167),
(was,5309), (do,846), (keep,107), (having,153), (betsy,111), (had,3857),
(before,508), (saw,421), (once,334), (side,163), (ough...
```

在2 GB的文本数据（共有40 291行，353 087个单词）上执行单词计算程序时，进行读取、分词和按词分组所花的时间不到1秒。通过扩展日志记录可看到以下内容：

- Spark打开几个端口与执行器和用户通信
- Spark UI运行的端口为4040（可通过http://localhost: 4040打开）
- 可从本地或分布式存储（HDFS、Cassandra和S3）中读取文件
- 如果Spark构建时支持Hive，它会连接到Hive上
- Spark使用惰性求值（仅当输出请求时）来执行管道
- Spark使用内部调度器将作业拆分为任务，优化执行任务，然后执行它们
- 结果存储在RDD中，可用集合方法来保存或导入到执行shell的节点的RAM中

并行性能调整的原则是在不同节点或线程之间分割工作负载，使得开销相对较小，而且要保持负载平衡。

3.3.2 基于流的单词计数

Spark支持对输入流进行监听，能对其进行分区，并以接近实时的方式来计算聚合。目前支持来自Kafka、Flume、HDFS/S3、Kinesis、Twitter，以及传统的MQ（如ZeroMQ和MQTT）的数据流。在Spark中，流的传输是以小批量（micro-batch）方式进行的。在Spark内部会将输入数据分成小批量，通常按大小的不同，有些所花的时间不到1秒，有些却要

几分钟，然后会对这些小批量数据执行 RDD 聚合操作。

下面扩展前面介绍的 Flume 示例。这需要修改 Flume 配置文件来创建一个 Spark 轮询槽（polling sink），用这种槽来替代 HDFS：

```
# The sink is Spark
a1.sinks.k1.type=org.apache.spark.streaming.flume.sink.SparkSink
a1.sinks.k1.hostname=localhost
a1.sinks.k1.port=4989
```

现在不用写入 HDFS，Flume 将会等待 Spark 的轮询数据：

```
object FlumeWordCount {
  def main(args: Array[String]) {
    // Create the context with a 2 second batch size
    val sparkConf = new SparkConf().setMaster("local[2]")
      .setAppName("FlumeWordCount")
    val ssc = new StreamingContext(sparkConf, Seconds(2))
    ssc.checkpoint("/tmp/flume_check")
    val hostPort=args(0).split(":")
    System.out.println("Opening a sink at host: [" + hostPort(0) +
      "] port: [" + hostPort(1).toInt + "]")
    val lines = FlumeUtils.createPollingStream(ssc, hostPort(0),
      hostPort(1).toInt, StorageLevel.MEMORY_ONLY)
    val words = lines
      .map(e => new String(e.event.getBody.array)).
        map(_.toLowerCase).flatMap(_.split("\\W+"))
      .map(word => (word, 1L))
      .reduceByKeyAndWindow(_+_, _-_, Seconds(6),
        Seconds(2)).print
    ssc.start()
    ssc.awaitTermination()
  }
}
```

为了运行程序，在一个窗口中启动 Flume 代理：

```
$ ./bin/flume-ng agent -Dflume.log.level=DEBUG,console -n a1 -f ../
chapter03/conf/flume-spark.conf
...
```

然后在另一个窗口运行 FlumeWordCount 对象：

```
$ cd ../chapter03
$ sbt "run-main org.akozlov.chapter03.FlumeWordCount localhost:4989
...
```

现在任何输入到 netcat 连接的文本都将被分词并在 6 秒的滑动窗口上按每 2 秒计算单词的量：

```
$ echo "Happy families are all alike; every unhappy family is unhappy in
its own way" | nc localhost 4987
...
```

```
-------------------------------------------
Time: 1464161488000 ms
-------------------------------------------
(are,1)
(is,1)
(its,1)
(family,1)
(families,1)
(alike,1)
(own,1)
(happy,1)
(unhappy,2)
(every,1)
...

-------------------------------------------
Time: 1464161490000 ms
-------------------------------------------
(are,1)
(is,1)
(its,1)
(family,1)
(families,1)
(alike,1)
(own,1)
(happy,1)
(unhappy,2)
(every,1)
...
```

Spark/Scala 允许在不同的流之间无缝切换。例如，Kafka 发布 / 订阅主题模型类似于如下形式：

```
object KafkaWordCount {
  def main(args: Array[String]) {
    // Create the context with a 2 second batch size
    val sparkConf = new SparkConf().setMaster("local[2]")
      .setAppName("KafkaWordCount")
    val ssc = new StreamingContext(sparkConf, Seconds(2))
    ssc.checkpoint("/tmp/kafka_check")
    System.out.println("Opening a Kafka consumer at zk:
      [" + args(0) + "] for group group-1 and topic example")
    val lines = KafkaUtils.createStream(ssc, args(0), "group-1",
      Map("example" -> 1), StorageLevel.MEMORY_ONLY)
    val words = lines
      .flatMap(_._2.toLowerCase.split("\\W+"))
```

```
        .map(word => (word, 1L))
        .reduceByKeyAndWindow(_+_, _-_, Seconds(6),
          Seconds(2)).print
      ssc.start()
      ssc.awaitTermination()
    }
}
```

要启动 Kafka 代理，首先下载最新发布的二进制包并启动 ZooKeeper。ZooKeeper 是一个分布式服务协调器，即使 Kafka 部署在单节点上也需要它：

```
$ wget http://apache.cs.utah.edu/kafka/0.9.0.1/kafka_2.11-0.9.0.1.tgz
...
$ tar xf kafka_2.11-0.9.0.1.tgz
$ bin/zookeeper-server-start.sh config/zookeeper.properties
...
```

在另一个窗口中启动 Kafka 服务器：

```
$ bin/kafka-server-start.sh config/server.properties
...
```

运行 KafkaWordCount 对象：

```
$ sbt "run-main org.akozlov.chapter03.KafkaWordCount localhost:2181"
...
```

现在将单词流发布到 Kafka 主题中，这需要再开启一个计数窗口：

```
$ echo "Happy families are all alike; every unhappy family is unhappy
in its own way" | ./bin/kafka-console-producer.sh --broker-list
localhost:9092 --topic example
...


$ sbt "run-main org.akozlov.chapter03.FlumeWordCount localhost:4989
...
-------------------------------------------
Time: 1464162712000 ms
-------------------------------------------
(are,1)
(is,1)
(its,1)
(family,1)
(families,1)
(alike,1)
(own,1)
(happy,1)
(unhappy,2)
(every,1)
```

从上面的结果可以看出程序每两秒输出一次。Spark 流有时被称为小批次处理（micro-batch processing）。数据流有许多其他应用程序（和框架），但要完全讨论清楚会涉及很多内容，因此需要单独进行介绍。在第 5 章会讨论一些数据流上的机器学习问题。下面将介绍更传统的类 SQL 接口。

3.3.3 Spark SQL 和数据框

数据框（Data Frame）相对较新，在 Spark 的 1.3 版本中才引入，它允许人们使用标准的 SQL 语言来分析数据。在第 1 章就使用了一些 SQL 命令来进行数据分析。SQL 对于简单的数据分析和聚合非常有用。

最新的调查结果表明大约有 70% 的 Spark 用户使用 DataFrame。虽然 DataFrame 最近成为表格数据最流行的工作框架，但它是一个相对重量级的对象。DataFrame 使用的管道在执行速度上可能比基于 Scala 的 vector 或 LabeledPoint（这两个对象将在下一章讨论）的速度慢得多。来自多名开发人员的证据表明：响应时间可为几十或几百毫秒，这与具体查询有关，若是更简单的对象会小于 1 毫秒。

Spark 为 SQL 实现了自己的 shell，这是除标准 Scala REPL shell 以外的另一个 shell。可通过 ./bin/spark-sql 来运行该 shell，还可通过这种 shell 来访问 Hive/Impala 或关系数据库表：

```
$ ./bin/spark-sql
…
spark-sql> select min(duration), max(duration), avg(duration) from
kddcup;
…
0  58329  48.34243046395876
Time taken: 11.073 seconds, Fetched 1 row(s)
```

在标准 Spark 的 REPL 中，可以通过运行相同的查询来执行以下命令：

```
$ ./bin/spark-shell
…
scala> val df = sqlContext.sql("select min(duration), max(duration),
avg(duration) from kddcup"
16/05/12 13:35:34 INFO parse.ParseDriver: Parsing command: select
min(duration), max(duration), avg(duration) from alex.kddcup_parquet
16/05/12 13:35:34 INFO parse.ParseDriver: Parse Completed
df: org.apache.spark.sql.DataFrame = [_c0: bigint, _c1: bigint, _c2:
double]
scala> df.collect.foreach(println)
…
16/05/12 13:36:32 INFO scheduler.DAGScheduler: Job 2 finished: collect at
<console>:22, took 4.593210 s
[0,58329,48.34243046395876]
```

3.4 机器学习库

Spark 是基于内存的存储系统，它本质上能提高节点内和节点之间的数据访问速度。这似乎与 ML 有一种自然契合，因为许多算法需要对数据进行多次传递或重新分区。MLlib 是一个开源库，但仍有一些私人公司还在不断按自己的方式来实现 MLlib 中的算法。

在第 5 章会看到大多数标准机器学习算法可以表示为优化问题。例如，经典线性回归会最小化回归直线与实际 y 值之间的距离平方和：

$$\frac{\partial}{\partial x}\sum_{i=1}^{N}(y_i-\hat{y}_i)^2$$

其中，$\hat{y}_i$是由下面的线性表达式所得到的预测值：

$$\hat{y}=A^{\mathrm{T}}X+B$$

A 通常称为斜率，B 通常称为截距。线性优化问题更一般化的公式可以写成最小化加法函数：

$$C(w)=\frac{1}{N}\sum_{i=1}^{N}L(w \mid x_i, y_i)+\lambda R(w)$$

其中，$L(w \mid x_i, y_i)$ 称为损失函数，$R(w)$ 是正则函数。正则函数增加了模型函数的复杂性，比如参数的数量（或基于此的自然对数）。下表给出了大多数常见的损失函数：

	损失函数 L	损失函数的梯度
线性损失函数	$\frac{1}{2}(y_i-A^{\mathrm{T}}X)^2$	$(A^{\mathrm{T}}X-y_i)X$
logistic 损失函数	$\ln(1+\exp(-yw^{\mathrm{T}}x))$	$-y\left[1-\frac{1}{1+\exp(-yw^{\mathrm{T}}x)}\right]x$
绞合（Hinge）损失函数	$\max(0,1-yw^{\mathrm{T}}x)$	$yw^{\mathrm{T}}x<1$ 时为 $-yx$，否则为 0

正则化的目的是惩罚更复杂的模型，以避免过拟合和降低泛化错误。MLlib 当前支持如下的正则化：

	正 则 项	梯 度
L2	$\frac{1}{2}\|\|w\|\|_2^2$	w
L1	$\|\|w\|\|_1$	$\mathrm{sign}(w)$
弹性网（Elastic net）	$\alpha\|\|w\|\|_1+(1-\alpha)\frac{1}{2}\|\|w\|\|_2^2$	$\alpha\,\mathrm{sign}(w)+(1-\alpha)w$

其中，sign (w) 是 w 中所有元素对应的符号向量。

当前 MLlib 实现了如下的算法：

- ❑ 基本统计
    - 概要统计（summary statistics）
    - 相关性

    - 分层抽样（stratified sampling）
    - 假设检验
    - 流式显著性检验
    - 随机数据生成
- 分类与回归
    - 线性模型（SVM、logistic 回归和线性回归）
    - 朴素贝叶斯
    - 决策树
    - 集成树（随机森林和梯度提升树）
    - 保序回归
- 协同过滤
    - 交替最小二乘（alternating least squares，ALS）
- 聚类
    - k-means
    - Gaussian 混合
    - Power 迭代聚类（PIC）
    - 隐狄利克雷分布（Latent Dirichlet allocation，LDA）
    - 二分（Bisecting）k-means
    - 流式（Streaming）k-means
- 降维
    - 奇异值分解（SVD）
    - 主成分分析（PCA）
- 特征提取与变换
- 频繁模式挖掘
    - FP-growth
    - 关联规则
    - PrefixSpan
- 优化
    - 随机梯度下降（SGD）
    - 有限内存 BFGS（L-BFGS）

第 5 章将会介绍其中的一些算法，而更复杂的非结构化机器学习方法将在第 6 章介绍。

3.4.1 SparkR

R 是用流行的 S 编程语言实现的（S 语言是当时在贝尔实验室工作的 John Chambers 所创建的），它目前由 R 统计计算基金会支持。调查表明 R 的人气近年来在不断增加。SparkR

提供了一个轻量级前端来使用基于 R 的 Apache Spark。从 Spark 1.6.0 开始，SparkR 提供了一个分布式 DataFrame，它支持选择、过滤、聚合等操作，这与 R 的 DataFrame 和 dplyr 类似，但是 SparkR 处理的是非常大的数据集。SparkR 还支持基于 MLlib 的分布式机器学习。

SparkR 需要 R 的 3.0 版本或更高版本，可通过 ./bin/sparkR 来运行 shell。本书将在第 8 章介绍 SparkR。

3.4.2 图算法：Graphx 和 GraphFrames

图算法是其中最难的算法之一，因为若图本身不能被分割（即它能表示成一组断开的子图），那么图算法需要在节点之间有恰当的分布。对节点规模高大数百万的社交网络上进行分析开始流行的原因是，一些公司（如 Facebook、谷歌和 LinkedIn）的研究人员已经提出了新的方法来规范图表示、算法以及问答类型。

GraphX 是一个图计算的现代框架，在 2013 年的一篇论文提出了这种框架（*GraphX: A Resilient Distributed Graph System on Spark* by Reynold Xin, Joseph Gonzalez, Michael Franklin 和 Ion Stoica, GRADES（SIGMOD workshop）, 2013）。之前的图并行框架有 Pregel 和 PowerGraph。GraphX 中的图由两个 RDD 表示：一个用于表示顶点；另一个用于表示边。一旦 RDD 加入，GraphX 支持类似于 Pregel 的 API 或类似于 MapReduce 的 API，其中 map 函数应用于节点的近邻，而 reduce 是在 map 结果之上进行聚合。

在写本书时，GraphX 实现了如下的图算法：

- PageRank
- 连通分量
- 三角计数
- 标签传播（label propagation）
- SVD ++（协同过滤）
- 强连通分量

由于 GraphX 是一个开源库，因此其修改会被列出来。GraphFrames 是 Databricks 公司给出的一种新的实现，它构建在 DataFrame 之上，完全支持如下这三种语言：Scala、Java 和 Python。第 7 章会讨论其具体的实现。

3.5 Spark 的性能调整

虽然数据管道的高效执行是任务调度器优先考虑的，这是 Spark 驱动的一部分，有时 Spark 需要人为给出一些提示。Spark 调度主要与两个参数有关：CPU 和内存。当然其他资源（如磁盘和网络 I/O）也在 Spark 性能方面发挥重要作用，但目前 Spark、Mesos 或 YARN 都不能主动管理它们。

要监控的第一个参数是RDD的分区数，可以从文件中读取RDD时明确指定。常见的Spark错误是分区太多，这样做需要提供更多的并行性。当任务开始 / 结束时间相对较小的情况下，这样做也可以工作。但是建议减少分区数，特别是在有聚合的情况时。

每个RDD的默认分区数和并行级别由spark.default.parallelism参数决定，可在$SPARK_HOME/conf/spark-defaults.conf配置文件中定义此参数。具体的RDD的分区数也可以通过coalesce( )或repartition( )方法来显式地更改。

内核总数和有效内存不足会导致任务无法继续进行，通常会造成死锁。当从命令行调用spark-submit、spark-shell或PySpark时，可以用--executor-cores选项来指定每个执行器的内核数。也可以在之前讨论的spark-defaults.conf文件中设置相应的参数。如果内核数量设置得太大，调度器将无法在节点上分配资源，从而导致死锁。

类似地，可通过--executor-memory（或spark.executor.memory属性）选项来指定所有任务请求的堆大小（默认为1G）。如果执行器的内存设制得太大，调度器可能会被死锁，或只能调度节点上有限的执行器。

在计算内核和内存数量时，独立模式中隐含的假设是：Spark是唯一运行的应用程序，这可能是正确。当在Mesos或YARN下运行时，配置集群调度器很重要，它通过Spark驱动来调度执行器对资源的有效请求。相关的YARN属性有：yarn.nodemanager.resource.cpu-vcores和yarn.nodemanager.resource.memory-mb。YARN可能会多给一点请求的内存。YARN的yarn.scheduler.minimum-allocation-mb和yarn.scheduler.increment-allocation-mb属性分别控制着最小值和增量请求值。

JVM还可以使用堆以外的一些内存，例如，用于内部字符串和直接字节缓冲区。spark.yarn.executor.memoryOverhead的属性值被添加到执行器内存，以确定每个执行器对YARN的内存请求。它默认为max（384, .07 * spark.executor.memory）。

由于Spark需要在执行器和客户机节点之间传输数据，高效的序列化非常重要。第6章会介绍不同的序列化框架，但在默认情况下，Spark会使用Kryo来进行序列化，这要求按静态方法显式地注册类。如果运行时发现序列化错误，可能是因为相应的类没有被注册或Kryo不支持它，这种情形出现嵌套和复杂的数据类型。一般来说，若不能非常有效地完成对象序列化，建议避免在执行器之间传递复杂的对象。

驱动具有类似的参数：spark.driver.cores、spark.driver.memory和spark.driver.maxResultSize。后者为从所有执行器收集的结果设置限制，是通过collect方法来进行收集的。让驱动进程不出现内存不足的异常很重要。另一种避免内存不足异常和后续问题的方法是修改管道返回的聚合（或过滤）的结果，也可改用take方法。

3.6 运行Hadoop的HDFS

没有分布式存储的分布式框架是不完整的。HDFS是其中的一种分布式存储。即使

Spark 在本地模式下运行，它仍然可以在后台使用分布式文件系统。与 Spark 将计算任务分解成子任务一样，HDFS 也会将文件分成块，并将它们存储在集群上。为了实现高可用性（High Availability，HA），HDFS 会为每个块存储多个副本，副本数称为复制级别，默认为三个（见图 3-5）。

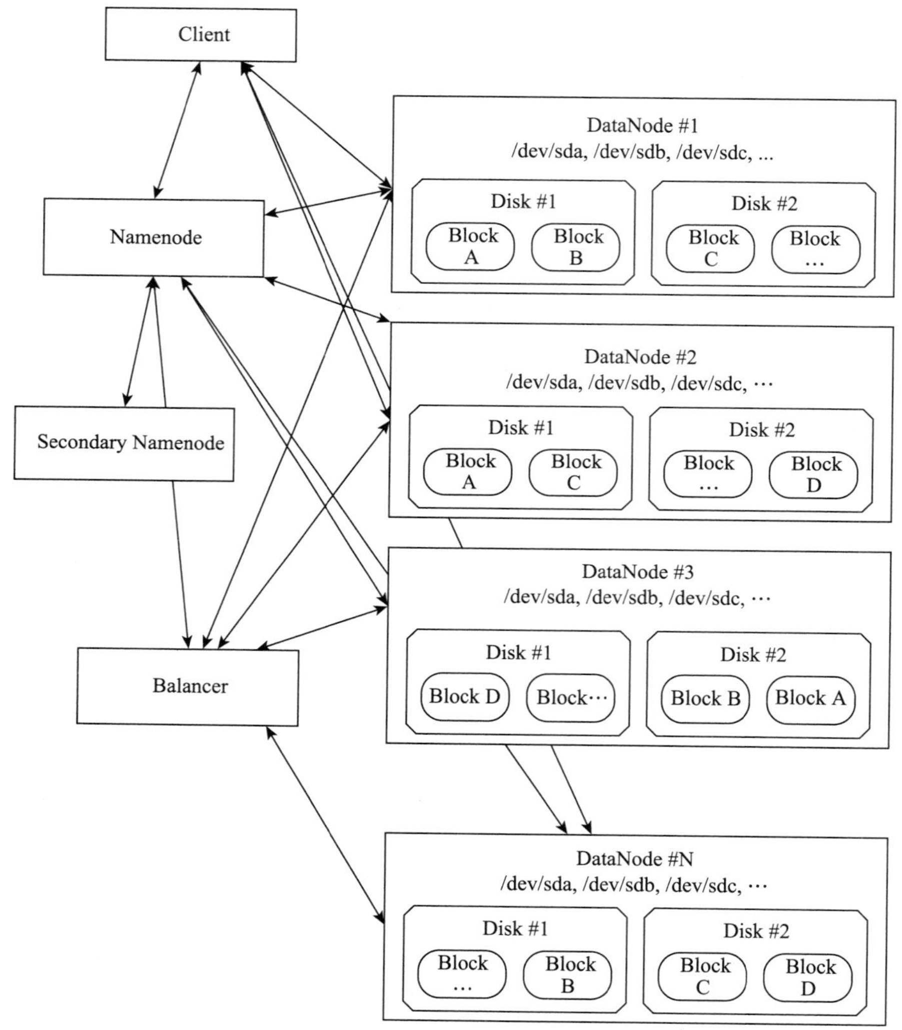

图 3-5　HDFS 架构。每个块存储在三个（复制级别）单独的位置

Namenode 通过记录块位置以及其他元数据（例如所有者、文件权限和块大小）来管理特定文件的 HDFS 存储。辅助 Namenode 是一个轻微的 misnomer：它的功能是将元数据的修改和编辑合并到 fsimage 中，或作为元数据的数据库文件。合并是需要的，因为更实用的方式是将 fsimage 的修改写入单独的文件，而不是把每个修改直接保存到 fsimage 的磁盘映

像中（除非是保存内存中相应的改变）。辅助 Namenode 不能作为 Namenode 的第二个副本。可通过平衡器来移动块，使整个服务器上维持大致相等的磁盘使用率。如果有足够的可用空间并且客户端不在集群上运行，则按随机的方式来分配节点的初始块。最后，为了获取元数据和块位置，可在客户端与 Namenode 之间进行通信，但在此之后，直接会从节点的副本读取或写入数据。客户端是唯一可在 HDFS 集群外运行的组件，但它需要与集群中所有节点的网络连接。

如果任何节点死机或断开与网络的连接，Namenode 会通知这种变化，因为它一直通过心跳来保持与节点之间的联系。如果节点在 10 分钟（默认情况）内没有重新连接到 Namenode，为了得到节点上丢失块所需的复制级别，它会复制块。Namenode 中有一个单独的块扫描器线程，它通过扫描块来得到可能的位旋转（每个块维护的校验和），并将删除损坏和孤立的块：

1. 要在计算机上启动 HDFS（复制级别为 1），可先从 http://hadoop.apache.org 下载 Hadoop 的发行版本。

```
$ wget ftp://apache.cs.utah.edu/apache.org/hadoop/common/h/hadoop-
2.6.4.tar.gz
--2016-05-12 00:10:55--  ftp://apache.cs.utah.edu/apache.org/
hadoop/common/hadoop-2.6.4/hadoop-2.6.4.tar.gz
           => 'hadoop-2.6.4.tar.gz.1'
Resolving apache.cs.utah.edu... 155.98.64.87
Connecting to apache.cs.utah.edu|155.98.64.87|:21... connected.
Logging in as anonymous ... Logged in!
==> SYST ... done.    ==> PWD ... done.
==> TYPE I ... done.  ==> CWD (1) /apache.org/hadoop/common/
hadoop-2.6.4 ... done.
==> SIZE hadoop-2.6.4.tar.gz ... 196015975
==> PASV ... done.    ==> RETR hadoop-2.6.4.tar.gz ... done.
...
$ wget ftp://apache.cs.utah.edu/apache.org/hadoop/common/
hadoop-2.6.4/hadoop-2.6.4.tar.gz.mds
--2016-05-12 00:13:58--  ftp://apache.cs.utah.edu/apache.org/
hadoop/common/hadoop-2.6.4/hadoop-2.6.4.tar.gz.mds
           => 'hadoop-2.6.4.tar.gz.mds'
Resolving apache.cs.utah.edu... 155.98.64.87
Connecting to apache.cs.utah.edu|155.98.64.87|:21... connected.
Logging in as anonymous ... Logged in!
==> SYST ... done.    ==> PWD ... done.
==> TYPE I ... done.  ==> CWD (1) /apache.org/hadoop/common/
hadoop-2.6.4 ... done.
==> SIZE hadoop-2.6.4.tar.gz.mds ... 958
==> PASV ... done.    ==> RETR hadoop-2.6.4.tar.gz.mds ... done.
...
```

```
$ shasum -a 512 hadoop-2.6.4.tar.gz
493cc1a3e8ed0f7edee506d99bfabbe2aa71a4776e4bff5b852c6279b4c828a
0505d4ee5b63a0de0dcfecf70b4bb0ef801c767a068eaeac938b8c58d8f21beec
hadoop-2.6.4.tar.gz
$ cat !$.mds
hadoop-2.6.4.tar.gz:    MD5 = 37 01 9F 13 D7 DC D8 19  72 7B E1 58
44 0B 94 42
hadoop-2.6.4.tar.gz:   SHA1 = 1E02 FAAC 94F3 35DF A826  73AC BA3E
7498 751A 3174
hadoop-2.6.4.tar.gz: RMD160 = 2AA5 63AF 7E40 5DCD 9D6C  D00E EBB0
750B D401 2B1F
hadoop-2.6.4.tar.gz: SHA224 = F4FDFF12 5C8E754B DAF5BCFC 6735FCD2
C6064D58
                              36CB9D80 2C12FC4D
hadoop-2.6.4.tar.gz: SHA256 = C58F08D2 E0B13035 F86F8B0B 8B65765A
B9F47913
                              81F74D02 C48F8D9C EF5E7D8E
hadoop-2.6.4.tar.gz: SHA384 = 87539A46 B696C98E 5C7E352E 997B0AF8
0602D239
                              5591BF07 F3926E78 2D2EF790 BCBB6B3C
EAF5B3CF
                              ADA7B6D1 35D4B952
hadoop-2.6.4.tar.gz: SHA512 = 493CC1A3 E8ED0F7E DEE506D9 9BFABBE2
AA71A477
                              6E4BFF5B 852C6279 B4C828A0 505D4EE5
B63A0DE0
                              DCFECF70 B4BB0EF8 01C767A0 68EAEAC9
38B8C58D
                              8F21BEEC

$ tar xf hadoop-2.6.4.tar.gz
$ cd hadoop-2.6.4
```

2. 要获取最小的 HDFS 配置，请按如下方式修改 core-site.xml 和 hdfs-site.xml 文件：

```
$ cat << EOF > etc/hadoop/core-site.xml
<configuration>
    <property>
        <name>fs.defaultFS</name>
        <value>hdfs://localhost:8020</value>
    </property>
</configuration>
EOF
$ cat << EOF > etc/hadoop/hdfs-site.xml
<configuration>
   <property>
        <name>dfs.replication</name>
```

```
        <value>1</value>
    </property>
</configuration>
EOF
```

这将会把 Hadoop HDFS 元数据和数据目录放在 /tmp/hadoop- $ USER 目录。为了能更永久保存，可添加 dfs.namenode.name.dir、dfs.namenode.edits.dir 和 dfs.datanode.data.dir 参数，但这里暂时不介绍这些内容。为了得到定制的发行版，可从 http://archive.cloudera.com/cdh 下载一个 Cloudera 版本。

3. 首先需要格式化一个空的元数据：

```
$ bin/hdfs namenode -format
16/05/12 00:55:40 INFO namenode.NameNode: STARTUP_MSG:
/************************************************************
STARTUP_MSG: Starting NameNode
STARTUP_MSG:   host = alexanders-macbook-pro.local/192.168.1.68
STARTUP_MSG:   args = [-format]
STARTUP_MSG:   version = 2.6.4
STARTUP_MSG:   classpath =
...
```

4. 然后启动与 namenode、secondarynamenode 和 datanode 相关的 Java 进程（通常打开三个不同的命令行窗口来查看日志，但在生产环境中，它们通常是守护进程）：

```
$ bin/hdfs namenode &
...
$ bin/hdfs secondarynamenode &
...
$ bin/hdfs datanode &
...
```

5. 下面将创建一个 HDFS 文件：

```
$ date | bin/hdfs dfs -put - date.txt
...
$ bin/hdfs dfs -ls
Found 1 items
-rw-r--r-- 1 akozlov supergroup 29 2016-05-12 01:02 date.txt
$ bin/hdfs dfs -text date.txt
Thu May 12 01:02:36 PDT 2016
```

6. 当然，在这种特殊情况下，文件只存储在一个节点上，这个节点与运行在本地主机上的 datanode 是同一个节点。在作者的机器上会有如下结果：

```
$ cat /tmp/hadoop-akozlov/dfs/data/current/BP-1133284427-
192.168.1.68-1463039756191/current/finalized/subdir0/subdir0/
blk_1073741827
Thu May 12 01:02:36 PDT 2016
```

7. 可通过 http://localhost：50070 来访问 Namenode UI，并且会显示主机的信息，包括 HDFS 的使用情况和 DataNode 的列表，以及 HDFS 主节点的从节点，具体信息如下图所示：

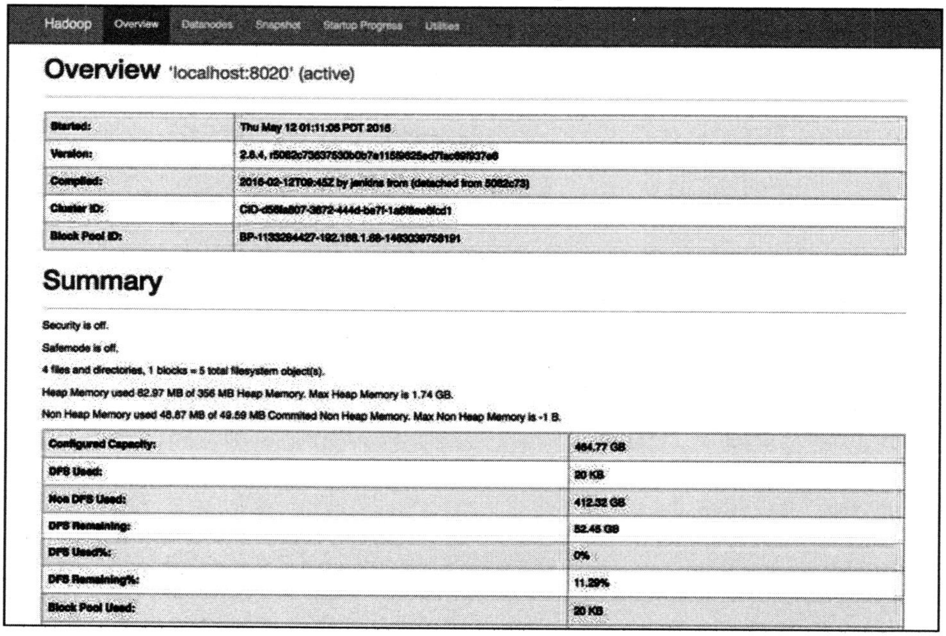

Hadoop Overview Datanodes Snapshot Startup Progress Utilities

Overview 'localhost:8020' (active)

Started:	Thu May 12 01:11:05 PDT 2016
Version:	2.6.4, r5082c73637530b0b7e115f9625ed7fac69f937e6
Compiled:	2016-02-12T09:45Z by jenkins from (detached from 5082c73)
Cluster ID:	CID-d55fa807-3672-444d-ba7f-1a6f8ee5fcd1
Block Pool ID:	BP-1133264427-192.168.1.68-1463039758191

Summary

Security is off.

Safemode is off.

4 files and directories, 1 blocks = 5 total filesystem object(s).

Heap Memory used 62.97 MB of 356 MB Heap Memory. Max Heap Memory is 1.74 GB.

Non Heap Memory used 48.87 MB of 49.59 MB Commited Non Heap Memory. Max Non Heap Memory is -1 B.

Configured Capacity:	464.77 GB
DFS Used:	20 KB
Non DFS Used:	412.32 GB
DFS Remaining:	52.45 GB
DFS Used%:	0%
DFS Remaining%:	11.29%
Block Pool Used:	20 KB

图 3-6　HDFS NameNode UI 的截图

上图显示了单节点部署中 HDFS Namenode 的 HTTP UI（通常可通过 http://<namenode-address>: 50070 来访问）。通过 Utilities 菜单中的 Browse 可浏览和下载 HDFS 文件。增加节点的方法为：在不同节点上启动 DataNode，并将参数 fs.defaultFS = <namenode-address>: 8020 指向 Namenode。辅助 Namenode HTTP UI 通常位于 http:<secondarynamenode-address>: 50090。

Scala/Spark 默认使用本地文件系统。但是，如果 core-site/xml 文件在类路径上或放在 $SPARK_HOME/conf 目录中，Spark 将使用 HDFS 作为默认值。

3.7　总结

本章概述了 Spark/Hadoop 以及它们与 Scala 和函数式编程的关系。重点介绍了一个经典的单词计数的例子，它是用 Scala 和 Spark 来实现的，并以单词计数和流为例介绍了 Spark 生态系统的高级组件。通过本章的学习，读者已经具备有了用 Scala/Spark 实现经典的机器学习算法的知识。下一章将开始介绍监督学习和无监督学习，这是对基于结构数据的学习算法的传统划分。

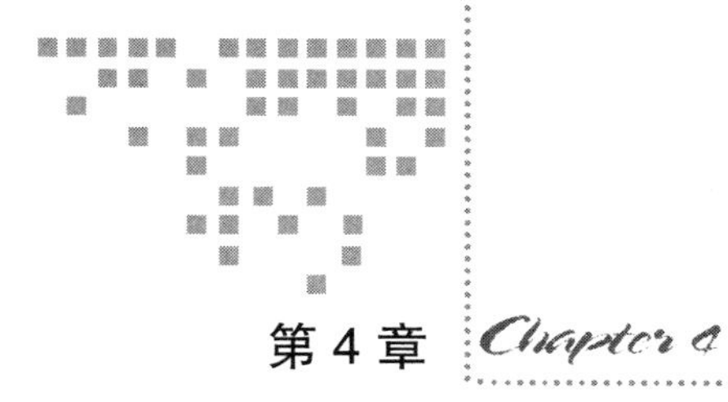

第 4 章 Chapter 4

监督学习和无监督学习

前一章已经介绍了 MLlib 库的基本知识。正如人们所说，授人以鱼，不如授之以渔。本章将着重介绍 MLlib 库背后成熟的概念，从而让读者知其所以然，也避免将来新的 MLlib 版本发行后要大量修改这些章节。

统计机器学习天生就是处理不确定性数据的，这可从第 2 章的讨论就可以看出。虽然有些数据集可能是完全随机的，但本章的目的是要找出这些数据中的趋势、结构和模型，从而看到随机背后的规律。机器学习的重要作用是可推广这些模式，或者至少在某些度量上进行改进。下面介绍 Scala/Spark 中可用的基本工具。

本章将讨论两种不同的机器学习方法：监督学习和无监督学习。监督学习通常用来预测数据集中的类标签或特征。无监督学习可用于理解数据集的内部结构和特征之间的依赖性，也常用于对有意义的聚簇进行记录和特征的划分。在实践中，两种方法可以互补。

本章将介绍以下内容：

- ❑ 讨论监督学习的标准模型：决策树和逻辑回归
- ❑ 讨论无监督学习的重要方法：k-means 聚类及其派生方法
- ❑ 掌握评估上述算法效率的度量方法
- ❑ 了解上述方法在流数据、稀疏数据和非结构化数据上的应用

4.1 记录和监督学习

本章所说的数据是对一个或多个特征的观察或测量。假设观测值可能包含噪声 ε_{ij}（或者由于某个或某些原因而变得不准确）：

$$x_i = \hat{x}_i + \varepsilon_{ij}$$

虽然在特征之间存在想要寻找的某种模型或相关性，但噪声与特征或记录不相关。每个数据都从基于独立同分布的采样中得到。数据集中记录的顺序无关紧要，但通常第一个特征可能被指定为类标签。

监督学习的目的是预测类标签 y_i：

$$y_i = f(x_1, \cdots, x_N)$$

其中 N 为特征的数量。换句话说，监督学习是为了得到一个泛化模型。该模型能通过已知特征来预测类标签。预测类标签的原因可能是：（1）不能得到类标签；（2）不想立即预测类标签，只想研究数据集的结构。

无监督学习不会利用类标签，只是通过研究其结构和相关性来理解数据集，从而更好地对数据分类。近年来随着对非结构化数据和数据流的研究越来越多，基于无监督学习的问题也在不断增加，本书后面有专门的章节来讨论它们。

4.1.1 Iirs 数据集

Iris 数据集是机器学习中最著名的数据集，其下载地址为：https://archive.ics.uci.edu/ml/datasets/Iris，下面会基于该数据集来介绍记录和标签的概念。Iris 数据集包含三种类型的鸢尾花，每种类型有 50 个样本，每个样本（一条记录）有 5 个属性（特征），总共有 150 个样本。每个样本包含下面几个属性的度量：

- ❑ 花萼长度（cm）
- ❑ 花萼宽度（cm）
- ❑ 花瓣长度（cm）
- ❑ 花瓣宽度（cm）

最后一个属性是花的种类（山鸢尾、杂色鸢尾、维吉尼亚鸢尾）。基于这个案例有一个经典问题：预测花的种类。即根据前四个属性生成的函数来预测第五个属性，类标签属于三个种类中的一种：

$$\text{label} = f(x_1, x_2, x_3, x_4)$$

一种可选的方法是在四维空间中画一个平面将这三类数据分开。但人们发现虽然有一类鸢尾花可明显地分开，而剩下的两类却无法分开。下图取 Iris 数据集的两个特征所绘制的多维散点图（由 Data Desk 软件绘制）。

下表是图 4-1 中的鸢尾花颜色和形状分配：

标　签	颜　色	形　状
山鸢尾	蓝色	十字形
杂色鸢尾	绿色	竖直横条
维吉尼亚鸢尾	紫色	水平横条

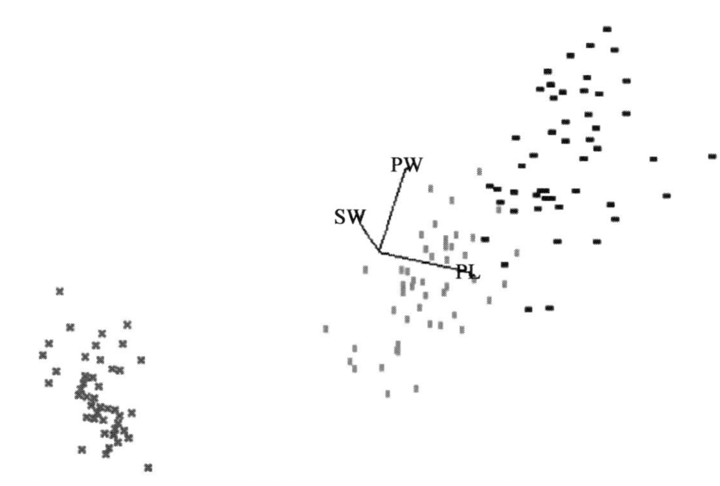

图 4-1 在三维空间上绘制的 Iris 数据集，十字形表示山鸢尾（setosa），能通过花瓣长度和宽度将其与另外两类分开

山鸢尾花能与其他两种分开是因为它恰好有一个非常短的花瓣长度和宽度。

接下来看看如何使用 MLlib 来得到分离这三种类型的多维平面。

4.1.2 类标签点

在机器学习中，带有类标签的数据集有一个非常特别的地方（本章后面讨论的无监督学习不需要类标签），所以 MLlib 采用一种特殊的数据类型 org.apache.spark.mllib.regression.LabeledPoint 来表示带有类标签的数据集（请参阅 https://spark.apache.org/docs/latest/mllib-data-types.html#labeled-point）。从文本文件中读取 Iris 数据集，将原始的 UCI 格式文件转换为 LIBSVM 格式。虽然有很多将 CSV 转换成 LIBSVM 格式的方法，但作者会使用一个简单的 AWK 脚本来完成这项工作：

```
awk -F, '/setosa/ {print "0 1:"$1" 2:"$2" 3:"$3" 4:"$4;}; /versicolor/
{print "1 1:"$1" 2:"$2" 3:"$3" 4:"$4;}; /virginica/ {print "1 1:"$1"
2:"$2" 3:"$3" 4:"$4;};' iris.csv > iris-libsvm.txt
```

注意 **为什么需要 LIBSVM 库的数据格式？**

许多库都使用 LIBSVM 库的数据格式。首先，LIBSVM 只接受连续特征。虽然实际应用中有很多数据集的特征是离散的，但出于效率的考虑，总会把它们转换成数值表示。而且在这种转换后的数值属性上可采用 L1 或 L2 度量，但在无序离散值上却不行。其次，LIBSVM 的数据格式允许有效的稀疏数据表示。虽然 Iris 数据集不稀疏，但几乎所有现代大数据都是稀疏的，该格式只允许有效存储所提供的值。和传统的 RDBMS 数据库一样，为提升效率，许多现代大数据采用键 – 值（key-value）方式来存储。

如果数据有缺失，代码会更复杂。Iris 数据集不稀疏，否则会使用一大堆 if 语句来完善代码。现在为了将山鸢尾与其他两种花分开，需将其他两种花的类标签设置为 1。

4.1.3 SVMWithSGD

下面是使用 MLlib 库所提供的线性支持向量机（SVM）SVMWithSGD 的代码：

```
$ bin/spark-shell
Welcome to
      ____              __
     / __/__  ___ _____/ /__
    _\ \/ _ \/ _ `/ __/  '_/
   /___/ .__/\_,_/_/ /_/\_\   version 1.6.1
      /_/

Using Scala version 2.10.5 (Java HotSpot(TM) 64-Bit Server VM, Java
1.8.0_40)
Type in expressions to have them evaluated.
Type :help for more information.
Spark context available as sc.
SQL context available as sqlContext.

scala> import org.apache.spark.mllib.classification.{SVMModel,
SVMWithSGD}
import org.apache.spark.mllib.classification.{SVMModel, SVMWithSGD}
scala> import org.apache.spark.mllib.evaluation.
BinaryClassificationMetrics
import org.apache.spark.mllib.evaluation.BinaryClassificationMetrics
scala> import org.apache.spark.mllib.util.MLUtils
import org.apache.spark.mllib.util.MLUtils
scala> val data = MLUtils.loadLibSVMFile(sc, "iris-libsvm.txt")
data: org.apache.spark.rdd.RDD[org.apache.spark.mllib.regression.
LabeledPoint] = MapPartitionsRDD[6] at map at MLUtils.scala:112
scala> val splits = data.randomSplit(Array(0.6, 0.4), seed = 123L)
splits: Array[org.apache.spark.rdd.RDD[org.apache.spark.mllib.
regression.LabeledPoint]] = Array(MapPartitionsRDD[7] at randomSplit at
<console>:26, MapPartitionsRDD[8] at randomSplit at <console>:26)
scala> val training = splits(0).cache()
training: org.apache.spark.rdd.RDD[org.apache.spark.mllib.regression.
LabeledPoint] = MapPartitionsRDD[7] at randomSplit at <console>:26
scala> val test = splits(1)
test: org.apache.spark.rdd.RDD[org.apache.spark.mllib.regression.
LabeledPoint] = MapPartitionsRDD[8] at randomSplit at <console>:26
scala> val numIterations = 100
numIterations: Int = 100
```

```
scala> val model = SVMWithSGD.train(training, numIterations)
model: org.apache.spark.mllib.classification.SVMModel = org.apache.
spark.mllib.classification.SVMModel: intercept = 0.0, numFeatures = 4,
numClasses = 2, threshold = 0.0
scala> model.clearThreshold()
res0: model.type = org.apache.spark.mllib.classification.SVMModel:
intercept = 0.0, numFeatures = 4, numClasses = 2, threshold = None
scala> val scoreAndLabels = test.map { point =>
     |   val score = model.predict(point.features)
     |   (score, point.label)
     | }
scoreAndLabels: org.apache.spark.rdd.RDD[(Double, Double)] =
MapPartitionsRDD[212] at map at <console>:36
scala> val metrics = new BinaryClassificationMetrics(scoreAndLabels)
metrics: org.apache.spark.mllib.evaluation.BinaryClassificationMetrics =
org.apache.spark.mllib.evaluation.BinaryClassificationMetrics@692e4a35
scala> val auROC = metrics.areaUnderROC()
auROC: Double = 1.0

scala> println("Area under ROC = " + auROC)
Area under ROC = 1.0
scala> model.save(sc, "model")
SLF4J: Failed to load class "org.slf4j.impl.StaticLoggerBinder".
SLF4J: Defaulting to no-operation (NOP) logger implementation
SLF4J: See http://www.slf4j.org/codes.html#StaticLoggerBinder for further
details.
```

刚才运行的是机器学习工具箱中最复杂的一个算法：SVM。其运行结果会得到一个可分平面，它能把山鸢尾同其他两种分开。在这个例子中，模型就是能最好分开这几类花的平面截距和系数。

```
scala> model.intercept
res5: Double = 0.0

scala> model.weights
res6: org.apache.spark.mllib.linalg.Vector = [-0.2469448809675877,-
1.0692729424287566,1.7500423423258127,0.8105712661836376]
```

由于模型存储在一个 parquet 文件中，想要看这个文件的内容，可以使用 parquet-tool 命令将其转储出来：

```
$ parquet-tools dump model/data/part-r-00000-7a86b825-569d-4c80-8796-
8ee6972fd3b1.gz.parquet
…
DOUBLE weights.values.array
--------------------------------------------------------------------------
----------------------------------------------------------------------
```

```
*** row group 1 of 1, values 1 to 4 ***
value 1: R:0 D:3 V:-0.2469448809675877
value 2: R:1 D:3 V:-1.0692729424287566
value 3: R:1 D:3 V:1.7500423423258127
value 4: R:1 D:3 V:0.8105712661836376

DOUBLE intercept
--------------------------------------------------------------------------
----------------------------------------------------------------------
*** row group 1 of 1, values 1 to 1 ***
value 1: R:0 D:1 V:0.0
…
```

受试者工作特征（Receiver Operating Characteristic，ROC）是常用的分类器度量方法，它能根据类标签来正确排名样本。第 9 章将更详细地介绍精确的度量。

提示　**什么是 ROC？**

ROC 最开始是用在信号处理中，以测量模拟雷达的精度。ROC 曲线下面的面积通常就是度量精度。简而言之就是两个随机选择的点按类标签进行正确排名的概率（为 0 的标签的排名总要比为 1 的类标签低）。AUROC 有如下特点：

- 该值至少在理论上不依赖于下采样（downsample）率，即得到类标签为 0 而不是为 1 的比率。
- 该值与样本大小无关，排除由样本大小的不一样而带来的预期方差差异。
- 在最终得分中增加一个常数不会改变 ROC，因此可将截距总设置为 0。计算 ROC 需要对生成的分数排序。

要分离剩下的两类花显然会更难，由于 AUROC 得分小于 1.0，因此不可能用平面将 Iris versicolour（杂色鸢尾）从 Iris virginica（维吉尼亚鸢尾）完全分开。然而，SVM 方法能找到最佳平面将这两类鸢尾花分开。

4.1.4 logistic 回归

logistic 回归是最古老的一种分类方法。它的结果也是得到一组用来定义超平面的权重，其损失函数用 logistic 函数替代了 L2 范数：

$$\ln(1+\exp(-yw^{T}x))$$

当类标签只有两个值（即 y 取 ± 1）时，logit 函数是一种频率选择。

```
$ bin/spark-shell
Welcome to
      ____              __
     / __/__  ___ _____/ /__
    _\ \/ _ \/ _ `/ __/  '_/
```

```
   /___/ .__/\_,_/_/ /_/\_\   version 1.6.1
      /_/

Using Scala version 2.10.5 (Java HotSpot(TM) 64-Bit Server VM, Java
1.8.0_40)
Type in expressions to have them evaluated.
Type :help for more information.
Spark context available as sc.
SQL context available as sqlContext.

scala> import org.apache.spark.SparkContext
import org.apache.spark.SparkContext
scala> import org.apache.spark.mllib.classification.
{LogisticRegressionWithLBFGS, LogisticRegressionModel}
import org.apache.spark.mllib.classification.
{LogisticRegressionWithLBFGS, LogisticRegressionModel}
scala> import org.apache.spark.mllib.evaluation.MulticlassMetrics
import org.apache.spark.mllib.evaluation.MulticlassMetrics
scala> import org.apache.spark.mllib.regression.LabeledPoint
import org.apache.spark.mllib.regression.LabeledPoint
scala> import org.apache.spark.mllib.linalg.Vectors
import org.apache.spark.mllib.linalg.Vectors
scala> import org.apache.spark.mllib.util.MLUtils
import org.apache.spark.mllib.util.MLUtils
scala> val data = MLUtils.loadLibSVMFile(sc, "iris-libsvm-3.txt")
data: org.apache.spark.rdd.RDD[org.apache.spark.mllib.regression.
LabeledPoint] = MapPartitionsRDD[6] at map at MLUtils.scala:112
scala> val splits = data.randomSplit(Array(0.6, 0.4))
splits: Array[org.apache.spark.rdd.RDD[org.apache.spark.mllib.
regression.LabeledPoint]] = Array(MapPartitionsRDD[7] at randomSplit at
<console>:29, MapPartitionsRDD[8] at randomSplit at <console>:29)
scala> val training = splits(0).cache()
training: org.apache.spark.rdd.RDD[org.apache.spark.mllib.regression.
LabeledPoint] = MapPartitionsRDD[7] at randomSplit at <console>:29
scala> val test = splits(1)
test: org.apache.spark.rdd.RDD[org.apache.spark.mllib.regression.
LabeledPoint] = MapPartitionsRDD[8] at randomSplit at <console>:29
scala> val model = new LogisticRegressionWithLBFGS().setNumClasses(3).
run(training)
model: org.apache.spark.mllib.classification.LogisticRegressionModel =
org.apache.spark.mllib.classification.LogisticRegressionModel: intercept
= 0.0, numFeatures = 8, numClasses = 3, threshold = 0.5
scala> val predictionAndLabels = test.map { case LabeledPoint(label,
features) =>
     |   val prediction = model.predict(features)
```

```
     |     (prediction, label)
     | }
predictionAndLabels: org.apache.spark.rdd.RDD[(Double, Double)] =
MapPartitionsRDD[67] at map at <console>:37
scala> val metrics = new MulticlassMetrics(predictionAndLabels)
metrics: org.apache.spark.mllib.evaluation.MulticlassMetrics = org.
apache.spark.mllib.evaluation.MulticlassMetrics@6d5254f3
scala> val precision = metrics.precision
precision: Double = 0.9516129032258065
scala> println("Precision = " + precision)
Precision = 0.9516129032258065
scala> model.intercept
res5: Double = 0.0
scala> model.weights
res7: org.apache.spark.mllib.linalg.Vector = [10.644978886788556,-
26.850171485157578,3.852594349297618,8.74629386938248,4.288703063075211,-
31.029289381858273,9.790312529377474,22.058196856491996]
```

这个例子中的类标签的取值范围是 [0, k)，其中 k 是类别总数。正确的分类是以类标签为 0 的样本作为基准类，建立多个二元 logistic 回归模型（*The Elements of Statistical Learning* by Trevor Hastie, Robert Tibshirani, Jerome Friedman, Springer Series in Statistics）。

准确度的度量标准是精度，也就是能正确预测数据分类的百分比（比如本例的预测精度为 95%）。

4.1.5 决策树

前面介绍的这两种方法都是线性模型。但线性方法并不太适合关系复杂的属性。假设类标签为异或值，即 X≠Y 为 0，如果 X=Y 则为 1。

X	Y	类标签	X	Y	类标签
1	0	0	1	1	1
0	1	0	0	0	1

在二维空间中找不到一个平面来将这两类完全分开，可采用递归分割方式来完成。即在每层仅对一个变量或线性组合进行划分，这样就有可能得到较好的效果。决策树擅长处理稀疏数据和有着复杂关系的数据集。

```
$ bin/spark-shell
Welcome to
      ____              __
     / __/__  ___ _____/ /__
    _\ \/ _ \/ _ `/ __/  '_/
   /___/ .__/\_,_/_/ /_/\_\   version 1.6.1
      /_/
```

```
Using Scala version 2.10.5 (Java HotSpot(TM) 64-Bit Server VM, Java
1.8.0_40)
Type in expressions to have them evaluated.
Type :help for more information.
Spark context available as sc.
SQL context available as sqlContext.

scala> import org.apache.spark.mllib.tree.DecisionTree
import org.apache.spark.mllib.tree.DecisionTree
scala> import org.apache.spark.mllib.tree.model.DecisionTreeModel
import org.apache.spark.mllib.tree.model.DecisionTreeModel
scala> import org.apache.spark.mllib.util.MLUtils
import org.apache.spark.mllib.util.MLUtils
scala> import org.apache.spark.mllib.tree.configuration.Strategy
import org.apache.spark.mllib.tree.configuration.Strategy
scala> import org.apache.spark.mllib.tree.configuration.Algo.
Classification
import org.apache.spark.mllib.tree.configuration.Algo.Classification
scala> import org.apache.spark.mllib.tree.impurity.{Entropy, Gini}
import org.apache.spark.mllib.tree.impurity.{Entropy, Gini}
scala> val data = MLUtils.loadLibSVMFile(sc, "iris-libsvm-3.txt")
data: org.apache.spark.rdd.RDD[org.apache.spark.mllib.regression.
LabeledPoint] = MapPartitionsRDD[6] at map at MLUtils.scala:112

scala> val splits = data.randomSplit(Array(0.7, 0.3), 11L)
splits: Array[org.apache.spark.rdd.RDD[org.apache.spark.mllib.
regression.LabeledPoint]] = Array(MapPartitionsRDD[7] at randomSplit at
<console>:30, MapPartitionsRDD[8] at randomSplit at <console>:30)
scala> val (trainingData, testData) = (splits(0), splits(1))
trainingData: org.apache.spark.rdd.RDD[org.apache.spark.mllib.regression.
LabeledPoint] = MapPartitionsRDD[7] at randomSplit at <console>:30
testData: org.apache.spark.rdd.RDD[org.apache.spark.mllib.regression.
LabeledPoint] = MapPartitionsRDD[8] at randomSplit at <console>:30
scala> val strategy = new Strategy(Classification, Gini, 10, 3, 10)
strategy: org.apache.spark.mllib.tree.configuration.Strategy = org.
apache.spark.mllib.tree.configuration.Strategy@4110e631
scala> val dt = new DecisionTree(strategy)
dt: org.apache.spark.mllib.tree.DecisionTree = org.apache.spark.mllib.
tree.DecisionTree@33d89052
scala> val model = dt.run(trainingData)
model: org.apache.spark.mllib.tree.model.DecisionTreeModel =
DecisionTreeModel classifier of depth 6 with 21 nodes
scala> val labelAndPreds = testData.map { point =>
     |    val prediction = model.predict(point.features)
     |    (point.label, prediction)
```

```
     | }
labelAndPreds: org.apache.spark.rdd.RDD[(Double, Double)] =
MapPartitionsRDD[32] at map at <console>:36
scala> val testErr = labelAndPreds.filter(r => r._1 != r._2).count.
toDouble / testData.count()
testErr: Double = 0.02631578947368421
scala> println("Test Error = " + testErr)
Test Error = 0.02631578947368421

scala> println("Learned classification tree model:\n" + model.
toDebugString)
Learned classification tree model:
DecisionTreeModel classifier of depth 6 with 21 nodes
  If (feature 3 <= 0.4)
   Predict: 0.0
  Else (feature 3 > 0.4)
   If (feature 3 <= 1.7)
    If (feature 2 <= 4.9)
     If (feature 0 <= 5.3)
      If (feature 1 <= 2.8)
       If (feature 2 <= 3.9)
        Predict: 1.0
       Else (feature 2 > 3.9)
        Predict: 2.0
      Else (feature 1 > 2.8)
       Predict: 0.0
     Else (feature 0 > 5.3)
      Predict: 1.0
    Else (feature 2 > 4.9)
     If (feature 0 <= 6.0)
      If (feature 1 <= 2.4)
       Predict: 2.0
      Else (feature 1 > 2.4)
       Predict: 1.0
     Else (feature 0 > 6.0)
      Predict: 2.0
   Else (feature 3 > 1.7)
    If (feature 2 <= 4.9)
     If (feature 1 <= 3.0)
      Predict: 2.0
     Else (feature 1 > 3.0)
      Predict: 1.0
    Else (feature 2 > 4.9)
```

```
    Predict: 2.0
scala> model.save(sc, "dt-model")
SLF4J: Failed to load class "org.slf4j.impl.StaticLoggerBinder".
SLF4J: Defaulting to no-operation (NOP) logger implementation
SLF4J: See http://www.slf4j.org/codes.html#StaticLoggerBinder for further
details.
```

从上面的结果可以看出，该方法在测试集（从训练集中预留 30% 样本）上的误差率（误预测）仅为 2.6%。150 个样本的 30% 是 45 条记录，这意味着整个测试集只预测错了 1 个样本。当然，结果可能会随着选择的测试集不同而有差异，所以需要更严格的交叉验证来检验模型的准确性。若是粗略估计模型性能，这已经足够了。

决策树能推广到回归情形（类标签是连续的）。在这种情况下，度量准则是加权方差最小化，而不是分类所使用的熵增益或基尼系数。第 5 章将会讨论它们的区别。

可通过调整下面这些参数来提高模型的性能：

参　数	说　明	建　议　值
maxDepth	树的最大深度。树越深，其代价会越大，而且更易出现过拟合。树越浅，效率更高，而且会好于 bagging/boosting 算法（如 AdaBoost）	取决于原始数据集的大小。可对各种可能的参数值进行实验，然后通过绘图来找出最优参数
minInstancesPerNode	树的大小限制：一旦结点的实例数量小于该阈值，则停止分裂节点	通常为 10～100，具体值取决于原始数据集的复杂性和类别数量
maxBins	仅适用于连续属性：划分原始范围的分箱（bin）数	如果分箱较多，就会增加计算和通信成本，需要预先离散化某些属性
minInfoGain	这是用于分裂节点的信息增益（熵）量，不纯性（基尼系数）或方差（回归）增益	默认值是 0；增加默认值大小来限制决策树的大小，以减少过拟合的风险
maxMemoryInMB	用于保存所收集的统计信息的最大内存容量	默认值为 256 MB，这可让决策算法在大多数情况下正常工作。增加 maxMemoryInMB 可减少数据的传递，因此可加快训练速度（必须要有足够的内存可用）。随着 maxMemoryInMB 增长，可能会递减的返回，因为每次迭代的通信量与 maxMemoryInMB 成比例
subsamplingRate	学习决策树的训练数据的比例	此参数与训练树的集成（ensemble）（使用随机森林和梯度提升树）最相关，这些方法需要对原始数据进行次采样。对于训练单个决策树，该参数不太有用，因为训练实例的数量一般不是主要问题
useNodeIdCache	将它设置为 true，算法将避免在每次迭代时将当前模型（树或多棵树）传递给执行器	适用于深度树（加速计算效率）和大规模随机森林（减少每次迭代的通信）
checkpointDir:	这是一个目录，它根据节点 ID 保存在各个检查点所对应的 RDD	为了避免节点发生故障重新计算，需保存中间结果。在大的聚类或不可靠节点集中设置该值
checkpointInterval	用来指定节点 ID 缓存 RDD 的频率	设置过低会在写入 HDFS 时增加额外开销；设置过高，可能导致执行器失败，甚至需要重新编译 RDD

4.1.6 bagging 和 boosting：集成学习方法

像投资多只股票要比投资一只股票更好一样，组合模型可以得到更好的分类器。通常，使用决策树的效果非常好，因为可以修改训练方法来生成可应对各种复杂数据的模型。在原始数据的随机子集（或属性的随机子集）上训练模型，称为随机森林。另一种方式是生成一系列模型，被错误分类的样本重新分配权值，即在接下来的迭代中会获得更大的权值。已经证明该方法在模型参数空间上与梯度下降法有一定关系。虽然这些技术有效且很有意义，但是它们需要更多空间来存储模型，与决策树相比其解释性也差一些。就 Spark 而言，集成模型目前正在开发中（见伞形问题 SPARK-3703，https://issues.apache.org/jira/browse/SPARK-3703）。

4.2 无监督学习

如果去掉 Iris 数据集的类标签，一些无监督算法也能很好地恢复原来分类，只是类标签不会是山鸢尾、杂色鸢尾、维吉尼亚鸢尾。无监督学习正是在没有类标签的情况下去发现数据内部结构，在压缩、编码、CRM、推荐系统和安全领域等都有着广泛应用。有时可以根据属性值分布的差异性来得到类标签。例如，山鸢尾可描述成小叶花。

监督学习问题如果去掉类标签就成为无监督问题，反之亦然。将类标签 1 分配给所有标本，并生成类标签为 0 的随机向量（*The Elements of Statistical Learning* by Trevor Hastie, Robert Tibshirani, Jerome Friedman, Springer Series in Statistics），这种情形的聚类算法就转换成了密度估计问题。虽然两者在形式上有区别，但这种区别在非结构化数据和嵌套数据上就变得模糊了。通常，在带有类标签的数据集上运行无监督算法能更好地理解数据之间的相关性，从而能更好地选择和执行监督算法。

k-means 是一种最流行的聚类算法（后面将介绍它的变种 k-median 和 k-center）。

```
$ bin/spark-shell
Welcome to
```

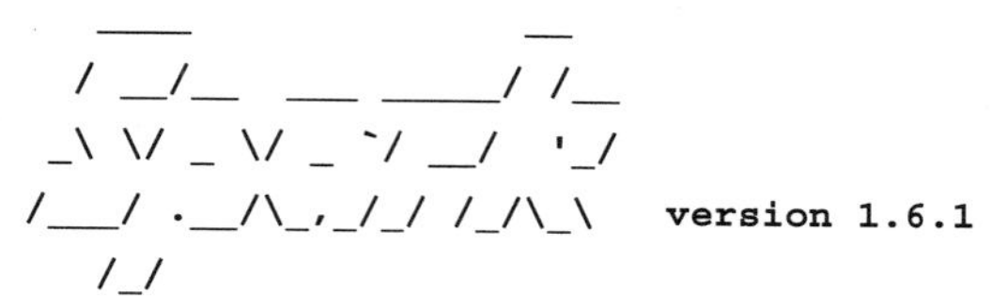

```
Using Scala version 2.10.5 (Java HotSpot(TM) 64-Bit Server VM, Java
1.8.0_40)
Type in expressions to have them evaluated.
Type :help for more information.
Spark context available as sc.
SQL context available as sqlContext.
```

```
scala> import org.apache.spark.mllib.clustering.{KMeans, KMeansModel}
import org.apache.spark.mllib.clustering.{KMeans, KMeansModel}
scala> import org.apache.spark.mllib.linalg.Vectors
import org.apache.spark.mllib.linalg.Vectors
scala> val iris = sc.textFile("iris.txt")
iris: org.apache.spark.rdd.RDD[String] = MapPartitionsRDD[4] at textFile
at <console>:23

scala> val vectors = data.map(s => Vectors.dense(s.split('\t').map(_.
toDouble))).cache()
vectors: org.apache.spark.rdd.RDD[org.apache.spark.mllib.linalg.Vector] =
MapPartitionsRDD[5] at map at <console>:25

scala> val numClusters = 3
numClusters: Int = 3
scala> val numIterations = 20
numIterations: Int = 20
scala> val clusters = KMeans.train(vectors, numClusters, numIterations)
clusters: org.apache.spark.mllib.clustering.KMeansModel = org.apache.
spark.mllib.clustering.KMeansModel@5dc9cb99
scala> val centers = clusters.clusterCenters
centers: Array[org.apache.spark.mllib.linalg.Vector] =
Array([5.005999999999999,3.4180000000000006,1.4640000000000002,
0.2439999999999999], [6.8538461538461535,3.076923076923076,
5.715384615384614,2.0538461538461537], [5.883606557377049,
2.740983606557377,4.388524590163936,1.4344262295081966])
scala> val SSE = clusters.computeCost(vectors)
WSSSE: Double = 78.94506582597859
scala> vectors.collect.map(x => clusters.predict(x))
res18: Array[Int] = Array(0, 0, 0, 0, 0, 0, 0, 0, 0, 0, 0, 0, 0, 0, 0, 0,
0, 0, 0, 0, 0, 0, 0, 0, 0, 0, 0, 0, 0, 0, 0, 0, 0, 0, 0, 0, 0, 0, 0, 0,
0, 0, 0, 0, 0, 0, 0, 0, 0, 0, 1, 2, 1, 2, 2, 2, 2, 2, 2, 2, 2, 2, 2, 2,
2, 2, 2, 2, 2, 2, 2, 2, 2, 2, 2, 2, 2, 1, 2, 2, 2, 2, 2, 2, 2, 2, 2, 2,
2, 2, 2, 2, 2, 2, 2, 2, 2, 2, 2, 2, 1, 2, 1, 1, 1, 1, 2, 1, 1, 1, 1, 1,
1, 2, 2, 1, 1, 1, 1, 2, 1, 2, 1, 2, 1, 1, 2, 2, 1, 1, 1, 1, 1, 2, 1, 1,
1, 1, 2, 1, 1, 1, 2, 1, 1, 1, 2, 1, 1, 2)
scala> println("Sum of Squared Errors = " + SSE)
Sum of Squared Errors = 78.94506582597859
scala> clusters.save(sc, "model")
SLF4J: Failed to load class "org.slf4j.impl.StaticLoggerBinder".
SLF4J: Defaulting to no-operation (NOP) logger implementation
SLF4J: See http://www.slf4j.org/codes.html#StaticLoggerBinder for further
details.
```

从上面的结果可以看出：第一个中心的索引为 0，花瓣长度和宽度分别为 1.464 和 0.244，比其他两组数据 5.715 和 2.054，4.389 和 1.434 要短得多。这就是山鸢尾，它与 Iris 数据集中的类分布完全一样，但另外两个簇则出现了一些错误预测。

如果想得到满意的分类结果，则簇的质量度量需要借助类标签。但算法无法得到类标签信息，所以更常见的度量方法是计算每一簇的点到其聚类中心的距离之和。下面为WSSSE图，它与聚类数量有关：

```
scala> 1.to(10).foreach(i => println("i: " + i + " SSE: " + KMeans.
train(vectors, i, numIterations).computeCost(vectors)))
i: 1 WSSSE: 680.8244
i: 2 WSSSE: 152.3687064773393
i: 3 WSSSE: 78.94506582597859
i: 4 WSSSE: 57.47327326549501
i: 5 WSSSE: 46.53558205128235
i: 6 WSSSE: 38.9647878510374
i: 7 WSSSE: 34.311167589868646
i: 8 WSSSE: 32.607859500805034
i: 9 WSSSE: 28.231729411088438
i: 10 WSSSE: 29.435054384424078
```

正如所预想的那样，随着聚类数的增加，各簇平均距离会随之减小。确定最佳聚类数的方法（本例已知有三种类型的鸢尾花）是添加惩罚函数。常用的惩罚函数是对聚类数取对数，这样做是因为想得到一个凸函数。对数前面的系数应该多少呢？如果每个样本与自己的簇相关，则所有距离之和将为零，因此如果想在可能取值的集合两端（比如1到150）取得大致相同的度量，则应设置系数为680.8244/log（150）。

```
scala> for (i <- 1.to(10)) println(i + " -> " + ((KMeans.train(vectors,
i, numIterations).computeCost(vectors)) + 680 * scala.math.log(i) /
scala.math.log(150)))
1 -> 680.8244
2 -> 246.436635016484
3 -> 228.03498068120865
4 -> 245.48126639400738
5 -> 264.9805962616268
6 -> 285.48857890531764
7 -> 301.56808340425164
8 -> 315.321639004243
9 -> 326.47262191671723
10 -> 344.87130979355675
```

下图是带惩罚函数的距离平方和：

除了k-means聚类，MLlib还实现了以下算法：

- 高斯混合
- 幂迭代聚类（PIC）
- 隐狄利克雷分配（LDA）
- 流k-means

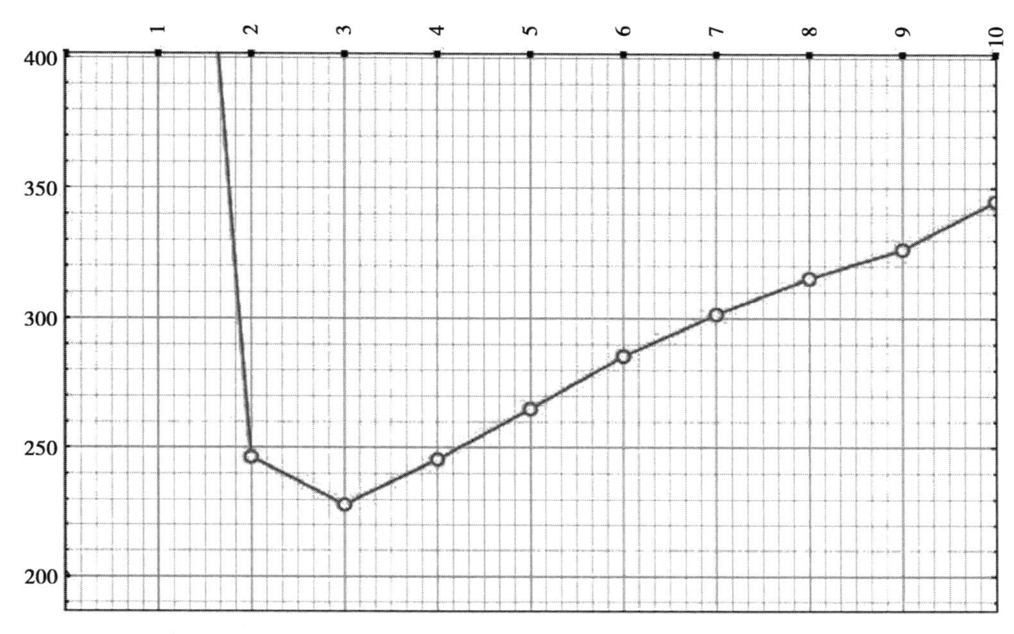

图 4-2 簇数作为衡量聚类质量的度量

高斯混合模型是另一种经典聚类算法，它实际上是众所周知的谱分析。高斯混合分解是恰当的，它假定特征是连续的，并且这些特征来自一组高斯分布。属于某一簇的点可能具有所有特征的平均值，例如 Var1 和 Var2 这两个属性，由它们构成的点会集中在两个相交超平面的中心，如图 4-3 所示。

k-means 算法在这种情况下会失效，因为它不能将两种数据区分开（当然通过简单的非线性变换，例如计算到超平面的距离也可以解决这个问题，但这是数据科学家擅长的专业知识）。

PIC 是一种谱聚类算法，它根据图的边得到相似矩阵，从而实现图顶点聚类。PIC 通过幂迭代来计算归一化关联矩阵的伪特征向量，并使用这些特征向量来聚类。MLlib 库包含使用 GraphX 作为其后端的 PIC。它将（srcId，dstId，similarity）三元组作为 RDD，并输出分配了类别的聚类模型。相似度必须是非负的。PIC 假定相似性度量是对称的。(srcId，dstId) 对无论顺序如何，它在输入数据中最多出现一次。如果输入中不能构成一对，它们的相似度则视为零。

LDA 根据关键字频率对文档进行聚类。LDA 不使用传统的距离来估计聚类，而是使用如何生成文本文档的统计模型函数。

流 k-means 是在 k-means 算法的基础上进行的改进，该算法可以用新数据调整聚类。对每一批数据，将所有点分配给离它们最近的簇，并基于该分配来计算新的聚类中心，然后使用下面的公式来更新每个聚簇参数：

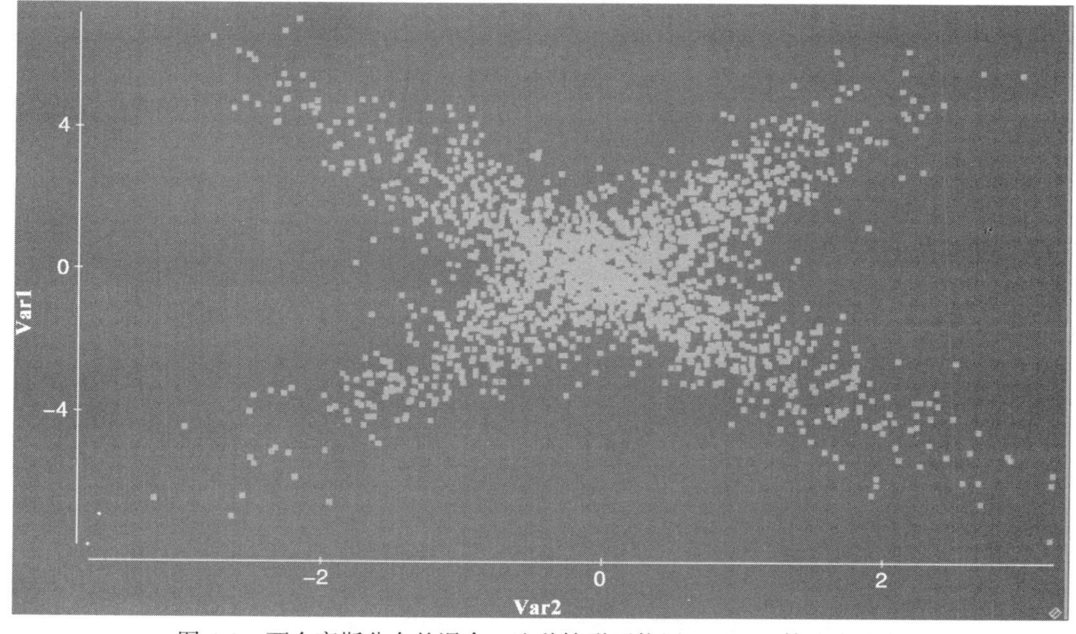

图 4-3 两个高斯分布的混合，这种情形不能用 k-means 算法来聚类

$$c_{t+1}=\frac{an_tc_t+n_t'c_t'}{an_t+n_t'}$$

$$n_{t+1}=an_t+n_t'$$

这里，c_t 和 c_t' 分别是旧模型的中心和新数据计算得到的中心，而 n_t 和 n_t' 是来自旧模型和新数据的样本个数。通过调整 a 参数就控制旧模型中对新的聚类产生影响的信息数量。0 意味着新的聚类中心完全是新批次中的样本，而 1 意味着将目前所有的样本（以前的点加上新的样本）都用于聚类。

k-means 有许多修正版本。例如，k-medians 算法将聚类中心作为属性值的中位数而不是平均值，同时采用 L1 范数作为距离度量（差的绝对值）函数而不是 L2 范数（平方和），这种做法对某些分布效果会更好。k-medians 算法的中心不一定是存在于数据集中的某个具体样本。k-medoids 算法是 k-menas 的另一个变种，它的聚类中心必须是训练集中的某个样本。事实上并不需要全局排序，只需要计算点与点之间的距离。现在许多改进的方法都是关于如何选择最初的聚类中心和关于最优聚类簇数的收敛性（除了前面介绍取对数的小技巧以外）。

聚类算法的另一大类是层次聚类（hierachical clustering）。层次聚类可以是“自顶向下”生成决策树，也可以“自底向上”的聚合。这种聚类算法首先会寻找各点的最近邻，并对它们进行配对，然后继续在各层次上进行配对，直到合并所有的数据。层次聚类的优点是它可以得到确定性结果且速度相对较快，甚至比 k-means 算法的一个迭代的代价都还要小。如上所述，无监督问题可转换成密度估计，这就成了一个监督问题，可以使用监督学习的所有算法。因此理解数据是很有乐趣的事情！

4.3　数据维度

属性空间或维数越大，越难对给定样本进行预测。这主要是因为以下事实：对于离散属性，各种不同的属性的组合数量会随属性空间的维度呈指数增加，从而导致模型的泛化能力变差；而对于连续变量，情况变得更复杂，而且还与使用的度量方法有关。

问题的有效维度不同于输入空间的维度。例如，如果类标签仅依赖于（连续）输入属性的线性组合，则称该问题线性可分，且其内部维数为 1 ，但还要像 logistic 回归一样求出这个线性组合的系数。

上面提及的概念有时也被称为 Vapnik-Chervonenkis（VC）维问题。模型的表达能力取决于它打散多少复杂的依赖性。更复杂的问题需要具有更高 VC 维算法和更大规模的训练集。然而，对简单问题使用较高 VC 维度的算法可能导致过拟合，即对新数据的泛化能力较差。

如果输入数据的属性单位是可比较的，即假定它们以米或时间作为单位，则可使用 PCA 或更一般的核方法来减少输入空间的维度。

```
$ bin/spark-shell
Welcome to
      ____              __
     / __/__  ___ _____/ /__
    _\ \/ _ \/ _ `/ __/  '_/
   /___/ .__/\_,_/_/ /_/\_\   version 1.6.1
      /_/

Using Scala version 2.10.5 (Java HotSpot(TM) 64-Bit Server VM, Java
1.8.0_40)
Type in expressions to have them evaluated.
Type :help for more information.
Spark context available as sc.
SQL context available as sqlContext.

scala> import org.apache.spark.mllib.regression.LabeledPoint
import org.apache.spark.mllib.regression.LabeledPoint
scala> import org.apache.spark.mllib.feature.PCA
import org.apache.spark.mllib.feature.PCA
scala> import org.apache.spark.mllib.util.MLUtils
import org.apache.spark.mllib.util.MLUtils
scala> val pca = new PCA(2).fit(data.map(_.features))
pca: org.apache.spark.mllib.feature.PCAModel = org.apache.spark.mllib.
feature.PCAModel@4eee0b1a

scala> val reduced = data.map(p => p.copy(features = pca.transform(p.
```

```
features)))
reduced: org.apache.spark.rdd.RDD[org.apache.spark.mllib.regression.
LabeledPoint] = MapPartitionsRDD[311] at map at <console>:39
scala> reduced.collect().take(10)
res4: Array[org.apache.spark.mllib.regression.LabeledPoint] =
Array((0.0,[-2.827135972679021,-5.641331045573367]), (0.0,[-
2.7959524821488393,-5.145166883252959]), (0.0,[-2.621523558165053,-
5.177378121203953]), (0.0,[-2.764905900474235,-5.0035994150569865]),
(0.0,[-2.7827501159516546,-5.6486482943774305]), (0.0,[-
3.231445736773371,-6.062506444034109]), (0.0,[-2.6904524156023393,-
5.232619219784292]), (0.0,[-2.8848611044591506,-5.485129079769268]),
(0.0,[-2.6233845324473357,-4.743925704477387]), (0.0,[-
2.8374984110638493,-5.208032027056245]))

scala> import scala.language.postfixOps
import scala.language.postfixOps

scala> pca pc
res24: org.apache.spark.mllib.linalg.DenseMatrix =
-0.36158967738145065  -0.6565398832858496
0.08226888989221656   -0.7297123713264776
-0.856572105290527    0.17576740342866465
-0.35884392624821626  0.07470647013502865

scala> import org.apache.spark.mllib.classification.{SVMModel,
SVMWithSGD}
import org.apache.spark.mllib.classification.{SVMModel, SVMWithSGD}
scala> import org.apache.spark.mllib.evaluation.
BinaryClassificationMetrics
import org.apache.spark.mllib.evaluation.BinaryClassificationMetrics
scala> val splits = reduced.randomSplit(Array(0.6, 0.4), seed = 1L)
splits: Array[org.apache.spark.rdd.RDD[org.apache.spark.mllib.regression.
LabeledPoint]] = Array(MapPartitionsRDD[312] at randomSplit at
<console>:44, MapPartitionsRDD[313] at randomSplit at <console>:44)
scala> val training = splits(0).cache()
training: org.apache.spark.rdd.RDD[org.apache.spark.mllib.regression.
LabeledPoint] = MapPartitionsRDD[312] at randomSplit at <console>:44
scala> val test = splits(1)
test: org.apache.spark.rdd.RDD[org.apache.spark.mllib.regression.
LabeledPoint] = MapPartitionsRDD[313] at randomSplit at <console>:44
scala> val numIterations = 100
numIterations: Int = 100
scala> val model = SVMWithSGD.train(training, numIterations)
model: org.apache.spark.mllib.classification.SVMModel = org.apache.
spark.mllib.classification.SVMModel: intercept = 0.0, numFeatures = 2,
numClasses = 2, threshold = 0.0
```

```
scala> model.clearThreshold()
res30: model.type = org.apache.spark.mllib.classification.SVMModel:
intercept = 0.0, numFeatures = 2, numClasses = 2, threshold = None
scala> val scoreAndLabels = test.map { point =>
     |   val score = model.predict(point.features)
     |   (score, point.label)
     | }
scoreAndLabels: org.apache.spark.rdd.RDD[(Double, Double)] =
MapPartitionsRDD[517] at map at <console>:54
scala> val metrics = new BinaryClassificationMetrics(scoreAndLabels)
metrics: org.apache.spark.mllib.evaluation.BinaryClassificationMetrics =
org.apache.spark.mllib.evaluation.BinaryClassificationMetrics@27f49b8c


scala> val auROC = metrics.areaUnderROC()
auROC: Double = 1.0
scala> println("Area under ROC = " + auROC)
Area under ROC = 1.0
```

上面的结果是将原来的训练样本由四维减少为二维。这个过程与求平均、计算输入属性的线性组合，或选择其中一些属性来表示数据很像。这些被挑选出来的属性能描述大多数变化，且有助于减少噪声。

4.4　总结

本章讨论了监督学习和无监督学习，并在 Spark/Scala 中运行了几个与之相关的例子。以 UCI 的 Iris 数据集为例，讨论了 SVM、logistic 回归、决策树和 k-means 算法。本章绝不是一个完整的监督学习和无监督学习指南，还有许多其他的库和一些正在开发的库没有涉猎。但可以肯定的是，用这里介绍的工具可解决现有数据分析中 99% 的问题。

上面介绍的内容可以帮助读者在面对新的数据集时如何快速进行分析。当然也有许多其他的方法可以用来分析数据集。在进入更高级的主题之前，下一章会讨论回归和分类，即如何预测连续和离散类标签的算法。

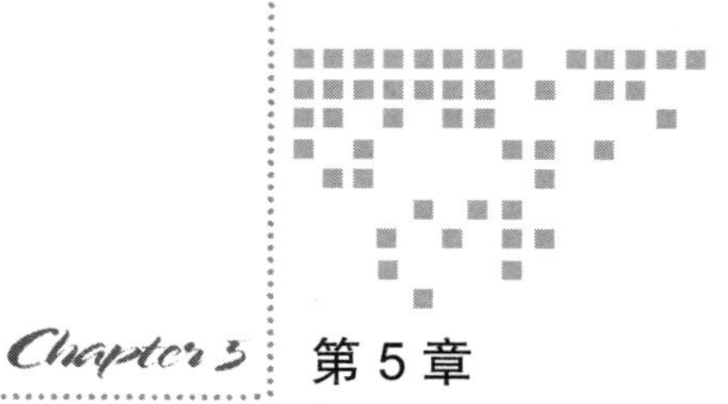

Chapter 5 第5章

回归和分类

上一章介绍了监督学习和无监督学习。机器学习方法也可按训练数据的标签来进行分类，标签有两种类型：连续标签和离散标签。即使离散标签是有序的，它和连续标签之间仍有显著区别，尤其在如何评价拟合度量的好坏方面。

本章将涉及以下主题：

- 学习回归的起源
- 学习如何评价连续标签和离散标签拟合结果的好坏
- 介绍如何用 Scala 实现简单的线性回归和 logistic 回归
- 学习一些高级概念，如正则化、多分类预测、异方差（heteroscedasticity）
- 讨论一个基于 MLlib 的回归树分析的应用例子
- 学习评价分类模型的不同方法

5.1 回归是什么

分类这个词的意义很清楚，而回归似乎并不意味着它是对连续标签的预测。回归在韦伯斯特词典中回归是指："返回到以前状态或欠发达状态。"

它还涉及一种特殊的统计定义：用来衡量一个变量的平均值（比如产量）和相应变量值（比如时间和成本）之间的关系。这在实际中也是恰当的。然而，在历史上，回归系数是用来表示某些特征的继承，例如重量和大小特征经过基因选择后从一代传递到另一代，包括人类亦如此（http://www.amstat.org/publications/jse/v9n3/stanton.html）。更具体地说，在

1875 年，高尔顿[⊖]把香豌豆种子包好后分发给七个朋友，每包种子的重量相同，但种子却不一样。高尔顿要求他的朋友在收获下一代种子后，将它们运回给他。随后高尔顿会分析每组种子的统计特性，其中一项分析是画出回归线，它的斜率总会小于 0.33 这个特殊的数值（Galton, F. (1894), *Natural Inheritance* (5th ed.), New York: Macmillan and Company），如果没有关联和继承则斜率为 0，而总复制父辈特征的后代则斜率为 1。下面将讨论数据中若存在噪声，则回归直线的系数应该是小于 1，即使有完美的相关性也是如此。总之，回归这个词起源的部分原因是随着研究植物和人类繁殖的需要而产生的。当然，高尔顿那时没有接触过 PCA、Scala 或计算机，而这些可以更好地解释相关性和回归直线斜率的差异。

5.2　连续空间和度量

这个章节的大多数内容将尝试预测或优化连续变量，下面先介绍如何度量连续空间上的差异性。我们所生活的空间是一个三维的欧氏空间，不管是否喜欢，大多数人对这个世界还是很满意的。在三维欧氏空间中，可以用三个连续的数值来确定一个位置。不同的位置经常会由不同距离（或度量）来表示，距离是两个参数的函数，返回值是一个正实数。通常 X 和 Y 之间的距离 $d^2(X, Y)$，应该小于等于 X 到 Z 的距离加上 Y 到 Z 的距离。

$$d^2(X, Y) \leqslant d^2(X, Z) + d^2(Y, Z)$$

上面这个式子对任意的 X、Y 和 Z 都成立，该式子也称为三角不等式。度量还有另外两个性质。

对称性：

$$d^2(X, Y) = d^2(Y, X)$$

非负性：

$$d^2(X, Y) > d^2(Y, X) \quad \text{若} \quad X \neq Y$$

$$d^2(X, Y) = d^2(Y, X) \quad \text{若} \quad X = Y$$

当且仅当 $X = Y$ 时，度量值为 0。L_2 距离是这样定义的：将两个点 X, Y 的每一维相减之后求平方，然后相加再开方。通常指的广义距离是一个 p 范数（$p=2$ 时就是 L_2 距离）。

$$d^p(X, Y) = \left(\sum_{i=1}^{N} |X_i - Y_i|^p\right)^{1/p}$$

这里是向量 X 和 Y 的所有分量之和。如果 $p=1$，1 范数是两向量差的绝对值之和，也称 Manhattan 距离，好像从点 X 到点 Y 的唯一路径是沿着其中的一个分量移动。这个距离也常称为 L_1 距离（见图 5-1）。

图 5-2 表示二维空间中的一个圆。

⊖ 高尔顿是查尔斯・达尔文的表弟，也是一个 19 世纪颇有造诣的科学家，在促进优生学方面曾遭到广泛批评。——译者注

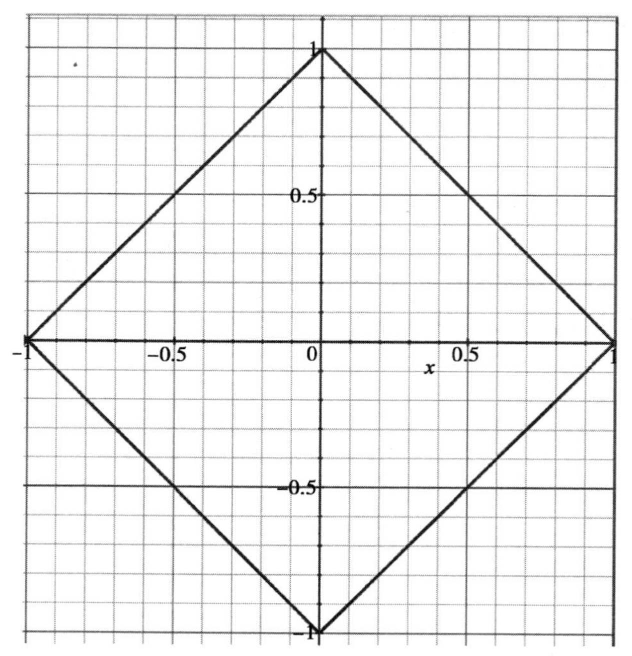

图 5-1　二维空间中的 L_1 圆（正好距离原点（0，0）一个单位的点集）

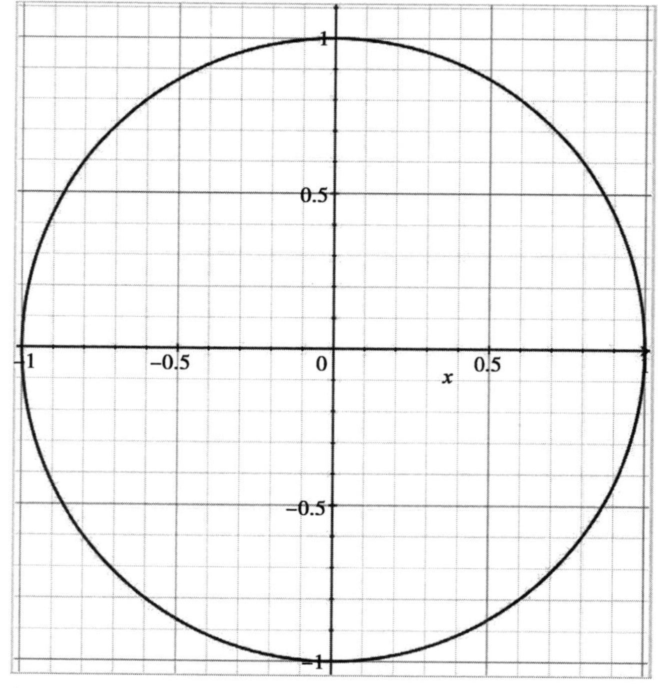

图 5-2　二维空间的 L_2 圆（到原点（0，0）有相同距离的点集），就像大家平常看到的圆环

另一个常用的特殊例子是 L_∞，当 $p\to\infty$ 时，其极限是各个分量之差的最大值。如下所示：

$$d^\infty(X, Y)=\max_i |X_i-Y_i|$$

L_∞距离的等距圆如图 5-3 所示：

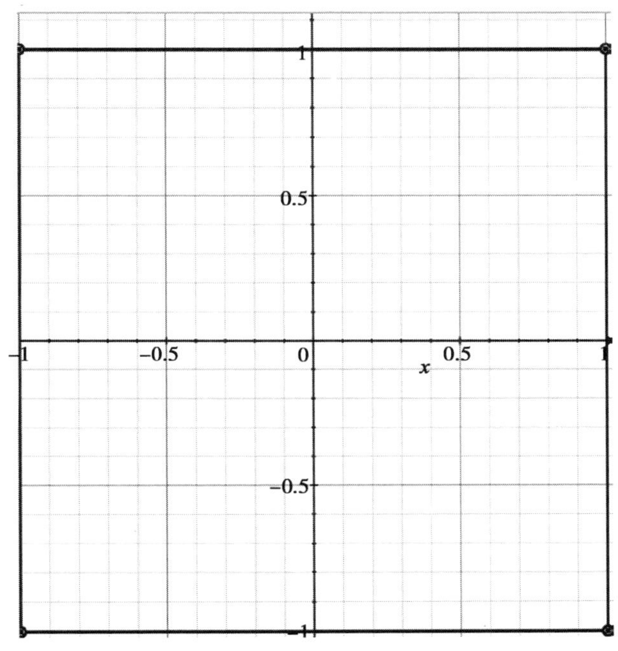

图 5-3　二维空间的 L_∞圆（到原点（0，0）有相同距离的点集）。当 L_∞是任意分量的最大距离时，它是一个正方形

后面会考虑 Kullback-Leibler（KL）距离。当谈到分类时，它可度量两个不同概率分布的差异性，但这种距离并不对称，因此它不能作为一个度量指标。

度量的特性是很容易分解问题。由于有三角不等式，人们为了减少所优化的目标函数的难度，把问题按每个维度分解成一组要优化的子问题，然后对这些子问题分别求解。

5.3　线性回归

正如第 2 章中所解释的那样，大多数复杂的机器学习问题都会简化为最优化问题，也就是说，我们的最终目标是优化整个过程，在这个过程中，会让计算机参与部分或全部求解。错误率可以看成是显式度量，而像**月度活跃用户**（Montyly Active User，MAU）这样的度量则显得不太直接。一个算法的有效性通常是由应用中的一些指标和流程来进行判断的。有时，目标可能包括多个子目标，或最终会考虑其他度量标准（比如可维护性、稳定性）。

但其本质是需要通过某种（或多种）方式来最大化或最小化一个连续的度量。

下面介绍如何将线性回归转换成一个优化问题。经典的线性回归需要优化 L_2 误差之和：

$$params = \underset{params}{\operatorname{argmin}} \sum_{i=1}^{N}(y_i - \hat{y})^2$$

这里，$\hat{y}$是一个线性回归模型所给出的估计值，公式如下：

$$\hat{y} = ax_i + b$$

（其他各种损失函数在第 3 章已经介绍过。）由于 L_2 度量是一个关于 a 和 b 可微凸函数，其极值可以通过误差函数求导，然后令其为 0 来得到：

$$0 = \frac{\partial d^2}{\partial a} = \frac{\partial d^2}{\partial b}$$

在这种情况下计算导数很简单，可得到下面的等式：

$$0 = \frac{\partial \sum_{i=1}^{N}(y_i - a\,x_i - b)^2}{\partial a} = 2\sum_{i=1}^{N}(a\,x_i + b - y_i)\,x\_i$$

$$0 = \frac{\partial \sum_{i=1}^{N}(y_i - a\,x_i - b)^2}{\partial b} = 2\sum_{i=1}^{N}(a\,x_i + b - y_i)$$

最终可得到：

$$a = \frac{avg(x_i y_i) - avg(x_i)avg(y_i)}{avg(x_i^2) - avg(x_i)^2}$$

$$b = avg(y_i) - a\,avg(x_i)$$

这里，avg() 表示整个输入数据的平均值。注意，如果 $avg(x)=0$，上面的公式可简化为：

$$a = \frac{avg\,(xy)}{avg\,(x^2)}$$

$$b = avg(y)$$

所以能使用基本的 Scala 运算符快速地计算出线性回归系数（常常通过执行 $x \Rightarrow x - avg(x)$ 来使得 $avg(x)$ 为 0）：

```
akozlov@Alexanders-MacBook-Pro$ scala


Welcome to Scala version 2.11.6 (Java HotSpot(TM) 64-Bit Server VM, Java
1.8.0_40).
Type in expressions to have them evaluated.
Type :help for more information.


scala> import scala.util.Random
import scala.util.Random


scala> val x = -5 to 5
x: scala.collection.immutable.Range.Inclusive = Range(-5, -4, -3, -2, -1,
0, 1, 2, 3, 4, 5)
```

```
scala> val y = x.map(_ * 2 + 4 + Random.nextGaussian)
y: scala.collection.immutable.IndexedSeq[Double] =
Vector(-4.317116812989753, -4.4056031270948015, -2.0376543660274713,
0.0184679796245639, 1.8356532746253016, 3.2322795591658644,
6.821999810895798, 7.7977904139852035, 10.288549406814154,
12.424126535332453, 13.611442206874917)

scala> val a = (x, y).zipped.map(_ * _).sum / x.map(x => x * x).sum
a: Double = 1.9498665133868092

scala> val b = y.sum / y.size
b: Double = 4.115448625564203
```

之前曾经介绍过 Scala 是一种非常简洁的语言。上面做线性回归的代码只有五行，其中有三行是生成数据。

虽然有用 Scala 写的多元线性回归库，如 Breeze（https://github.com/scalanlp/breeze），它提供了一个更强大的功能，能很容易使用纯 Scala 函数得到一些简单的统计结果。

下面再来看看高尔顿先生的问题，他发现回归直线的斜率总是小于 1，这意味着回归应该回到一些预定义的均值上。这里将生成一些与之前相同的点，但这些点将和一些预先设定的噪声一起沿着水平线分布。然后在 xy 空间上做一个线性旋转变换，沿着水平直线旋转 45 度。如果没有噪声，x 和 y 是强相关的，如果有噪声，则它们之间的相关性会减弱。

```
[akozlov@Alexanders-MacBook-Pro]$ scala
Welcome to Scala version 2.11.7 (Java HotSpot(TM) 64-Bit Server VM, Java
1.8.0_40).
Type in expressions to have them evaluated.
Type :help for more information.

scala> import scala.util.Random.nextGaussian
import scala.util.Random.nextGaussian

scala> val x0 = Vector.fill(201)(100 * nextGaussian)
x0: scala.collection.immutable.IndexedSeq[Double] =
Vector(168.28831870102465, -40.56031270948016, -3.7654366027471324,
1.84679796245639, -16.43467253746984, -76.77204408341358,
82.19998108957988, -20.22095860147962, 28.854940681415442,
42.41265353324536, -38.85577931250823, -17.320873680820082,
64.19368427702135, -8.173507833084892, -198.6064655461397,
40.73700995880357, 32.36849515282444, 0.07758364225363915,
-101.74032407199553, 34.789280276495646, 46.29624756866302,
35.54024768650289, 24.7867839701828, -11.931948933554782,
72.12437623460166, 30.51440227306552, -80.20756177356768,
134.2380548346385, 96.14401034937691, -205.48142161773896,
-73.48186022765427, 2.7861465340245215, 39.49041527572774,
12.262899592863906, -118.30408039749234, -62.727048950163855,
-40.58557796128219, -23.42...
```

```
scala> val y0 = Vector.fill(201)(30 * nextGaussian)
y0: scala.collection.immutable.IndexedSeq[Double] =
Vector(-51.675658534203876, 20.230770706186128, 32.47396891906855,
-29.35028743620815, 26.7392929946199, 49.85681312583139,
24.226102932450917, 31.19021547086266, 26.169544117916704,
-4.51435617676279, 5.6334117227063985, -59.641661744341775,
-48.83082934374863, 29.655750956280304, 26.000847703123497,
-17.43319605936741, 0.8354318740518344, 11.44787080976254,
-26.26312164695179, 88.63863939038357, 45.795968719043785,
88.12442528090506, -29.829048945601635, -1.0417034396751037,
-27.119245702417494, -14.055969115249258, 6.120344305721601,
6.102779172838027, -6.342516875566529, 0.06774080659895702,
46.364626315486014, -38.473161588561, -43.25262339890197,
19.77322736359687, -33.78364440355726, -29.085765762613683,
22.87698648100551, 30.53...
scala> val x1 = (x0, y0).zipped.map((a,b) => 0.5 * (a + b) )
x1: scala.collection.immutable.IndexedSeq[Double] =
Vector(58.30633008341039, -10.164771001647015, 14.354266158160707,
-13.75174473687588, 5.152310228575029, -13.457615478791094,
53.213042011015396, 5.484628434691521, 27.5122423996607,
18.949148678241286, -16.611183794900917, -38.48126771258093,
7.681427466636357, 10.741121561597705, -86.3028089215081,
11.651906949718079, 16.601963513438136, 5.7627272260080895,
-64.00172285947366, 61.71395983343961, 46.0461081438534,
61.83233648370397, -2.5211324877094174, -6.486826186614943,
22.50256526609208, 8.229216578908131, -37.04360873392304,
70.17041700373827, 44.90074673690519, -102.70684040557,
-13.558616956084126, -17.843507527268237, -1.8811040615871129,
16.01806347823039, -76.0438624005248, -45.90640735638877,
-8.85429574013834, 3.55536787...
scala> val y1 = (x0, y0).zipped.map((a,b) => 0.5 * (a - b) )
y1: scala.collection.immutable.IndexedSeq[Double] =
Vector(109.98198861761426, -30.395541707833143, -18.11970276090784,
15.598542699332269, -21.58698276604487, -63.31442860462248,
28.986939078564482, -25.70558703617114, 1.3426982817493691,
23.463504855004075, -22.244595517607316, 21.160394031760845,
56.51225681038499, -18.9146293946826, -112.3036566246316,
29.08510300908549, 15.7665316393863, -5.68514358375445,
-37.73860121252187, -26.924679556943964, 0.2501394248096176,
-26.292088797201085, 27.30791645789222, -5.445122746939839,
49.62181096850958, 22.28518569415739, -43.16395303964464,
64.06763783090022, 51.24326361247172, -102.77458121216895,
-59.92324327157014, 20.62965406129276, 41.37151933731485,
-3.755163885366482, -42.26021799696754, -16.820641593775086,
-31.73128222114385, -26.9...
scala> val a = (x1, y1).zipped.map(_ * _).sum / x1.map(x => x * x).sum
a: Double = 0.8119662470457414
```

斜率只有 0.81！注意，如果在数据 $x1$ 和 $y1$ 上执行 PCA，第一主成分正好为对角线方向。

为了便于说明，这里会绘制一部分（$x1, y1$）点。

为什么斜率小于 1？读者可以去找一下原因。但它与具体的问题有关，这些回归问题应能回答这个原因。

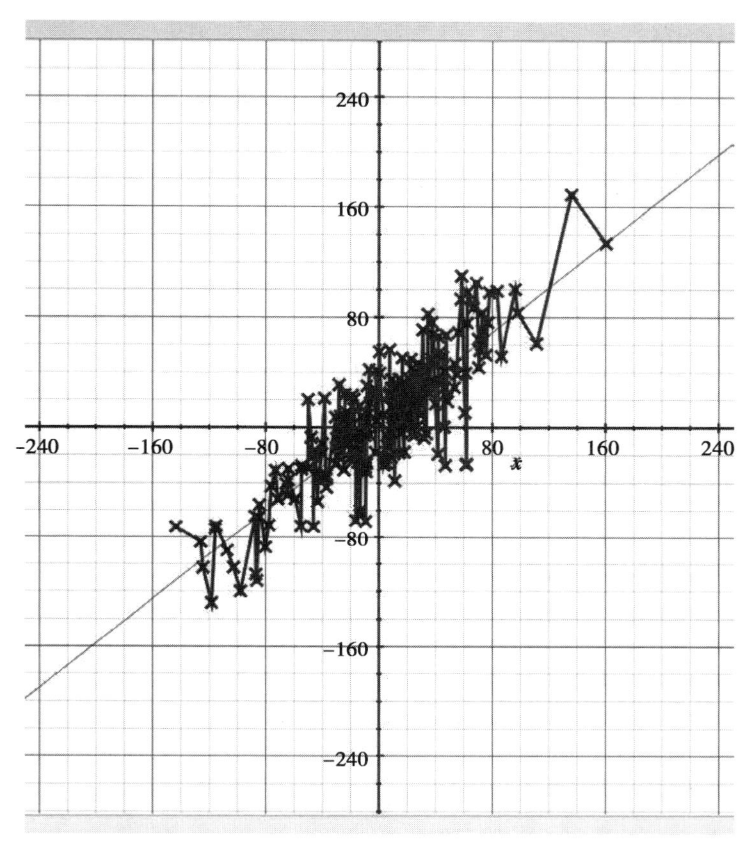

图 5-4　一个看似完全相关的数据集，其斜率小于 1 的回归曲线。它与回归优化的度量有关（y 距离）

5.4　logistic 回归

logistic 回归优化是关于 w 的 logit 损失函数：

$$\ln(1+\exp(-yw^{\mathrm{T}}x))$$

这里的 y 只取两种值（ +1 或 -1 ）。这个误差最小化问题没有闭合（colse-form）解，但像前面的线性回归一样，logistic 函数是可导的，可通过迭代算法求解，其收敛速度非常快。

该目标函数的梯度函数如下：

$$\frac{\partial \ln(1+\exp(-yw^{\mathrm{T}}x))}{\partial w_j}=-\frac{\sum_{i=1}^{N} y_i x_{ij}}{(1+\exp(yw^{\mathrm{T}}x))}$$

在此基础上，通过编写 Scala 程序来实现梯度收敛，取得 w 的最小值。这里有（为了方便读取数据，这里使用 MLlib 中的 LabeledPoint 数据结构）：

$$\sum_{i=1}^{N} \ln(1+\exp(-y_i w^{\mathrm{T}} x_i))=0$$

```
$ bin/spark-shell
Welcome to
      ____              __
     / __/__  ___ _____/ /__
    _\ \/ _ \/ _ `/ __/  '_/
   /___/ .__/\_,_/_/ /_/\_\   version 1.6.1-SNAPSHOT
      /_/

Using Scala version 2.10.5 (Java HotSpot(TM) 64-Bit Server VM, Java
1.8.0_40)
Type in expressions to have them evaluated.
Type :help for more information.
Spark context available as sc.
SQL context available as sqlContext.

scala> import org.apache.spark.mllib.linalg.Vector
import org.apache.spark.mllib.linalg.Vector

scala> import org.apache.spark.util._
import org.apache.spark.util._

scala> import org.apache.spark.mllib.util._
import org.apache.spark.mllib.util._

scala> val data = MLUtils.loadLibSVMFile(sc, "data/iris/iris-libsvm.txt")
data: org.apache.spark.rdd.RDD[org.apache.spark.mllib.regression.
LabeledPoint] = MapPartitionsRDD[291] at map at MLUtils.scala:112

scala> var w = Vector.random(4)
w: org.apache.spark.util.Vector = (0.9515155226069267,
0.4901713461728122, 0.4308861351586426, 0.8030814804136821)

scala> for (i <- 1.to(10)) println { val gradient = data.map(p => ( -
p.label / (1+scala.math.exp(p.label*(Vector(p.features.toDense.values)
dot w))) * Vector(p.features.toDense.values) )).reduce(_+_); w -= 0.1 *
gradient; w }
(-24.056553839570114, -16.585585503253142, -6.881629923278653,
-0.4154730884796032)
(38.56344616042987, 12.134414496746864, 42.178370076721365,
16.344526911520397)
(13.533446160429868, -4.95558550325314, 34.858370076721364,
15.124526911520398)
(-11.496553839570133, -22.045585503253143, 27.538370076721364,
13.9045269115204)
(-4.002010810020908, -18.501520148476196, 32.506256310962314,
```

```
15.455945245916512)
(-4.002011353029471, -18.501520429824225, 32.50625615219947,
15.455945209971787)
(-4.002011896036225, -18.501520711171313, 32.50625599343715,
15.455945174027184)
(-4.002012439041171, -18.501520992517463, 32.506255834675365,
15.455945138082699)
(-4.002012982044308, -18.50152127386267, 32.50625567591411,
15.455945102138333)
(-4.002013525045636, -18.501521555206942, 32.506255517153384,
15.455945066194088)


scala> w *= 0.24 / 4
w: org.apache.spark.util.Vector = (-0.24012081150273815,
-1.1100912933124165, 1.950375331029203, 0.9273567039716453)
```

logistic 回归简化到只有一行 Scala 代码！最后一行是对权重进行规一化（只有相对值对确定分离平面是重要的），可将它们与前一章中通过 MLlib 库所获得的值进行比较。

在实际实现中使用的**随机梯度下降**（SGD）算法与梯度下降法在本质上是相同的，但随机梯度下降法会采用如下方式进行优化：

- 实际梯度是用训练数据的子采样计算得到的，由于减少了噪声，可能会让转换更快，且能避免局部最小值的出现。
- 这个例子的步长固定为 0.1，迭代函数 $\frac{1}{\sqrt{(i)}}$ 是单调递减的，也能得到更好的换算。
- 它自带正则化；这不是只最小化损失函数，而是最小化损失函数之和与一些惩罚度量，这种度量是一个复杂模型的函数。下一节将讨论正则化。

5.5 正则化

正则化方法最初被用来解决病态（ill-poised）问题。由于这类问题缺乏约束，对于给定的数据可能有多个解，或者是数据和解包含了太多的噪声（A.N. Tikhonov, A.S. Leonov, A.G. Yagola. *Nonlinear Ill-Posed Problems*, Chapman and Hall, London,Weinhe）。如果解不具备想要的性质，需要额外添加惩罚函数来修正所得的解。例如曲线拟合或谱分析中的平滑，就是用来解决这类问题的方法。

惩罚函数的选择虽没有具体的规则，但在解中应该反映出应有的特性（skew）。如果惩罚函数是可微的，就可直接采用梯度下降来求解目标函数；岭回归（ridge regression）就是这样一个例子，它的惩罚函数是权重的 L_2 范数（系数的平方和）。

MLlib 目前已经实现了 L_2、L_1 惩罚项，以及这两者的结合，也称为弹性网（Elastic Net），这在第 3 章进行了介绍。L_1 正则化可有效地让权重系数的非零项减少，但收敛较慢。LASSO（Least Absolute Shrinkage and Selection Operator）就使用了 L_1 正则化。

另一种减少无约束问题不确定性的方式是将来自本领域专家的先验信息考虑进去，通过贝叶斯分析和在后验概率中引入附加因子来完成（其概率公式通常是乘法运算而不是和运算）。然而，由于目标常常是使对数似然最小化，所以贝叶斯方法通常也可以表示为标准正则化形式。

5.6 多元回归

多元回归需要同时最小化多个变量。虽然 Spark 只有几个多元分析工具，而其他更传统、更成熟的包由 MANOVA（Multivariate Analysis of Variance）和 ANOVA（Analysis of Variance）提供。第 7 章将会具体介绍 ANOVA 和 MANOVA。

在实际分析中，首先需要了解目标变量是否相关，这里将使用第 3 章所介绍的 PCA Spark 来实现变量的相关性分析。如果变量强相关，最大化一个变量会导致另一个变量最大化，因此仅需要最大化第一主成分（可能需要在第二主成分上建立回归模型来理解什么原因导致了差异性）。

如果变量不相关，则需为每个变量构建单独的模型，以便能准确描述让这两个集合相交或不相交的重要变量。对于后者，我们可以构建两个单独的模型独立地预测每个变量。

5.7 异方差

回归方法中的一个基本假设是目标方差与独立（属性）或不独立（目标）变量不相关。这种假设对计数应用就不成立，计数一般由**泊松分布**描述。对于**泊松**分布，方差与数学期望值成正比，并且较大的值对权重的最终方差贡献更大。

尽管异方差可能会（也可能不会）明显偏离结果权重，一种抵消异方差的切实可行的方法是进行对数变换，对于**泊松**分布，其补偿为：

$$y' = \log(y)$$

$$var(y') = \frac{var(y)}{y}$$

Box-Cox 变换是另一种（参数化）变换：

$$y'_\lambda = \frac{y^\lambda - 1}{\lambda}$$

这里的 λ 是参数（部分情况是对数变换，其 $\lambda=0$）。Tuckey 的 lambda 变换（参数范围在 0 和 1 之间）如下：

$$y'_\lambda = 0.5^L(y^L - (1-y)^L)/L$$

这些方法将补偿二项式泊松分布属性，或提高可能由 n 个伯努利分布组成的混合序列实验的概率估计。

在二分类预测问题中，异方差是使 logistic 回归比基于 L_2 范数的线性回归效果更好的主要原因。这会在后面的离散标签问题中详细介绍。

5.8　回归树

在前面的章节中介绍过分类树，它可以为回归问题构建一种递归的拆分 - 并发结构，拆分的目的是为了最小化剩余方差。回归树虽不如决策树或经典的 ANOVA 分析那样流行，但这里还是会给出一个回归树的例子，它是 MLlib 的一部分：

```
akozlov@Alexanders-MacBook-Pro$ bin/spark-shell
Welcome to
      ____              __
     / __/__  ___ _____/ /__
    _\ \/ _ \/ _ `/ __/  '_/
   /___/ .__/\_,_/_/ /_/\_\   version 1.6.1-SNAPSHOT
      /_/

Using Scala version 2.10.5 (Java HotSpot(TM) 64-Bit Server VM, Java
1.8.0_40)
Type in expressions to have them evaluated.
Type :help for more information.
Spark context available as sc.
SQL context available as sqlContext.

scala> import org.apache.spark.mllib.tree.DecisionTree
import org.apache.spark.mllib.tree.DecisionTree

scala> import org.apache.spark.mllib.tree.model.DecisionTreeModel
import org.apache.spark.mllib.tree.model.DecisionTreeModel

scala> import org.apache.spark.mllib.util.MLUtils
import org.apache.spark.mllib.util.MLUtils

scala> // Load and parse the data file.

scala> val data = MLUtils.loadLibSVMFile(sc, "data/mllib/sample_libsvm_
data.txt")
data: org.apache.spark.rdd.RDD[org.apache.spark.mllib.regression.
LabeledPoint] = MapPartitionsRDD[6] at map at MLUtils.scala:112

scala> // Split the data into training and test sets (30% held out for
testing)
```

```
scala> val Array(trainingData, testData) = data.randomSplit(Array(0.7,
0.3))
trainingData: org.apache.spark.rdd.RDD[org.apache.spark.mllib.regression.
LabeledPoint] = MapPartitionsRDD[7] at randomSplit at <console>:26
testData: org.apache.spark.rdd.RDD[org.apache.spark.mllib.regression.
LabeledPoint] = MapPartitionsRDD[8] at randomSplit at <console>:26

scala> val categoricalFeaturesInfo = Map[Int, Int]()
categoricalFeaturesInfo: scala.collection.immutable.Map[Int,Int] = Map()

scala> val impurity = "variance"
impurity: String = variance

scala> val maxDepth = 5
maxDepth: Int = 5

scala> val maxBins = 32
maxBins: Int = 32

scala> val model = DecisionTree.trainRegressor(trainingData,
categoricalFeaturesInfo, impurity, maxDepth, maxBins)
model: org.apache.spark.mllib.tree.model.DecisionTreeModel =
DecisionTreeModel regressor of depth 2 with 5 nodes

scala> val labelsAndPredictions = testData.map { point =>
     |   val prediction = model.predict(point.features)
     |   (point.label, prediction)
     | }
labelsAndPredictions: org.apache.spark.rdd.RDD[(Double, Double)] =
MapPartitionsRDD[20] at map at <console>:36

scala> val testMSE = labelsAndPredictions.map{ case(v, p) => math.pow((v
- p), 2)}.mean()
testMSE: Double = 0.07407407407407407

scala> println(s"Test Mean Squared Error = $testMSE")
Test Mean Squared Error = 0.07407407407407407

scala> println("Learned regression tree model:\n" + model.toDebugString)
Learned regression tree model:
DecisionTreeModel regressor of depth 2 with 5 nodes
  If (feature 378 <= 71.0)
   If (feature 100 <= 165.0)
    Predict: 0.0
```

```
  Else (feature 100 > 165.0)
   Predict: 1.0
 Else (feature 378 > 71.0)
  Predict: 1.0
```

在每级上的拆分会最小化方差如下：

$$var(x)=\sum_{k} N_k\left(\sum_{i=1}^{N_k}|x_i-avg(x)|^2/N_k\right)^{1/2}$$

这等同于最小化 L_2 距离，这种距离是标签值与每个叶子上的均值之间的距离。该均值是通过对一个节点上的所有叶子求和得到的。

5.9　分类的度量

如果标签是离散的，则预测问题称为分类。通常每个训练样本对应的目标变量只取一个值（也可能有多值目标变量，比如第 6 章将要介绍的文本分类）。

如果离散值是有序的，且其排序有意义，例如不好、糟糕、良好这三个离散标签可以转换成整型或双精度数据类型，这样的问题就简化成回归问题了。

通常用于优化的度量是误分类率，其具体形式如下：

$$error=1-\sum_{i=1}^{N} \quad 若 \quad y_i=\widehat{y_i \ then\ 1\ else}\ 0$$

如果算法可以预测目标值的可能分布，可以使用诸如 KL 散度或 Manhattan 距离等更一般的度量方法。KL 散度是对用概率分布 P_1 近似概率分布 P_2 时的信息损失的度量：

$$d^{KL}(P_1, P_2)=\sum P_1(i)\log(P_1(i)/P_2(i))$$

它与决策树中所使用的熵增益分割准则密切相关，因为后者为节点概率分布与所有叶子节点上的叶子概率分布的 KL 散度之和。

5.10　多分类问题

如果目标变量的取值结果的数量大于 2，一般来说，必须预测每个目标变量的概率分布的数学预期，或至少是一系列有序值，希望能通过顺序变量进行增广，以便进一步分析。

而某些算法（比如决策树）天生就能预测多值属性。常用的方法是从 K 个目标变量值中选择一个出来作为基准，建立（$K-1$）个二元分类器。把对 K 个目标值的预测简化为（$K-1$）个二元分类器问题，最好选择最多的一类作为基准类。

5.11　感知机

机器学习的早期，研究人员试图模拟人类大脑的功能。20 世纪初，人们认为人脑完全由神经元细胞组成。神经元细胞上的轴突（axon）能够通过电脉冲传输信号。人工智能研究人员试图通过感知机来复制神经元的功能。感知机是基于输入值的线性加权和：

$$y=\begin{cases}1 & 若\ w^{\mathrm{T}}x>b \\ 0 & 其他\end{cases}$$

上式非常简单地表示了人类大脑的活动过程。生物学家自那时就已经发现了除电脉冲之外的其他信息传递方法（如化学方法）。此外，他们已经发现超过300种不同类型的神经元细胞（http://neurolex.org/wiki/Category:Neuron）。而且，神经元放电过程比电压的线性传输更复杂，因为它涉及复杂的时间模式。而且，该理论被证明是非常有效的，并为神经网络在层中彼此连接的感知集合开发了多种算法。具体来讲，某些修改过的神经网络，其中放电方程中的阶梯函数被 logistic 函数代替，也可以用任何期望的精度去近似任意的可微分函数。

MLlib 将**多层感知器分类器**（MLCP）作为一个类，即 org.apache.spark.ml.classification.MultilayerPerceptronClassifier：

```
$ bin/spark-shell
Welcome to
```

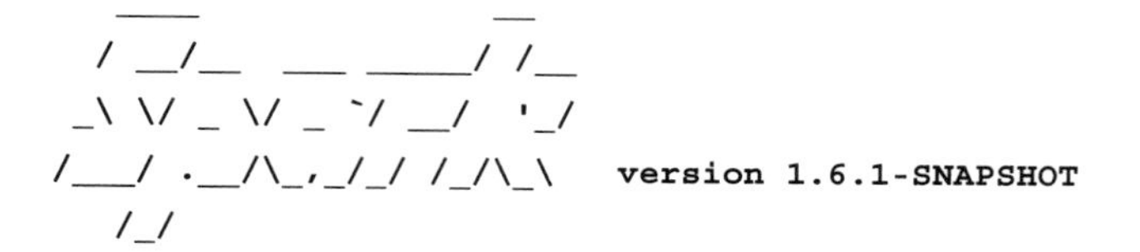


```
Using Scala version 2.10.5 (Java HotSpot(TM) 64-Bit Server VM, Java
1.8.0_40)
Type in expressions to have them evaluated.
Type :help for more information.
Spark context available as sc.
SQL context available as sqlContext.

scala> import org.apache.spark.ml.classification.
MultilayerPerceptronClassifier
import org.apache.spark.ml.classification.MultilayerPerceptronClassifier

scala> import org.apache.spark.ml.evaluation.
MulticlassClassificationEvaluator
import org.apache.spark.ml.evaluation.MulticlassClassificationEvaluator

scala> import org.apache.spark.mllib.util.MLUtils
import org.apache.spark.mllib.util.MLUtils

scala>
```

```
scala> val data = MLUtils.loadLibSVMFile(sc, "iris-libsvm-3.txt").toDF()
data: org.apache.spark.sql.DataFrame = [label: double, features: vector]

scala>

scala> val Array(train, test) = data.randomSplit(Array(0.6, 0.4), seed =
13L)
train: org.apache.spark.sql.DataFrame = [label: double, features: vector]
test: org.apache.spark.sql.DataFrame = [label: double, features: vector]

scala> // specify layers for the neural network:

scala> // input layer of size 4 (features), two intermediate of size 5
and 4 and output of size 3 (classes)

scala> val layers = Array(4, 5, 4, 3)
layers: Array[Int] = Array(4, 5, 4, 3)

scala> // create the trainer and set its parameters
scala> val trainer = new MultilayerPerceptronClassifier().
setLayers(layers).setBlockSize(128).setSeed(13L).setMaxIter(100)
trainer: org.apache.spark.ml.classification.
MultilayerPerceptronClassifier = mlpc_b5f2c25196f9

scala> // train the model

scala> val model = trainer.fit(train)
model: org.apache.spark.ml.classification.
MultilayerPerceptronClassificationModel = mlpc_b5f2c25196f9

scala> // compute precision on the test set

scala> val result = model.transform(test)
result: org.apache.spark.sql.DataFrame = [label: double, features:
vector, prediction: double]

scala> val predictionAndLabels = result.select("prediction", "label")
predictionAndLabels: org.apache.spark.sql.DataFrame = [prediction:
double, label: double]

scala> val evaluator = new MulticlassClassificationEvaluator().
setMetricName("precision")
evaluator: org.apache.spark.ml.evaluation.
MulticlassClassificationEvaluator = mcEval_55757d35e3b0
```

```
scala> println("Precision = " + evaluator.evaluate(predictionAndLabels))
Precision = 0.9375
```

5.12 泛化误差和过拟合

如何知道所讨论过的模型是不是好模型呢？其最终的标准是看它在实际应用中的表现。

像决策树和神经网络这些复杂的模型，常常被过拟合所困扰。模型是通过在训练集上最小化目标函数得到的，但在实际部署中采用稍微不同的数据集就会导致非常差的效果。（建模的）标准方法是将数据集分成训练集和测试集。训练集数据用于获得模型，测试集数据用于验证模型在所保留的样本数据上是否能很好地工作。这可能无法捕获部署中所有可能的情形。例如，线性模型（如 ANOVA 方差分析、logistic 函数、线性回归）通常相对稳定，并且较少出现过拟合。但是对于具体的应用领域，这些技术有可能不适用，也有可能适用。

泛化失败的另一个原因是时间漂移。数据可能随着时间发生显著的改变，使得在旧数据上训练的模型部署到新数据上时不再具有泛化性。实践中的一个好的做法是创建几个模型，并一直监控它们的相对性能。

后面会介绍避免过拟合的标准方法，比如第 7 章介绍的保留数据集法和交叉验证法，以及第 9 章中的图算法和模型监控。

5.13 总结

现在已经有了解决复杂问题所需的工具，这些复杂问题通常称为大数据问题。这里并没有涵盖所有标准的统计方法，对此，作者已经准备好接受批评了。后面会有一个全新的领域要去开发，没有明确的样本定义，数据集中的变量可能是稀疏且嵌套的。在使用标准统计模型之前，必须做很多方面的准备工作。这是 Scala 最耀眼的地方。

下一章将更多地讨论如何使用非结构化数据。

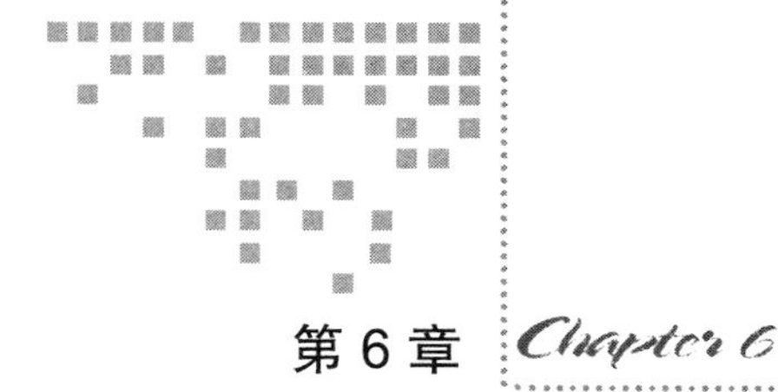

第 6 章 Chapter 6

使用非结构化数据

很高兴介绍本章的知识。正是因为非结构化数据才使得大数据有别于以前的数据，也使 Scala 成为处理数据的新范式。非结构化数据听起来很像一个贬义词，而本书中的每个句子都是非结构化数据。它们不是传统的记录、行、列等语义形式。但对于大多数人来说，这比表格或电子表单更容易阅读。

在实际应用中，非结构化数据指的是嵌套数据和复杂化数据。XML 文档和照片是非结构化数据的典型例子，它们都有非常复杂的结构。该术语的创始人可能想表达一种新数据，社交互动网络公司（如 Google、Facebook 和 Twitter）的工程师们会遇到这样的数据，这不同于人们过去在传统平台上所看到的数据。这些数据确实不符合传统的 RDBMS 范式。其中一些数据可以展平，但是底层存储效率仍然很低，因为所有 RDBMS 都没有针对它们进行优化处理，而人和机器都很难解析这些数据。

本章介绍的许多技术都非常有用，是处理数据过程中所需要的方法。

本章将介绍以下内容：

- ❑ 了解序列化原理和流行的序列化框架，了解机器之间通信的语言
- ❑ 了解嵌套数据的 Avro-Parquet 编码
- ❑ 介绍 RDBM 如何将嵌套结构集成到现有的类 SQL 语言中
- ❑ 介绍如何在 Scala 中使用嵌套结构
- ❑ 介绍非结构化数据的最常见用例：一个实际的会话例子
- ❑ 介绍怎样用 Scala 特质和 match/case 语句来简化路径分析
- ❑ 介绍嵌套结构为什么可以让用户的分析受益

6.1 嵌套数据

前一章已经用到过非结构化数据，这类数据是一个 **LabeledPoint 数组**，该数组是一个二元（label : Double，features : Vector）数组。这里的 label 是 Double 类型的数字；而 Vector 是一个有两个子类（SparseVector 和 DenseVector）的封闭特质（sealed trait）。类图如下：

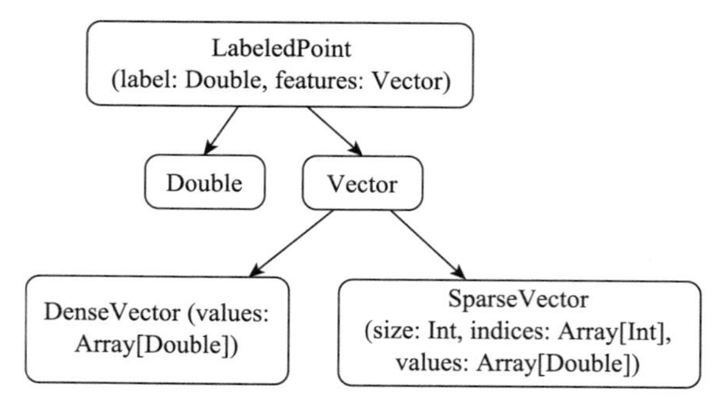

图 6-1　LabeledPoint 类是一个 label 和 features 的二元组，其中 features 的数据类型是 trait，它是继承了两个子类 {Dense，Sparse} 的 Vector。Dense Vector 是一个 double 数组，而 Spase Vector 只存储索引大小和非默认元素的值

每个样本由 label 和 features 这一对二元组来表示，且 features 可以是稀疏的。如果没有缺失值，行可以表示为 vector。稠密 vector 需要用（8×size+8）个字节存储。如果大多数元素缺失（或等于默认值），就只存储非默认元素。这种情况需要（12× 非默认元素大小+20）个字节，其大小会因 JVM 实现的不同而有些变化。因此，从存储数据的角度来看，从一种 JVM 切换到到另一种的阈值是空间大于 1.5×（非默认值+1），或大约至少 30% 的元素是非默认值。虽然计算机语言擅长通过指针来表示复杂结构，但在 Java 虚拟机或计算机之间仍然需要一些方便的数据存储形式来交换数据。下面以按 Parquet 格式保存的数据为例来介绍 Spark/Scala 是怎么实现数据交换的：

```
akozlov@Alexanders-MacBook-Pro$ bin/spark-shell
Welcome to
      ____              __
     / __/__  ___ _____/ /__
    _\ \/ _ \/ _ `/ __/  '_/
   /___/ .__/\_,_/_/ /_/\_\   version 1.6.1-SNAPSHOT
      /_/

Using Scala version 2.11.7 (Java HotSpot(TM) 64-Bit Server VM, Java
1.8.0_40)
Type in expressions to have them evaluated.
Type :help for more information.
```

```
Spark context available as sc.
SQL context available as sqlContext.

scala> import org.apache.spark.mllib.regression.LabeledPoint
import org.apache.spark.mllib.regression.LabeledPoint

scala> import org.apache.spark.mllib.linalg.Vectors
import org.apache.spark.mllib.linalg.Vectors
Wha
scala>

scala> val points = Array(
     |     LabeledPoint(0.0, Vectors.sparse(3, Array(1), Array(1.0))),
     |     LabeledPoint(1.0, Vectors.dense(0.0, 2.0, 0.0)),
     |     LabeledPoint(2.0, Vectors.sparse(3, Array((1, 3.0)))),
     |     LabeledPoint.parse("(3.0,[0.0,4.0,0.0])"));
pts: Array[org.apache.spark.mllib.regression.LabeledPoint] =
Array((0.0,(3,[1],[1.0])), (1.0,[0.0,2.0,0.0]), (2.0,(3,[1],[3.0])),
(3.0,[0.0,4.0,0.0]))
scala>

scala> val rdd = sc.parallelize(points)
rdd: org.apache.spark.rdd.RDD[org.apache.spark.mllib.regression.
LabeledPoint] = ParallelCollectionRDD[0] at parallelize at <console>:25

scala>

scala> val df = rdd.repartition(1).toDF
df: org.apache.spark.sql.DataFrame = [label: double, features: vector]

scala> df.write.parquet("points")
```

上面所做的工作就是从命令行创建一个新的 RDD 数据集，也可以使用 org.apache.spark.mllib.util.MLUtils 加载一个文本文件，将其转换为数据框（DataFrame），然后对 Parquet 文件进行序列化，并保存在 points 目录下。

注意 **Parquet 是什么？**

Apache Parquet 是一种列式存储格式，由 Cloudera 和 Twitter 两家公司联合开发。列式存储能更好地压缩数据集的值，特别是从磁盘获取一个列式子集时，其效率会更高。Parquet 的核心是要重新构建复杂的嵌套数据结构，它是基于 Dremel 的论文（https://blog.twitter.com/2013/dremel-made-simple-withparquet）中介绍的“Record shredding and assembly algorithm”思想来实现的。Dremel/Parquet 存储编码格式使用 definition/repeation 字段来表示原始数据的层次结构，它适合大多数即时编码需求，因为它可以存储可选字段、嵌套数组和映射。Parquet 按块存储数据，这可能正是 Parquet 名字的由来，因为 Parquet 本意是对木块按几何图案来拼装成木地板。Parquet 可以只对从磁盘读取的一个块子集进行优化，这取决于将要读取的列子集和索引的使用（其实这与特征是否已知有关）。列中的值可以使用字典和 Run-Length Encoding（RLE）方法对列的重复记录进行较好的压缩，这也是大数据中的常见用法。

Parquet 是二进制文件，但可以使用 parquet-tools 工具查看其中的信息，该包可从 http://archive.cloudera.com/cdh5/cdh/5 下载：

```
akozlov@Alexanders-MacBook-Pro$ wget -O - http://archive.cloudera.com/
cdh5/cdh/5/parquet-1.5.0-cdh5.5.0.tar.gz | tar xzvf -

akozlov@Alexanders-MacBook-Pro$ cd parquet-1.5.0-cdh5.5.0/parquet-tools

akozlov@Alexanders-MacBook-Pro$ tar xvf xvf parquet-1.5.0-cdh5.5.0/
parquet-tools/target/parquet-tools-1.5.0-cdh5.5.0-bin.tar.gz

akozlov@Alexanders-MacBook-Pro$ cd parquet-tools-1.5.0-cdh5.5.0

akozlov@Alexanders-MacBook-Pro $ ./parquet-schema ~/points/*.parquet
message spark_schema {
  optional double label;
  optional group features {
    required int32 type (INT_8);
    optional int32 size;
    optional group indices (LIST) {
      repeated group list {
        required int32 element;
      }
    }
    optional group values (LIST) {
      repeated group list {
        required double element;
      }
    }
  }
}
```

下面简单介绍一下这些内容。整体方案（schema）非常接近图 6-1 所示的结构：第一个成员是 double 类型的 label，第二个和最后一个是复合类型。关键字是可选的，由于某些原因，记录中的值可以为空（即不存在）。列表或数组可编码为重复的字段。如果整个数组都不存在（所有特征都可能不存在），它就可以封装到可选组（索引和值）中。这种类型编码最终的表示可能稀疏，也可能密集：

```
akozlov@Alexanders-MacBook-Pro $ ./parquet-dump ~/points/*.parquet
row group 0
--------------------------------------------------------------------------
--------------------------------------------------------------------------
--------------------
label:        DOUBLE GZIP DO:0 FPO:4 SZ:78/79/1.01 VC:4 ENC:BIT_
PACKED,PLAIN,RLE
features:
.type:        INT32 GZIP DO:0 FPO:82 SZ:101/63/0.62 VC:4 ENC:BIT_
PACKED,PLAIN_DICTIONARY,RLE
.size:        INT32 GZIP DO:0 FPO:183 SZ:97/59/0.61 VC:4 ENC:BIT_
PACKED,PLAIN_DICTIONARY,RLE
.indices:
..list:
...element:  INT32 GZIP DO:0 FPO:280 SZ:100/65/0.65 VC:4 ENC:PLAIN_
DICTIONARY,RLE
.values:
..list:
...element:  DOUBLE GZIP DO:0 FPO:380 SZ:125/111/0.89 VC:8 ENC:PLAIN_
DICTIONARY,RLE

    label TV=4 RL=0 DL=1
    ----------------------------------------------------------------------
--------------------------------------------------------------------------
--------------------
    page 0:                                           DLE:RLE RLE:BIT_
PACKED VLE:PLAIN SZ:38 VC:4

    features.type TV=4 RL=0 DL=1 DS:                 2 DE:PLAIN_
DICTIONARY
    ----------------------------------------------------------------------
--------------------------------------------------------------------------
--------------------
    page 0:                                           DLE:RLE RLE:BIT_
PACKED VLE:PLAIN_DICTIONARY SZ:9 VC:4

    features.size TV=4 RL=0 DL=2 DS:                 1 DE:PLAIN_
DICTIONARY
    ----------------------------------------------------------------------
--------------------------------------------------------------------------
--------------------
    page 0:                                           DLE:RLE RLE:BIT_
PACKED VLE:PLAIN_DICTIONARY SZ:9 VC:4
```

```
    features.indices.list.element TV=4 RL=1 DL=3 DS: 1 DE:PLAIN_
DICTIONARY
    ------------------------------------------------------------------
------------------------------------------------------------------
--------------------
    page 0:                                              DLE:RLE RLE:RLE
VLE:PLAIN_DICTIONARY SZ:15 VC:4

    features.values.list.element TV=8 RL=1 DL=3 DS:  5 DE:PLAIN_
DICTIONARY
    ------------------------------------------------------------------
------------------------------------------------------------------
--------------------
    page 0:                                              DLE:RLE RLE:RLE
VLE:PLAIN_DICTIONARY SZ:17 VC:8

DOUBLE label
------------------------------------------------------------------
------------------------------------------------------------------
--------------------
*** row group 1 of 1, values 1 to 4 ***
value 1: R:0 D:1 V:0.0
value 2: R:0 D:1 V:1.0
value 3: R:0 D:1 V:2.0
value 4: R:0 D:1 V:3.0

INT32 features.type
------------------------------------------------------------------
------------------------------------------------------------------
--------------------
*** row group 1 of 1, values 1 to 4 ***
value 1: R:0 D:1 V:0
value 2: R:0 D:1 V:1
value 3: R:0 D:1 V:0
value 4: R:0 D:1 V:1

INT32 features.size
------------------------------------------------------------------
------------------------------------------------------------------
--------------------
*** row group 1 of 1, values 1 to 4 ***
value 1: R:0 D:2 V:3
value 2: R:0 D:1 V:<null>
value 3: R:0 D:2 V:3
value 4: R:0 D:1 V:<null>
```

```
INT32 features.indices.list.element
------------------------------------------------------------------------
------------------------------------------------------------------------
--------------------
*** row group 1 of 1, values 1 to 4 ***
value 1: R:0 D:3 V:1
value 2: R:0 D:1 V:<null>
value 3: R:0 D:3 V:1
value 4: R:0 D:1 V:<null>

DOUBLE features.values.list.element
------------------------------------------------------------------------
------------------------------------------------------------------------
--------------------
*** row group 1 of 1, values 1 to 8 ***
value 1: R:0 D:3 V:1.0
value 2: R:0 D:3 V:0.0
value 3: R:1 D:3 V:2.0
value 4: R:1 D:3 V:0.0
value 5: R:0 D:3 V:3.0
value 6: R:0 D:3 V:0.0
value 7: R:1 D:3 V:4.0
value 8: R:1 D:3 V:0.0
```

读者可能对输出中的 R: 和 D: 有点困惑。它们是 Dremel 论文中描述的重复层和定义层，必须要对嵌套结构中的字段进行有效的编码。只有重复的字段会增加重复层的值，而非必需字段则增加定义层的值。R 中的 Drop 表示列表（数组）的结尾。对于层次结构树中的每个非必需层，都需要一个新的定义层。重复层和定义层的值设计得很小，可以用序列化形式高效存储。

如果有很多重复的记录，最好将它们放在一起，压缩算法（默认是 gzip）可以对它们进行优化。Parquet 也使用其他算法（比如字典编码或 RLE 压缩）来处理重复值。

这是一个简单有效的序列化方法。它可将一组复杂的对象写入文件，每列存储在一个单独的块中，用来表示记录和嵌套结构中的所有值。

现在读取文件并恢复 RDD。Parquet 格式不知道 LabeledPoint 类的任何信息，所以必须在这里使用一些小技巧来做类型转换。读取文件时将看到一个 org.apache.spark.sql.Row 集合：

```
akozlov@Alexanders-MacBook-Pro$ bin/spark-shell
Welcome to
```

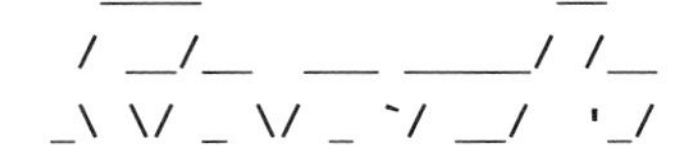

```
   /___/ .__/\_,_/_/ /_/\_\   version 1.6.1-SNAPSHOT
      /_/


Using Scala version 2.11.7 (Java HotSpot(TM) 64-Bit Server VM, Java
1.8.0_40)
Type in expressions to have them evaluated.
Type :help for more information.
Spark context available as sc.
SQL context available as sqlContext.


scala> val df = sqlContext.read.parquet("points")
df: org.apache.spark.sql.DataFrame = [label: double, features: vector]


scala> val df = sqlContext.read.parquet("points").collect
df: Array[org.apache.spark.sql.Row] = Array([0.0,(3,[1],[1.0])],
[1.0,[0.0,2.0,0.0]], [2.0,(3,[1],[3.0])], [3.0,[0.0,4.0,0.0]])


scala> val rdd = df.map(x => LabeledPoint(x(0).asInstanceOf[scala.
Double], x(1).asInstanceOf[org.apache.spark.mllib.linalg.Vector]))
rdd: org.apache.spark.rdd.RDD[org.apache.spark.mllib.regression.
LabeledPoint] = MapPartitionsRDD[16] at map at <console>:25


scala> rdd.collect
res12: Array[org.apache.spark.mllib.regression.LabeledPoint] =
Array((0.0,(3,[1],[1.0])), (1.0,[0.0,2.0,0.0]), (2.0,(3,[1],[3.0])),
(3.0,[0.0,4.0,0.0]))


scala> rdd.filter(_.features(1) <= 2).collect
res13: Array[org.apache.spark.mllib.regression.LabeledPoint] =
Array((0.0,(3,[1],[1.0])), (1.0,[0.0,2.0,0.0]))
```

这样做非常不错，因为不需要编译就可以对复杂对象进行编码并看到结果。人们可以在 REPL 中轻松创建自己的对象。接下来介绍怎么跟踪互联网用户的行为：

```
akozlov@Alexanders-MacBook-Pro$ bin/spark-shell
Welcome to
      ____              __
     / __/__  ___ _____/ /__
    _\ \/ _ \/ _ `/ __/  '_/
   /___/ .__/\_,_/_/ /_/\_\   version 1.6.1-SNAPSHOT
      /_/


Using Scala version 2.11.7 (Java HotSpot(TM) 64-Bit Server VM, Java
1.8.0_40)
Type in expressions to have them evaluated.
```

```
Type :help for more information.
Spark context available as sc.
SQL context available as sqlContext.

scala> case class Person(id: String, visits: Array[String]) { override
def toString: String = { val vsts = visits.mkString(","); s"($id ->
$vsts)" } }
defined class Person

scala> val p1 = Person("Phil", Array("http://www.google.com", "http://
www.facebook.com", "http://www.linkedin.com", "http://www.homedepot.
com"))
p1: Person = (Phil -> http://www.google.com,http://www.facebook.
com,http://www.linkedin.com,http://www.homedepot.com)

scala> val p2 = Person("Emily", Array("http://www.victoriassecret.com",
"http://www.pacsun.com", "http://www.abercrombie.com/shop/us", "http://
www.orvis.com"))
p2: Person = (Emily -> http://www.victoriassecret.com,http://www.pacsun.
com,http://www.abercrombie.com/shop/us,http://www.orvis.com)

scala> sc.parallelize(Array(p1,p2)).repartition(1).toDF.write.
parquet("history")

scala> import scala.collection.mutable.WrappedArray
import scala.collection.mutable.WrappedArray

scala> val df = sqlContext.read.parquet("history")
df: org.apache.spark.sql.DataFrame = [id: string, visits: array<string>]

scala> val rdd = df.map(x => Person(x(0).asInstanceOf[String], x(1).asIns
tanceOf[WrappedArray[String]].toArray[String]))
rdd: org.apache.spark.rdd.RDD[Person] = MapPartitionsRDD[27] at map at
<console>:28

scala> rdd.collect
res9: Array[Person] = Array((Phil -> http://www.google.com,http://www.
facebook.com,http://www.linkedin.com,http://www.homedepot.com), (Emily
-> http://www.victoriassecret.com,http://www.pacsun.com,http://www.
abercrombie.com/shop/us,http://www.orvis.com))
```

一个好的做法是使用 Kryo serializer 来注册新创建的类，而 Spark 能在任务和执行器之间使用另一种序列化机制式来传递对象。如果类没有注册，Spark 将使用默认的 Java 序列化，但这样速度可能只有原来的 1/10：

```
scala> :paste
// Entering paste mode (ctrl-D to finish)
```

```
import com.esotericsoftware.kryo.Kryo
import org.apache.spark.serializer.{KryoSerializer, KryoRegistrator}

class MyKryoRegistrator extends KryoRegistrator {
  override def registerClasses(kryo: Kryo) {
    kryo.register(classOf[Person])
  }
}

object MyKryoRegistrator {
  def register(conf: org.apache.spark.SparkConf) {
    conf.set("spark.serializer", classOf[KryoSerializer].getName)
    conf.set("spark.kryo.registrator", classOf[MyKryoRegistrator].
getName)
  }
}
^D

// Exiting paste mode, now interpreting.

import com.esotericsoftware.kryo.Kryo
import org.apache.spark.serializer.{KryoSerializer, KryoRegistrator}
defined class MyKryoRegistrator
defined module MyKryoRegistrator

scala>
```

如果要在集群上部署代码，建议将此代码生成jar包，并放在类路径指向的目录中。

在实际应用中可能会有多达10级的嵌套。虽然这样做可能会牺牲性能，但现在越来越多的生产经营业务需要使用嵌套。在具体构建会话中的嵌套对象实例之前，应先搞清楚序列化概念。

6.2 其他序列化格式

建议使用Parquet格式存储数据。但出于完整性，还需要介绍其他的序列化格式。在Spark计算期间会隐式地使用Kryo格式（只是用户不知道而已），还有默认的Java序列化等。

面向对象的方法与函数式方法

面向对象方法中对象的特点是状态和行为。对象是面向对象编程的基石。类是对象的模板。它用属性来表示对象的状态，用方法来表示对象的行为。抽象的方法用类的实例去实现。在函数式方法中，“状态”通常会令人失望；在纯的函数式编程语言中没有状态、没有副作用，每次调用都应该返回相同的结果。行为可以通过函数参数和高阶函数（函数上的函数，如 currying）来表示，但这是显式的，与抽象方法不同。由于 Scala 是面向对象和函数式语言的混合体，所以违反了一些函数式语言的约束，如果不是绝对需要，可以不使用违反这些约束的功能。最好的做法是存储数据时将代码存储在 jar 包中，这尤其适合大数据，其数据文件（序列化形式存储）与代码分离；人们经常在 jar 包中存储数据或进行配置，而在数据文件中存储代码不太常见，但也是允许的。

进行序列化的原因是需要在磁盘上持久化数据，或通过网络将对象从一台 JVM（机器）传输到另一台 JVM（或机器）上。事实上，序列化的目的是要使复杂的嵌套对象表示为一系列字节，易于被机器理解。读者可能已经猜到序列化方法与语言相关。幸运的是，序列化框架集成了一组通用数据结构，可供所有语言使用。

最流行但不是最有效的序列化方法是把对象转储到 ASCII 文件中，比如 CSV、XML、JSON、YAML 等各种 ASCII 格式文件。它们适用于更复杂的嵌套数据（比如结构、数组和映射），但嵌套数据很占空间。例如，用 Double 表示 15～17 个有效的连续数字，没有四舍五入和小数，则要 15～17 个字节的 ASCII 码来表示，而用二进制仅需 8 个字节。所以，特别是数字很小的时候，可更高效地存储整数，因为可以压缩或删掉零。

文本编码的优点是容易用简单的命令行工具查看其内容，但现在任何高级序列化框架都带有一组处理原始记录的工具，比如 avro 和 parquet 格式的工具。

下表简要介绍了常用的通用序列化框架：

序列化格式	主要特性	注　释
XML、JSON、YAML	针对编码嵌套结构和机器之间交换数据的必要性而设计	效率很低，但仍然在许多地方使用，特别是在 Web 服务中。唯一的优势是它们相对容易解析
Protobuf	由 Google 于 21 世纪前十年的早期开发。实现了 Dremel 编码方案并支持多种语言（非官方的支持，虽然用 Scala 实现了一些功能，但并没有得到官方支持）	主要的优点是 Protobuf 可以生成多语言的本地类。官方支持 C++、Java 和 Python。对 C、C#、Haskell、Perl、Ruby、Scala 等的支持也正在开发中。运行时可调用本地代码来检查 / 序列化 / 反序列化对象和二进制表示
Avro	Avro 是 Doug Cutting 在 Cloudera 工作时开发的。主要目的是将编码与特定程序和语言分离，以便能更好发展 schema	目前仍无法得出 Protobuf 与 Avro 哪个更高效。与 Protobuf 相比，Avro 支持大量的复杂结构（比如联合和映射）。Avro 还需要在产品层面上加强对 Scala 的支持。Avro 文件具有对每个文件编码的 schema，这样做有利有弊

（续）

序列化格式	主要特性	注　释
Thrift	Apache Thrift是Facebook开发的，其开发目的与Protobuf一样。它支持的语言最多，分别有：C++、Java、Python、PHP、Ruby、Erlang、Perl、Haskell、C#、Cocoa、JavaScript、Node.js、Smalltalk、OCaml、Delphi等。另外Twitter用Scala开发了一种Thrift代码生成器（https://twitter.github.io/scrooge/）	Apache Thrift通常被描述为跨语言服务开发的框架，经常用于**远程过程调用**（RPC）。虽然它可以直接用于序列化/反序列化，但却没有其他框架受欢迎
Parquet	Parquet是由Twitter和Cloudera共同开发的。与面向行（row-orient）的Avro格式不同，Parquet是按列存储，如果只选择几列，它有更好的压缩率和性能。内部编码是基于Dremel或Protobuf的。记录会以Avro记录呈现，因此通常也被称为AvroParquet	高级功能（比如索引、字典编码和RLE压缩等）可能对纯磁盘存储非常有效。它写入文件时可能较慢，因为Parquet需要一些预处理，而且还要构建索引，最后才能保存到磁盘
Kryo	这是一个基于Java，能对任意类编码的框架。但并非所有内置的Java集合类都可以序列化	如果没有非序列化异常（例如优先级队列），Kryo显得非常高效。支持Scala的项目正在开发

当然，Java有一个内置的序列化框架，但由于它支持所有的Java程序，因此显得很普通。而且Java序列化的效率也远低于前面介绍的框架。作者看到过其他公司自己实现的序列化工具，在某些特定情况下，它们会比前面介绍的序列化框架要好。但现在这些公司不再使用，因为维护这些序列化工具的成本太高。

6.3 Hive 和 Impala

新框架的设计总需要考虑旧框架的兼容性。不管怎样，现在大多数数据分析师还在使用SQL。SQL的出现源于一篇著名的关系建模论文，即Codd和EdgarF于1970年6月发表的论文“*A Relational Model of Data for Large Shared Data Banks*”。现代所有的关系型数据库都是在该论文基础上实现的。

关系模型的影响力和重要性不言而喻。它能提升数据库性能，尤其是**在线事务处理**（OLTP）的隔离级别，在执行汇总时分析工作负载情况更是如此；而对关系自身的改变和分析就不那么重要了。本节将介绍标准SQL语言的扩展：Hive和Impala，它们通常用作大数据分析的引擎，两者都是基于Apache许可协议的开源项目。下表总结了它们的复杂的数据类型：

类型	支持该类型的 Hive 版本	支持该类型的 Impala 版本	注释
ARRAY	0.1.0 以上版本，但非常量索引表达式从 0.14 开始支持	2.3.0 以上版本（仅支持 Parquet 表）	可以是包括复杂类型在内的任何类型数组。Hive 中的索引为 int 型（Impala 为 bigint），可通过数组方式访问。例如，在 Hive 中可使用 element[1] 来访问数据（在 Impala 中则为 array.pos 和项伪列（item pseudocolumns））
MAP	0.1.0 以上版本，但非常量索引表达式从 0.14 开始支持	2.3.0 以上版本（仅支持 Parquet 表）	键（key）应该是原型。某些库仅支持字符串类型的键。可 0 使用数组表示法访问字段，例如，仅在 Hive 中使用 map ["key"]（Impala 中使用映射键和值伪列（value pseudocolumns））
STRUCT	0.5.0 以上版本	2.3.0 以上版本（仅支持 Parquet 表）	通过点（.）来访问，例如，struct.element
UNIONTYPE	0.7.0 以上版本	不支持	部分支持：在 JOIN（HIVE-2508）、WHERE 和 GROUP BY 子句中引用 UNIONTYPE 字段的查询会失败，Hive 未定义用于提取 UNIONTYPE 字段的标记或值的语法。这意味着 UNIONTYPE 只在查询中非常有效

可以在底层文件格式（文本、序列、ORC、Avro、Parquet，甚至自定义格式）或序列化文件上创建 Hive 和 Impala 的表，但在大多数实际情况下用 Hive 来读取 ASCII 文件的行。底层序列化和反序列化格式是 LazySimpleSerDe（Serialization/Deserialization（SerDe））。该格式定义了几个级别的分隔符，具体情况如下所示：

```
row_format
  : DELIMITED [FIELDS TERMINATED BY char [ESCAPED BY char]]
    [COLLECTION ITEMS TERMINATED BY char]
    [MAP KEYS TERMINATED BY char] [LINES TERMINATED BY char]
    [NULL DEFINED AS char]
```

分隔符的默认值为 '\ 001' 或 ^ A，'\ 002' 或 ^ B，以及 '\ 003' 或 ^ C。也就是说，它在每一层结构上都会使用新的分隔符，而不像 Dremel 编码中的 definition 或 repetition 指示器。例如，在对前面的 LabeledPoint 表进行编码之前，需要先创建一个文件，具体操作如下：

```
$ cat data
0^A1^B1^D1.0$
2^A1^B1^D3.0$
1^A0^B0.0^C2.0^C0.0$
3^A0^B0.0^C4.0^C0.0$
```

从 http://archive.cloudera.com/cdh5/cdh/5/hive-1.1.0-cdh5.5.0.tar.gz 上下载 Hive 并执行以下操作：

```
$ tar xf hive-1.1.0-cdh5.5.0.tar.gz
$ cd hive-1.1.0-cdh5.5.0
$ bin/hive
…
hive> CREATE TABLE LABELED_POINT ( LABEL INT, VECTOR
UNIONTYPE<ARRAY<DOUBLE>, MAP<INT,DOUBLE>> ) STORED AS TEXTFILE;
OK
Time taken: 0.453 seconds
hive> LOAD DATA LOCAL INPATH './data' OVERWRITE INTO TABLE LABELED_POINT;
Loading data to table alexdb.labeled_point
Table labeled_point stats: [numFiles=1, numRows=0, totalSize=52,
rawDataSize=0]
OK
Time taken: 0.808 seconds
hive> select * from labeled_point;
OK
0   {1:{1:1.0}}
2   {1:{1:3.0}}
1   {0:[0.0,2.0,0.0]}
3   {0:[0.0,4.0,0.0]}
Time taken: 0.569 seconds, Fetched: 4 row(s)
hive>
```

Spark 通过 sqlContext.sql 方法对关系表进行查询，但 Spark 1.6.1 并不直接支持 Hive 的联合（union）类型。但 Hive 支持映射（map）和数组（array）类型。在其他商务智能（BI）和数据分析工具中，其兼容性的最大障碍是对复杂对象的支持不够。有着丰富数据结构的 Scala 可支持所有数据类型，这使得它可用于嵌套数据表示。

6.4 会话化

接下来将通过会话化（sessionization）的例子来介绍复杂结构或嵌套结构的使用。会话化是想要知道一个实体在某个时间段的行为，可以用一个 ID 来标识它。虽然原始记录可能在任意顺序出现，但需要通过对一段时间内的行为进行归纳从而推导其发展趋势。

第 1 章已经分析过 Web 服务器日志，得到了不同网页在一段时间内被访问的频率。单纯分解这些信息，但不分析被访问页面的顺序，很难理解每个用户与网站的交互关系。本章通过跟踪用户在网站上的访问顺序来得出更多的个性化分析。会话是一个很常用的工具，它与实体的行为有关，所以在个性化网站、广告、物联网跟踪、遥测和企业安全等领域都有广泛的应用。

假设一个三元组数据字段（id，timestamp，path），它来自第 1 章采集的原始样本集。其中 id 表示唯一的实体 ID，timestamp 表示事件时间戳（任何可排序的格式：Unix 时间戳或 ISO8601 日期格式），path 表示 Web 服务器页面在层次结构中的位置。

对于熟悉 SQL 的人来讲，要得到会话化（或至少是会话化的子集），可通过下面这个 SQL 语句来实现：

```
SELECT id, timestamp, path
  ANALYTIC_FUNCTION(path) OVER (PARTITION BY id ORDER BY
    timestamp) AS agg
FROM log_table;
```

这里的 ANALYTIC_FUNCTION 表示会根据 id 情况来得到某种路径序列。适用于这种方法且相对简单的函数有 first、last、lag 和 average 等，而要在路径序列上表达复杂函数则非常的复杂（例如天体数据的 nPath（https://www.nersc.gov/assets/Uploads/AnalyticsFoundation5.0previewfor4.6.x-Guide.pdf））。此外，若没有特别的预处理和分区，所有这些在大数据上的操作都只能在分布式系统中的多个节点上并行执行。

在纯函数程序设计中，人们必须设计一个函数（或一系列函数的应用程序）从原始的元组中得到所需要的答案，这里将创建两个帮助对象来简化与一个用户会话概念相关的额外工作。此外，把新的嵌套结构保存在磁盘上可加快获取问题答案的速度。

下面介绍在 Spark/Scala 中如何使用 case 类：

```
akozlov@Alexanders-MacBook-Pro$ bin/spark-shell
Welcome to
      ____              __
     / __/__  ___ _____/ /__
    _\ \/ _ \/ _ `/ __/  '_/
   /___/ .__/\_,_/_/ /_/\_\   version 1.6.1-SNAPSHOT
      /_/

Using Scala version 2.11.7 (Java HotSpot(TM) 64-Bit Server VM, Java
1.8.0_40)
Type in expressions to have them evaluated.
Type :help for more information.
Spark context available as sc.
SQL context available as sqlContext.

scala> :paste
// Entering paste mode (ctrl-D to finish)

import java.io._

// a basic page view structure
@SerialVersionUID(123L)
case class PageView(ts: String, path: String) extends Serializable with
Ordered[PageView] {
```

```
  override def toString: String = {
    s"($ts :$path)"
  }
  def compare(other: PageView) = ts compare other.ts
}

// represent a session
@SerialVersionUID(456L)
case class Session[A  <: PageView](id: String, visits: Seq[A]) extends
Serializable {
  override def toString: String = {
    val vsts = visits.mkString("[", ",", "]")
    s"($id -> $vsts)"
  }
}^D
// Exiting paste mode, now interpreting.

import java.io._
defined class PageView
defined class Session
```

第一个类表示有时间戳的单页视图。这种情况下它是一个 ISO8601 String，而第二个类是页面视图序列。可将两个成员都编码为带有对象分隔器的 String 来实现吗？当然可以。但表示的字段作为类的成员会提供良好的访问语义，从而减轻编译器的工作，这样做非常不错。

下面来读取前面介绍的日志文件，然后构造对象：

```
scala> val rdd = sc.textFile("log.csv").map(x => { val z =
x.split(",",3); (z(1), new PageView(z(0), z(2))) } ).groupByKey.map( x =>
{ new Session(x._1, x._2.toSeq.sorted) } ).persist
rdd: org.apache.spark.rdd.RDD[Session] = MapPartitionsRDD[14] at map at
<console>:31

scala> rdd.take(3).foreach(println)
(189.248.74.238 -> [(2015-08-23 23:09:16 :mycompanycom>homepa
ge),(2015-08-23 23:11:00 :mycompanycom>homepage),(2015-08-23 23:11:02
:mycompanycom>running:slp),(2015-08-23 23:12:01 :mycompanycom>running
:slp),(2015-08-23 23:12:03 :mycompanycom>running>stories>2013>04>them
ycompanyfreestore:cdp),(2015-08-23 23:12:08 :mycompanycom>running>sto
ries>2013>04>themycompanyfreestore:cdp),(2015-08-23 23:12:08 :mycomp
anycom>running>stories>2013>04>themycompanyfreestore:cdp),(2015-08-23
23:12:42 :mycompanycom>running:slp),(2015-08-23 23:13:25 :mycompanyc
om>homepage),(2015-08-23 23:14:00 :mycompanycom>homepage),(2015-08-23
23:14:06 :mycompanycom:mobile>mycompany photoid>landing),(2015-08-23
23:14:56 :mycompanycom>men>shoes:segmentedgrid),(2015-08-23 23:15:10
:mycompanycom>homepage)])
(82.166.130.148 -> [(2015-08-23 23:14:27 :mycompanycom>homepage)])
```

```
(88.234.248.111 -> [(2015-08-23 22:36:10 :mycompanycom>plus>ho
me),(2015-08-23 22:36:20 :mycompanycom>plus>home),(2015-08-23 22:36:28
:mycompanycom>plus>home),(2015-08-23 22:36:30 :mycompanycom>plus>
oneplusрdp>sport band),(2015-08-23 22:36:52 :mycompanycom>onsite
search>results found),(2015-08-23 22:37:19 :mycompanycom>plus>oneplusрd
p>sport band),(2015-08-23 22:37:21 :mycompanycom>plus>home),(2015-08-23
22:37:39 :mycompanycom>plus>home),(2015-08-23 22:37:43 :mycompanyc
om>plus>home),(2015-08-23 22:37:46 :mycompanycom>plus>onepluspdp>s
port watch),(2015-08-23 22:37:50 :mycompanycom>gear>mycompany+ sp
ortwatch:standardgrid),(2015-08-23 22:38:14 :mycompanycom>homepa
ge),(2015-08-23 22:38:35 :mycompanycom>homepage),(2015-08-23 22:38:37
:mycompanycom>plus>products landing),(2015-08-23 22:39:01 :mycompanyc
om>homepage),(2015-08-23 22:39:24 :mycompanycom>homepage),(2015-08-23
22:39:26 :mycompanycom>plus>whatismycompanyfuel)])
```

太好了！每个唯一的 IP 地址都有一个 RDD 会话。IP 189.248.74.238 有一个会话从 23:09:16 持续到 23:15:10，在浏览男鞋之后结束会话。IP 82.166.130.148 的会话只有一次点击。最后的会话关注了运动手表，从 2015-08-23 22:36:10 到 2015-08-23 22:39:26，持续时间超过三分钟。现在可查询浏览的具体路径信息。例如，分析与结账有关的所有会话（路径包含 checkout），查看离开主页前点击页面的次数和时间分布等：

```
scala> import java.time.ZoneOffset
import java.time.ZoneOffset

scala> import java.time.LocalDateTime
import java.time.LocalDateTime

scala> import java.time.format.DateTimeFormatter
import java.time.format.DateTimeFormatter

scala>
scala> def toEpochSeconds(str: String) : Long = { LocalDateTime.
parse(str, DateTimeFormatter.ofPattern("yyyy-MM-dd HH:mm:ss")).
toEpochSecond(ZoneOffset.UTC) }
toEpochSeconds: (str: String)Long

scala> val checkoutPattern = ".*>checkout.*".r.pattern
checkoutPattern: java.util.regex.Pattern = .*>checkout.*

scala> val lengths = rdd.map(x => { val pths = x.visits.map(y => y.path);
val pchs = pths.indexWhere(checkoutPattern.matcher(_).matches); (x.id,
x.visits.map(y => y.ts).min, x.visits.map(y => y.ts).max, x.visits.
lastIndexWhere(_ match { case PageView(ts, "mycompanycom>homepage")
=> true; case _ => false }, pchs), pchs, x.visits) } ).filter(_._4>0).
filter(t => t._5>t._4).map(t => (t._5 - t._4, toEpochSeconds(t._6(t._5).
ts) - toEpochSeconds(t._6(t._4).ts)))

scala> lengths.toDF("cnt", "sec").agg(avg($"cnt"),min($"cnt"),max($"cnt")
,avg($"sec"),min($"sec"),max($"sec")).show
```

```
+----------------+-------+-------+----------------+-------+-------
-+

|         avg(cnt)|min(cnt)|max(cnt)|
avg(sec)|min(sec)|max(sec)|

+----------------+-------+-------+----------------+-------+-------
-+
|19.77570093457944|      1|    121|366.06542056074767|     15|
2635|
+----------------+-------+-------+----------------+-------+-------
-+


scala> lengths.map(x => (x._1,1)).reduceByKey(_+_).sortByKey().collect
res18: Array[(Int, Int)] = Array((1,1), (2,8), (3,2), (5,6), (6,7),
(7,9), (8,10), (9,4), (10,6), (11,4), (12,4), (13,2), (14,3), (15,2),
(17,4), (18,6), (19,1), (20,1), (21,1), (22,2), (26,1), (27,1), (30,2),
(31,2), (35,1), (38,1), (39,2), (41,1), (43,2), (47,1), (48,1), (49,1),
(65,1), (66,1), (73,1), (87,1), (91,1), (103,1), (109,1), (121,1))
```

所有这些会话中，点击次数从1次至121次不等，其中有人点击了8次，每次会话持续的时间从15秒至2653秒（约45分钟）不等。为什么对这些信息感兴趣呢？时间长的会话可能表明在会话过程存在长延迟或非响应呼叫等问题。但也可能是用户进行了长时间的午休，或者打电话讨论他想购买的商品。从这里可能会发现一些有趣的东西，但至少应该注意到这是一种异常情况，需要仔细分析。

下面介绍在磁盘上持久化这些数据。众所周知，数据转换要经过一个很长的管道才能写入磁盘，最终结果都是从原始数据的计算中得到。这是一种函数式方法，数据不可变。此外，如果管道中出现了错误（比如想将主页更改为其他页面），则只需修改函数，而不是数据。无论读者是否满意这个事实，数据持久方法不会为最终结果增添额外的信息，但是转换过程中会增加无序和熵。这种做法很适合人类，因为与计算机相比，人类是非常低效的数据处理设备。

提示 **为什么数据重排会加快分析速度？**

会话化看起来像是简单的数据重新排列，因为它只是按访问顺序把页面信息放在一起。但在许多情况下，会话化会让数据的实际运行提高10到100倍。其根本原因是数据本地化。分析数据（比如过滤或路径匹配）每次都会在同一会话页面上进行。要得出用户行为特征，需要分析用户访问过的所有页面（或交互行为），这些信息保存在磁盘或内存上。这种获取的效率通常会比其他操作（比如编码或解码嵌套结构的开销）的效率要高，因为该操作在计算机的L1/L2高速缓存中进行，而不是在RAM或磁盘进行，这是超线程CPU中最费时部分。当然，整个过程的开销最终取决于数据分析的复杂度。

若只需要多次查看而不再重新处理数据，就可以把新数据（可以是对CSV、Avro或Parquet格式的数据）保存到磁盘。新的表示可能更紧凑，更利于高效检索，也方便给经理展示。

到此为止，读者已经熟悉了会话化，但这也只是其中的一部分工作。还需将路径序列分成多个会话，分析路径，计算页面转换的条件概率等。而这正好可发挥函数式编程优势。编写下面这个函数：

```
def splitSession(session: Session[PageView]) :
  Seq[Session[PageView]] = { … }
```

运行下面的代码：

```
val newRdd = rdd.flatMap(splitSession)
```

这样就拆分了会话。这里故意省略掉实现。因为这样的实现与用户有关。每个分析师可能都有自己的方式将访问页面序列拆分成会话。

另一种情况是将函数用于生成机器学习的特征。这样做的副作用是：改变世界，使它更加个性化、更加友好。这是不可避免的趋势。

6.5 使用特质

正如大家所看到的，样本类（case class）大大简化了对新嵌套数据结构的处理。样本类的定义最有说服力的理由可能是从Java（和SQL）移植到Scala。如何快速向类中添加方法而不需要花费时间重新编译呢？ Scala使用特质就能做到这一点！

函数式编程的一个基本特征是函数与对象有相同的地位。上一节定义了两个EpochSeconds函数将ISO8601格式转换为以秒为单位的epoch时间。而splitSession函数为给定的IP提供多会话视图。如何将这种行为（或其他行为）与给定的类相关联呢？

首先定义一个需要的行为：

```
scala> trait Epoch {
     |   this: PageView =>
     |   def epoch() : Long = { LocalDateTime.parse(ts,
DateTimeFormatter.ofPattern("yyyy-MM-dd HH:mm:ss")).
toEpochSecond(ZoneOffset.UTC) }
     | }
defined trait Epoch
```

从根本上讲，就是创建一个具体的PageView函数将字符串形式的datetime转换为epoch时间（以秒为单位）。现在可以进行以下转换：

```
scala> val rddEpoch = rdd.map(x => new Session(x.id, x.visits.map(x =>
new PageView(x.ts, x.path) with Epoch)))
rddEpoch: org.apache.spark.rdd.RDD[Session[PageView with Epoch]] =
MapPartitionsRDD[20] at map at <console>:31
```

现在就有了一个新的页面视图的 RDD，它增加了行为。例如，想知道一次会话在每个页面上花费的时间，可以通过运行一个管道来得到结果。具体代码如下所示：

```
scala> rddEpoch.map(x => (x.id, x.visits.zip(x.visits.tail).map(x =>
(x._2.path, x._2.epoch - x._1.epoch)).mkString("[", ",", "]"))).take(3).
foreach(println)
(189.248.74.238,[(mycompanycom>homepage,104),(mycompanycom>running:slp,2)
,(mycompanycom>running:slp,59),(mycompanycom>running>stories>2013>04>them
ycompanyfreestore:cdp,2),(mycompanycom>running>stories>2013>04>themycompa
nyfreestore:cdp,5),(mycompanycom>running>stories>2013>04>themycompanyfree
store:cdp,0),(mycompanycom>running:slp,34),(mycompanycom>homepage,43),(my
companycom>homepage,35),(mycompanycom:mobile>mycompany photoid>landing,6)
,(mycompanycom>men>shoes:segmentedgrid,50),(mycompanycom>homepage,14)])
(82.166.130.148,[])
(88.234.248.111,[(mycompanycom>plus>home,10),(mycompanycom>plus>home
,8),(mycompanycom>plus>onepluspdp>sport band,2),(mycompanycom>onsite
search>results found,22),(mycompanycom>plus>onepluspdp>sport band,27),(my
companycom>plus>home,2),(mycompanycom>plus>home,18),(mycompanycom>plus>h
ome,4),(mycompanycom>plus>onepluspdp>sport watch,3),(mycompanycom>gear>my
company+ sportwatch:standardgrid,4),(mycompanycom>homepage,24),(mycompany
com>homepage,21),(mycompanycom>plus>products landing,2),(mycompanycom>hom
epage,24),(mycompanycom>homepage,23),(mycompanycom>plus>whatismycompanyfu
el,2)])
```

同时添加多个特征而不会影响原始的类定义和原始数据，也不需要重新编译。

6.6 使用模式匹配

Scala 书都会介绍 match 和 case 语句。Scala 有非常丰富的模式匹配机制。例如，若要查找一系列网页视图的所有实例，这些网页视图从主页开始，然后进入到产品页，这样做的目的是想找出真正的买家，可通过设计新函数来实现。具体代码如下：

```
scala> def findAllMatchedSessions(h: Seq[Session[PageView]], s:
Session[PageView]) : Seq[Session[PageView]] = {
     |     def matchSessions(h: Seq[Session[PageView]], id: String, p:
Seq[PageView]) : Seq[Session[PageView]] = {
     |       p match {
     |         case Nil => Nil
     |         case PageView(ts1, "mycompanycom>homepage") ::
PageView(ts2, "mycompanycom>plus>products landing") :: tail =>
     |           matchSessions(h, id, tail).+:(new Session(id, p))
     |         case _ => matchSessions(h, id, p.tail)
     |       }
     |     }
     |   matchSessions(h, s.id, s.visits)
     | }
findAllSessions: (h: Seq[Session[PageView]], s: Session[PageView])
Seq[Session[PageView]]
```

注意，这里显式地将PageView的构造放在case语句中！Scala将遍历visits序列并生成新的会话，该会话会匹配指定的两个PageViews，具体实现如下所示：

```
scala> rdd.flatMap(x => findAllMatchedSessions(Nil, x)).take(10).
foreach(println)
(88.234.248.111 -> [(2015-08-23 22:38:35 :mycompanycom>homepa
ge),(2015-08-23 22:38:37 :mycompanycom>plus>products landing),(2015-08-23
22:39:01 :mycompanycom>homepage),(2015-08-23 22:39:24 :mycompanycom>homep
age),(2015-08-23 22:39:26 :mycompanycom>plus>whatismycompanyfuel)])
(148.246.218.251 -> [(2015-08-23 22:52:09 :mycompanycom>homepa
ge),(2015-08-23 22:52:16 :mycompanycom>plus>products landing),(2015-08-23
22:52:23 :mycompanycom>homepage),(2015-08-23 22:52:32 :mycompanycom>homep
age),(2015-08-23 22:52:39 :mycompanycom>running:slp)])
(86.30.116.229 -> [(2015-08-23 23:15:00 :mycompanycom>homepa
ge),(2015-08-23 23:15:02 :mycompanycom>plus>products landing),(2015-08-23
23:15:12 :mycompanycom>plus>products landing),(2015-08-23
23:15:18 :mycompanycom>language tunnel>load),(2015-08-23 23:15:23
:mycompanycom>language tunnel>geo selected),(2015-08-23 23:15:24
:mycompanycom>homepage),(2015-08-23 23:15:27 :mycompanycom>homepa
ge),(2015-08-23 23:15:30 :mycompanycom>basketball:slp),(2015-08-23
23:15:38 :mycompanycom>basketball>lebron-10:cdp),(2015-08-23 23:15:50
:mycompanycom>basketball>lebron-10:cdp),(2015-08-23 23:16:05 :my
companycom>homepage),(2015-08-23 23:16:09 :mycompanycom>homepa
ge),(2015-08-23 23:16:11 :mycompanycom>basketball:slp),(2015-08-23
23:16:29 :mycompanycom>onsite search>results found),(2015-08-23 23:16:39
:mycompanycom>onsite search>no results)])
(204.237.0.130 -> [(2015-08-23 23:26:23 :mycompanycom>homepa
ge),(2015-08-23 23:26:27 :mycompanycom>plus>products landing),(2015-08-23
23:26:35 :mycompanycom>plus>fuelband activity>summary>wk)])
(97.82.221.34 -> [(2015-08-23 22:36:24 :mycompanycom>homepa
ge),(2015-08-23 22:36:32 :mycompanycom>plus>products landing),(2015-08-23
22:37:09 :mycompanycom>plus>plus activity>summary>wk),(2015-08-23
22:37:39 :mycompanycom>plus>products landing),(2015-08-23 22:44:17
:mycompanycom>plus>home),(2015-08-23 22:44:33 :mycompanycom>plus>ho
me),(2015-08-23 22:44:34 :mycompanycom>plus>home),(2015-08-23 22:44:36
:mycompanycom>plus>home),(2015-08-23 22:44:43 :mycompanycom>plus>home)])
(24.230.204.72 -> [(2015-08-23 22:49:58 :mycompanycom>homepa
ge),(2015-08-23 22:50:00 :mycompanycom>plus>products landing),(2015-08-23
22:50:30 :mycompanycom>homepage),(2015-08-23 22:50:38 :mycompa
nycom>homepage),(2015-08-23 22:50:41 :mycompanycom>training:c
dp),(2015-08-23 22:51:56 :mycompanycom>training:cdp),(2015-08-23
22:51:59 :mycompanycom>store locator>start),(2015-08-23 22:52:28
:mycompanycom>store locator>landing)])
(62.248.72.18 -> [(2015-08-23 23:14:27 :mycompanycom>homepa
ge),(2015-08-23 23:14:30 :mycompanycom>plus>products landing),(2015-08-23
23:14:33 :mycompanycom>plus>products landing),(2015-08-23
23:14:40 :mycompanycom>plus>products landing),(2015-08-23 23:14:47
:mycompanycom>store homepage),(2015-08-23 23:14:50 :mycompanycom>store
homepage),(2015-08-23 23:14:55 :mycompanycom>men:clp),(2015-08-23
23:15:08 :mycompanycom>men:clp),(2015-08-23 23:15:15 :mycompanyco
m>men:clp),(2015-08-23 23:15:16 :mycompanycom>men:clp),(2015-08-23
23:15:24 :mycompanycom>men>sportswear:standardgrid),(2015-08-23
23:15:41 :mycompanycom>pdp>mycompany blazer low premium vintage
suede men's shoe),(2015-08-23 23:15:45 :mycompanycom>pdp>mycompany
blazer low premium vintage suede men's shoe),(2015-08-23 23:15:45
```

```
:mycompanycom>pdp>mycompany blazer low premium vintage suede
men's shoe),(2015-08-23 23:15:49 :mycompanycom>pdp>mycompany
blazer low premium vintage suede men's shoe),(2015-08-23 23:15:50
:mycompanycom>pdp>mycompany blazer low premium vintage suede men's
shoe),(2015-08-23 23:15:56 :mycompanycom>men>sportswear:standardgr
id),(2015-08-23 23:18:41 :mycompanycom>pdp>mycompany bruin low men's
shoe),(2015-08-23 23:18:42 :mycompanycom>pdp>mycompany bruin low
men's shoe),(2015-08-23 23:18:53 :mycompanycom>pdp>mycompany bruin low
men's shoe),(2015-08-23 23:18:55 :mycompanycom>pdp>mycompany bruin
low men's shoe),(2015-08-23 23:18:57 :mycompanycom>pdp>mycompany
bruin low men's shoe),(2015-08-23 23:19:04 :mycompanycom>men>sport
swear:standardgrid),(2015-08-23 23:20:12 :mycompanycom>men>sportsw
ear>silver:standardgrid),(2015-08-23 23:28:20 :mycompanycom>onsite
search>no results),(2015-08-23 23:28:33 :mycompanycom>onsite
search>no results),(2015-08-23 23:28:36 :mycompanycom>pdp>mycompany
blazer low premium vintage suede men's shoe),(2015-08-23 23:28:40
:mycompanycom>pdp>mycompany blazer low premium vintage suede
men's shoe),(2015-08-23 23:28:41 :mycompanycom>pdp>mycompany
blazer low premium vintage suede men's shoe),(2015-08-23 23:28:43
:mycompanycom>pdp>mycompany blazer low premium vintage suede men's
shoe),(2015-08-23 23:28:43 :mycompanycom>pdp>mycompany blazer low premium
vintage suede men's shoe),(2015-08-23 23:29:00 :mycompanycom>pdp:mycompan
yid>mycompany blazer low id shoe)])
(46.5.127.21 -> [(2015-08-23 22:58:00 :mycompanycom>homepage),(2015-08-23
22:58:01 :mycompanycom>plus>products landing)])
(200.45.228.1 -> [(2015-08-23 23:07:33 :mycompanycom>homepa
ge),(2015-08-23 23:07:39 :mycompanycom>plus>products landing),(2015-08-23
23:07:42 :mycompanycom>plus>products landing),(2015-08-23 23:07:45
:mycompanycom>language tunnel>load),(2015-08-23 23:07:59 :mycompanyco
m>homepage),(2015-08-23 23:08:15 :mycompanycom>homepage),(2015-08-23
23:08:26 :mycompanycom>onsite search>results found),(2015-08-23
23:08:43 :mycompanycom>onsite search>no results),(2015-08-23
23:08:49 :mycompanycom>onsite search>results found),(2015-08-23
23:08:53 :mycompanycom>language tunnel>load),(2015-08-23 23:08:55
:mycompanycom>plus>products landing),(2015-08-23 23:09:04 :mycompanycom>h
omepage),(2015-08-23 23:11:34 :mycompanycom>running:slp)])
(37.78.203.213 -> [(2015-08-23 23:18:10 :mycompanycom>homepa
ge),(2015-08-23 23:18:12 :mycompanycom>plus>products landing),(2015-08-23
23:18:14 :mycompanycom>plus>products landing),(2015-08-23 23:18:22
:mycompanycom>plus>products landing),(2015-08-23 23:18:25
:mycompanycom>store homepage),(2015-08-23 23:18:31 :mycompanycom>store
homepage),(2015-08-23 23:18:34 :mycompanycom>men:clp),(2015-08-23
23:18:50 :mycompanycom>store homepage),(2015-08-23 23:18:51 :mycompanyc
om>footwear:segmentedgrid),(2015-08-23 23:19:12 :mycompanycom>men>footwe
ar:segmentedgrid),(2015-08-23 23:19:12 :mycompanycom>men>footwear:segmen
tedgrid),(2015-08-23 23:19:26 :mycompanycom>men>footwear>new releases:st
andardgrid),(2015-08-23 23:19:26 :mycompanycom>men>footwear>new releases
:standardgrid),(2015-08-23 23:19:35 :mycompanycom>pdp>mycompany cheyenne
2015 men's shoe),(2015-08-23 23:19:40 :mycompanycom>men>footwear>new
releases:standardgrid)])
```

留给读者去实现这样一个函数：过滤那些进入产品页面前，在主页停留时间小于 10 秒钟的用户会话。该函数会用到 Epoch 特征或先前定义的 EpochSeconds 函数。

match 或 case 的函数也可以用于特征生成，并在会话中返回特征向量。

6.7　非结构化数据的其他用途

个性化和设备诊断显然不是非结构化数据的唯一用途。前面有一个很好的例子：从结构化记录开始，并快速转到需要构造的非结构化数据结构上，以简化分析数据的需求。

事实上，非结构化数据比结构化数据多很多。只是因为平（flat）结构对传统统计分析很方便，所以才把数据表示成一组记录。文本、图像和音乐都是半结构化数据。

非结构化数据的一个例子是非规范化（denormalized）数据。记录数据通常出于性能的考虑会被规一化，像 RDBMS 就是被优化来处理结构化数据。但是如果维度改变，这会导致外键和查找（lookup）表都很难维护。非规范化数据没有这个问题，因为查找表可以与每个记录一起存储，它只是将行与附加表对象相关联，但存储效率可能会低一点。

6.8　概率结构

另一种情形是概率结构。通常人们假设一个问题的答案是确定的。但在很多情况下（第 2 章曾介绍过）可能存在一些不确定性。最流行的编码不确定性方法是概率，这是一种频率主义的方法，即事件出现的次数除以尝试的次数，也就是说概率是对信念的编码。下一章会介绍一些与概率分析和模型相关的内容，但是概率分析需要以某种概率度量来保存每个可能的结果，这恰好是一个嵌套结构。

6.9　投影

处理高维数据的方法是将数据投影到低维度空间。其基本理论是 Johnson-Lindenstrauss 引理。该引理指出，高维空间中的一些点嵌入到低维度的空间时，点与点之间的距离仍然能被基本保留。在第 9 章中讨论 NLP 时，会涉及随机投影和其他形式的投影，而且随机投影对嵌套结构和函数式编程语言也很有效，因为在许多情况下，生成随机投影是用函数来对数据进行紧凑编码，而不是显式地使数据变平。换句话说，Scala 定义的随机投影可能看起来像函数范式。实现以下函数：

```
def randomeProjecton(data: NestedStructure) : Vector = { … }
```

Vector 是低维空间的向量。嵌入映射至少是 Lipschitz 映射，甚至可以是正交投影。

6.10　总结

本章举例介绍了如何在 Scala 中表示和使用复杂数据和嵌套数据。显然，这样的介绍不可能包括所有的情况，因为非结构化数据远比结构化数据要多很多，并且非结构化数据仍在快速增长。图片、音乐、语音和文章有很多细微差别，但在平面结构中很难表示这些差异。

而最终分析的数据是将数据集转换为面向记录的平面结构表示。至少在采集数据时要小心保存数据，不要丢弃可能包含有用信息的数据或元数据。首先，记录有用信息，扩展数据库并存储它们。其次，使用能够有效分析这些信息的语言，Scala 当然是最好的选择。

下一章将介绍与图相关的一些话题，这是非结构化数据的具体应用。

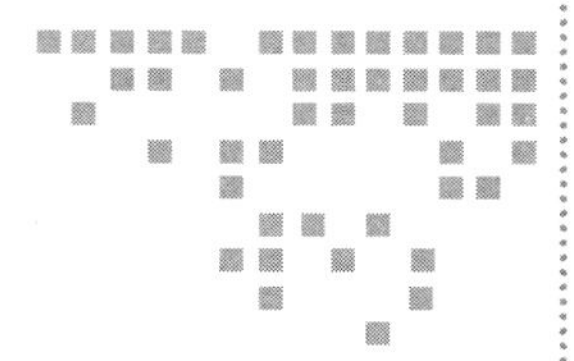

第 7 章 Chapter 7

使用图算法

本章将深入介绍Scala的图（graph）库以及算法的实现，其中将特别介绍Scala的Graph项目（http://www.scala-graph.org）。它是一个开源项目，于2011年孵化启动。Scala的Graph项目不支持分布式计算，但Spark项目中MLlib库的GraphX是流行的分布式图处理框架（http://spark.apache.org/docs/latest/mllib-guide.html）。Spark和MLlib是在2009年前后在UC Berkeley开始的项目。在GraphX中，图是一对RDD（第3章介绍过RDD），每对RDD在执行器和任务中进行分区，以表示图形中的顶点和边。

本章将介绍以下主题：

- 学习配置简单构建工具（SBT）。本章会用到该工具。
- 学习Scala的Graph对图所支持的基本操作
- 学习如何进行图约束
- 学习如何从JSON文件中导入或导出图
- 在Enron电子邮件数据上执行连通分量、三角形计数和强连通分量
- 对Enron电子邮件数据执行PageRank计算
- 学习如何使用SVD ++

7.1 图简介

什么是图？图是由一组**顶点**构成，其中的一些顶点由**边**连接。如果每个顶点与其他所有顶点连接，就称这个图为完全图。相反，如果图没有边，则称这个图为空。当然在实际应用中，这些都是很少遇到的极端情况，每个图都有不同的稠密度。如果边与顶点的比例

越大，则说该图越稠密。

根据图上运行的算法和它的稠密度来选择其在内存中的恰当表示。如果图很稠密，应将其存储为 $N \times N$ 方阵。如果该矩阵的第 n 行和第 m 列为 0，表示第 n 个顶点与第 m 个顶点不相连。该矩阵对角线上的元素表示该顶点与自身的连接。图的这种表示法称为邻接矩阵。

如果边不是很多，且需要遍历整个边集，常常把图作为顶点对集合进行存储。这种存储结构称为**边列表**（edge list）。

通过图可以对许多现实应用建模。比如想象城市为顶点，飞行路线作为边。如果两个城市之间没有航班，两顶点之间就没有边。此外，若将机票价格附加到边上，则称该图为加权图。如果有些边只沿一个方向传播，则该图称为有向图。因此对于无向图，它是对称的，也就是说，如果顶点 A 到顶点 B 有路径，则顶点 B 到顶点 A 也有路径，但有向图就不一定是这样。

没有回路的图称为无环图。**重图**（multigraph）可以包含多重（multiple）边，它们是节点之间不同的边。超边（Hyperedge）可以连接任意数量的节点。

在无向图上最流行的算法是将图分割成子图，生成**连通分量**，即子图中任何两个顶点都通过某条路径彼此连通。图上重要的并行操作就是图分割。

谷歌和其他搜索引擎都使用 PageRank 算法。据谷歌公司称，PageRank 通过计算网页链接的数量和质量来评估网站的重要性。PageRank 算法的基本假设是：越重要的网站可能接收到更多从其他网站跳转过来的链接，特别是高排名的网站。除了网站排名，PageRank 还可以应用于其他许多问题，它的核心是找到连通矩阵（connectivity matrix）中最显著的特征值和相应的特征向量。

最简单的非平凡子图由三个节点组成。三角计数能找到所有可能的三元组节点的完全连接，这个算法在社区检测和 CAD 中非常出名。

团是顶点两两之间完全连接的子图。强连通分量与有向图的概念类似：子图中的每个顶点都可以从其他顶点到达。GraphX 实现了这两种图。

最后，推荐系统图（recommender graph）是连接两种类型节点（用户和项）的图。边上还可以附加包含推荐程度（或满意度）的度量。推荐系统的目标是预测缺失边的满意度。已经为推荐引擎开发了多种算法（如 SVD 和 SVD ++），这些算法在本章最后会介绍。

7.2 SBT

REPL 是 Scala 的命令行，开发人员都很喜欢它。它允许用户键入 Scala 表达式，并立即执行，以此来研究一些东西。正如前面章节介绍的那样，用户可在操作系统命令提示符处键入 scala，然后开发复杂的数据管道。在 REPL 环境下，可按 Tab 键来自动补齐，这样会很方便。自动补齐需要跟踪命名空间并使用反射才能实现，这是现代 IDE（例如 Eclipse

或 IntelliJ、Ctrl+. 或 Ctrl+Space）都具备的功能。为什么还需要一个额外的构建工具或框架呢？特别是很多 IDE 都集成了其他构建管理框架（如 Ant、Maven 和 Gradle）？正如 SBT 作者所说，即使能用这些构建工具来编译 Scala，但是它们的效率都很低，因为这会涉及 Scala 构建的交互性和可重复性（*SBT in Action*, Joshua Suereth 和 Matthew Farwell, 2015 年 11 月）。

SBT 的重要功能有交互性，能与多个 Scala 版本和相关依赖库进行无缝衔接。而且，它还能够快速创建原型并测试新想法，这对软件开发至关重要。几十年前在大型机上通过穿孔卡方式执行程序时，程序员执行他们的程序或验证他们的想法要花费几个小时甚至几天的时间。电脑的效率更重要，因为这是瓶颈。现在电脑的效率不再是问题，笔记本电脑的计算能力可能比几十年前的服务器都要强。为了利用这种计算能力，需要加快程序开发周期从而更有效地利用时间，这也意味着需要交互性以及更多资料库版本。

除了能处理多个版本和 REPL 以外，SBT 还有如下功能：

- 本地支持编译 Scala 代码并与许多测试框架（如 JUnit、ScalaTest 和 Selenium 等）集成
- 使用 Scala 的 DSL 来实现构建描述
- 使用 Ivy 来进行依赖性管理（也支持 Maven 格式存储库）
- 可将执行、编译、测试和部署一起完成
- 集成了 Scala 的解释器，可用于快速迭代和调试
- 支持 Java/Scala 混合编写的项目
- 支持测试和部署框架
- 能通过自定义插件来增加其他工具
- 并行执行任务

SBT 是用 Scala 编写的，并且使用 SBT 来构建它本身（这称为 bootstrapping 或 dog-fooding）。SBT 成为 Scala 社区的标准构建工具，并被 Lift 和 Play 框架使用。

读者可以从 http://www.scala-sbt.org/download 直接下载 SBT，而在 Mac 上安装 SBT 的最简单的方法是运行 MacPorts：

```
$ port install sbt
```

也可运行 Homebrew：

```
$ brew install sbt
```

虽然还可通过其他工具创建 SBT 项目，但最直接的方法是运行每章所提供的 GitHub 项目库中的 bin/create_project.sh 脚本：

```
$ bin/create_project.sh
```

这将创建两个子目录 main 和 test。项目目录包含项目范围设置（可参看 project/build.properties）。这里的目标将包含编译的类和构建包（不同版本的 Scala（比如 2.10 版本和 2.11 版本）会放在不同子目录中）。最后，任何放在 lib 目录下的 jar 或者库都可以在整个项目中

使用（建议在 build.sbt 文件中使用 libraryDependencies 机制，但是并不是所有的库都可以通过这种集中方式来使用）。这是最小的设置，目录结构可能包含多个子项目。Scalastyle 插件甚至会检查语法（http://www.scalastyle.org/sbt.html）。为了增加 Scalastyle，只需添加 project/plugin.sbt：

```
$ cat >> project.plugin.sbt << EOF
addSbtPlugin("org.scalastyle" %% "scalastyle-sbt-plugin" % "0.8.0")
EOF
```

最后可用 SBT 的 sdbt doc 命令来创建 Scaladoc 文档。

注意　**build.sbt 中的空行和其他设置**

大多数 build.sbt 文件都有双倍间隔：这是旧版本才有的问题。现不需要这样做了。从 0.13.7 版本起，定义不需要额外的行。

可在 build.sbt 或 build.properties 上进行很多设置，关于这方面的文档可从 http://www.scala-sbt.org/documentation.html 获得。

当从命令行运行时，该工具将自动下载并使用依赖库。这里所依赖的库为 graph-{core, constrained, json} 和 lift-json。为了运行项目，只需键入 sbt run。

在连续模式（continuous mode）下，SBT 将会自动检测源文件是否更改，如果修改了会重新执行。为了编译和运行代码一起完成，在启动 REPL 后，可键入 ~~ run。

要获取有关命令的帮助，可运行如下命令：

```
$ sbt
 [info] Loading global plugins from /Users/akozlov/.sbt/0.13/plugins
[info] Set current project to My Graph Project (in build file:/Users/
akozlov/Scala/graph/)
> help


  help                                    Displays this help message or
prints detailed help on requested commands (run 'help <command>').
For example, `sbt package` will build a Java jar, as follows:
$  sbt package
[info] Loading global plugins from /Users/akozlov/.sbt/0.13/plugins
[info] Loading project definition from /Users/akozlov/Scala/graph/project
[info] Set current project to My Graph Project (in build file:/Users/
akozlov/Scala/graph/)
[info] Updating {file:/Users/akozlov/Scala/graph/}graph...
[info] Resolving jline#jline;2.12.1 ...
[info] Done updating.
$ ls -1 target/scala-2.11/
classes
my-graph-project_2.11-1.0.jar
```

为了利用 SBT，一个简单的编辑器（如 vi 或 Emacs）就足够了，但 sbteclipse 项目（可在 https://github.com/typesafehub/sbteclipse 下载）将使用 Eclipse IDE 来创建所需要的项目文件。

7.3 Scala 的图项目

下面将创建一个图项目，它的代码在 src/main/scala/InfluenceDiagram.scala 文件中。

为了方便演示，这里将重建第 2 章的图项目。

```
import scalax.collection.Graph
import scalax.collection.edge._
import scalax.collection.GraphPredef._
import scalax.collection.GraphEdge._

import scalax.collection.edge.Implicits._

object InfluenceDiagram extends App {
  var g = Graph[String, LDiEdge](("'Weather'"~+>"'Weather Forecast'")
("Forecast"), ("'Weather Forecast'"~+>"'Vacation Activity'")
("Decision"), ("'Vacation Activity'"~+>"'Satisfaction'")
("Deterministic"), ("'Weather'"~+>"'Satisfaction'")("Deterministic"))
  println(g.mkString(";"))
  println(g.isDirected)
  println(g.isAcyclic)
}
```

~+> 运算符用于两个节点间创建有向标签边，在 scalax/collection/edge/Implicits.scala 中定义了两个节点，本例中边类型是 String。还有其他的边类型和运算符，具体见下面的表：

边类（Edge Class）	运 算 符	描 述
超边		
HyperEdge	~	超边
WHyperEdge	~%	权重超边
WkHyperEdge	~%#	键 – 权重超边
LHyperEdge	~+	标签超边
LkHyperEdge	~+#	键 – 标签超边
WLHyperEdge	~%+	权重标签超边
WkLHyperEdge	~%#+	键 – 权重标签超边
WLkHyperEdge	~%+#	权重键 – 标签超边
WkLkHyperEdge	~%#+#	键 – 权重键 – 标签超边

（续）

边类（Edge Class）	运 算 符	描 述
有向超边		
DiHyperEdge	~>	有向超边
WDiHyperEdge	~%>	权重有向超边
WkDiHyperEdge	~%#>	键 - 权重有向超边
LDiHyperEdge	~+>	标签有向超边
LkDiHyperEdge	~+#>	键 - 标签有向超边
WLDiHyperEdge	~%+>	权重标签有向超边
WkLDiHyperEdge	~%#+>	键 - 权重标签有向超边
WLkDiHyperEdge	~%+#>	权重键 - 标签有向超边
WkLkDiHyperEdge	~%#+#>	键 - 权重键 - 标签有向超边
无向边		
UnDiEdge	~	无向边
WUnDiEdge	~%	权重无向边
WkUnDiEdge	~%#	键 - 权重无向边
LUnDiEdge	~+	标签无向边
LkUnDiEdge	~+#	键 - 标签无向边
WLUnDiEdge	~%+	权重标签无向边
WkLUnDiEdge	~%#+	键 - 权重标签无向边
WLkUnDiEdge	~%+#	权重键 - 标签无向边
WkLkUnDiEdge	~%#+#	键 - 权重键 - 标签无向边
有向边		
DiEdge	~>	有向边
WDiEdge	~%>	权重有向边
WkDiEdge	~%#>	键 - 权重有向边
LDiEdge	~+>	标签有向边
LkDiEdge	~+#>	键 - 标签有向边
WLDiEdge	~%+>	权重标签有向边
WkLDiEdge	~%#+>	键 - 权重标签有向边
WLkDiEdge	~%+#>	权重键 - 标签有向边
WkLkDiEdge	~%#+#>	键 - 权重键 - 标签有向边

从上面的表可以看出 Scala 在图方面的功能很强大。它既可处理有加权边的图，也可以

构造多重图（键 – 标签边允许两个结点间有多重边）。

如果在前面有 Scala 文件（在 src/main/scala 目录中）的项目上运行 SBT，则会得到如下结果：

```
[akozlov@Alexanders-MacBook-Pro chapter07(master)]$ sbt
[info] Loading project definition from /Users/akozlov/Src/Book/ml-in-
scala/chapter07/project
[info] Set current project to Working with Graph Algorithms (in build
file:/Users/akozlov/Src/Book/ml-in-scala/chapter07/)
> run
[warn] Multiple main classes detected.  Run 'show discoveredMainClasses'
to see the list


Multiple main classes detected, select one to run:


 [1] org.akozlov.chapter07.ConstranedDAG
 [2] org.akozlov.chapter07.EnronEmail
 [3] org.akozlov.chapter07.InfluenceDiagram
 [4] org.akozlov.chapter07.InfluenceDiagramToJson


Enter number: 3


[info] Running org.akozlov.chapter07.InfluenceDiagram
'Weather';'Vacation Activity';'Satisfaction';'Weather
Forecast';'Weather'~>'Weather Forecast' 'Forecast;'Weather'~>'S
atisfaction' 'Deterministic;'Vacation Activity'~>'Satisfaction'
'Deterministic;'Weather Forecast'~>'Vacation Activity' 'Decision
Directed: true
Acyclic: true
'Weather';'Vacation Activity';'Satisfaction';'Recommend to a
Friend';'Weather Forecast';'Weather'~>'Weather Forecast' 'Forecast;'Wea
ther'~>'Satisfaction' 'Deterministic;'Vacation Activity'~>'Satisfaction'
'Deterministic;'Satisfaction'~>'Recommend to a Friend'
'Probabilistic;'Weather Forecast'~>'Vacation Activity' 'Decision
Directed: true
Acyclic: true
```

如果启用连续编译，只要 SBT 检测到文件已更改，将运行 main 方法（如果多个类都有 main 方法，SBT 会询问用户要运行哪个，这样的交互性并不好，因此需要限制可执行类的数量）。

后面会介绍不同的输出格式，但首先需要看看如何在图上执行简单操作。

7.3.1 增加节点和边

首先要明白前面介绍的图是有向无环图，这是决策图所必须具备的属性，以便让用户知道没有犯错误。下面为了让图更复杂，需添加一个节点，用它表示向另一个人推荐去俄勒冈州波特兰度假的可能性。其实只要增加下面一行代码就可以添加一个节点：

```
g += ("'Satisfaction'" ~+> "'Recommend to a Friend'")("Probabilistic")
```

如果启用了连续编译 / 运行，在按下**保存文件**按钮后将会立即看到如下的改变：

```
'Weather';'Vacation Activity';'Satisfaction';'Recommend to a
Friend';'Weather Forecast';'Weather'~>'Weather Forecast' 'Forecast;'Wea
ther'~>'Satisfaction' 'Deterministic;'Vacation Activity'~>'Satisfaction'
'Deterministic;'Satisfaction'~>'Recommend to a Friend'
'Probabilistic;'Weather Forecast'~>'Vacation Activity' 'Decision
Directed: true
Acyclic: true
```

如果想知道新引入的节点的父节点，可以简单运行下面的代码：

```
println((g get "'Recommend to a Friend'").incoming)

Set('Satisfaction'~>'Recommend to a Friend' 'Probabilistic)
```

这会得到指定节点的一组父节点，这就是一个决策的产生过程。如果添加一个循环，非循环方法会自动检测它：

```
g += ("'Satisfaction'" ~+> "'Weather'")("Cyclic")
println(g.mkString(";")) println("Directed: " + g.isDirected)
println("Acyclic: " + g.isAcyclic)

'Weather';'Vacation Activity';'Satisfaction';'Recommend to a
Friend';'Weather Forecast';'Weather'~>'Weather Forecast' 'Fo
recast;'Weather'~>'Satisfaction' 'Deterministic;'Vacation
Activity'~>'Satisfaction' 'Deterministic;'Satisfaction'~>'Recommend to
a Friend' 'Probabilistic;'Satisfaction'~>'Weather' 'Cyclic;'Weather
Forecast'~>'Vacation Activity' 'Decision
Directed: true
Acyclic: false
```

注意，读者可完全以编程方式创建图：

```
var n, m = 0; val f = Graph.fill(45){ m = if (m < 9) m + 1 else { n =
if (n < 8) n + 1 else 8; n + 1 }; m ~ n }

  println(f.nodes)
  println(f.edges)
  println(f)

  println("Directed: " + f.isDirected)
  println("Acyclic: " + f.isAcyclic)

NodeSet(0, 9, 1, 5, 2, 6, 3, 7, 4, 8)
EdgeSet(9~0, 9~1, 9~2, 9~3, 9~4, 9~5, 9~6, 9~7, 9~8, 1~0, 5~0, 5~1,
5~2, 5~3, 5~4, 2~0, 2~1, 6~0, 6~1, 6~2, 6~3, 6~4, 6~5, 3~0, 3~1, 3~2,
7~0, 7~1, 7~2, 7~3, 7~4, 7~5, 7~6, 4~0, 4~1, 4~2, 4~3, 8~0, 8~1, 8~2,
8~3, 8~4, 8~5, 8~6, 8~7)
Graph(0, 1, 2, 3, 4, 5, 6, 7, 8, 9, 1~0, 2~0, 2~1, 3~0, 3~1, 3~2, 4~0,
4~1, 4~2, 4~3, 5~0, 5~1, 5~2, 5~3, 5~4, 6~0, 6~1, 6~2, 6~3, 6~4, 6~5,
```

```
7~0, 7~1, 7~2, 7~3, 7~4, 7~5, 7~6, 8~0, 8~1, 8~2, 8~3, 8~4, 8~5, 8~6,
8~7, 9~0, 9~1, 9~2, 9~3, 9~4, 9~5, 9~6, 9~7, 9~8)
Directed: false
Acyclic: false
```

这里，计算方法是第二个参数，fill 方法会重复执行该方法 45 次（第一参数）。该图将每个节点与它所有前趋相连，这在图论中也被称为团。

7.3.2 图约束

Scala 的图让用户设置约束，在图更新时不能违反这些约束。这会让用户在图结构中能方便保留一些细节。例如，**有向无环图**（DAG）不应该有环。可通过 scalax.collection.constrained.constraints 包来实现这两个约束：连通且没有环。具体的代码实现如下：

```
package org.akozlov.chapter07

import scalax.collection.GraphPredef._, scalax.collection.GraphEdge._
import scalax.collection.constrained.{Config, ConstraintCompanion,
Graph => DAG}
import scalax.collection.constrained.constraints.{Connected, Acyclic}

object AcyclicWithSideEffect extends ConstraintCompanion[Acyclic] {
  def apply [N, E[X] <: EdgeLikeIn[X]] (self: DAG[N,E]) =
    new Acyclic[N,E] (self) {
      override def onAdditionRefused(refusedNodes: Iterable[N],
        refusedEdges: Iterable[E[N]],
        graph:        DAG[N,E]) = {
          println("Addition refused: " + "nodes = " + refusedNodes
            + ", edges = " + refusedEdges)
          true
        }
    }
}

object ConnectedWithSideEffect extends ConstraintCompanion[Connected]
{
  def apply [N, E[X] <: EdgeLikeIn[X]] (self: DAG[N,E]) =
    new Connected[N,E] (self) {
      override def onSubtractionRefused(refusedNodes:
        Iterable[DAG[N,E]#NodeT],
        refusedEdges: Iterable[DAG[N,E]#EdgeT],
        graph:        DAG[N,E]) = {
          println("Subtraction refused: " + "nodes = " +
          refusedNodes + ", edges = " + refusedEdges)
        true
      }
    }
}

class CycleException(msg: String) extends
IllegalArgumentException(msg)
```

```
object ConstranedDAG extends App {
  implicit val conf: Config = ConnectedWithSideEffect &&
AcyclicWithSideEffect
  val g = DAG(1~>2, 1~>3, 2~>3, 3~>4) // Graph()
  println(g ++ List(1~>4, 3~>1))
  println(g - 2~>3)
  println(g - 2)
  println((g + 4~>5) - 3)
}
```

下面是运行程序的命令，它会添加或删除违反约束节点：

```
[akozlov@Alexanders-MacBook-Pro chapter07(master)]$ sbt "run-main org.
akozlov.chapter07.ConstranedDAG"
[info] Loading project definition from /Users/akozlov/Src/Book/ml-in-
scala/chapter07/project
[info] Set current project to Working with Graph Algorithms (in build
file:/Users/akozlov/Src/Book/ml-in-scala/chapter07/)
[info] Running org.akozlov.chapter07.ConstranedDAG
Addition refused: nodes = List(), edges = List(1~>4, 3~>1)
Graph(1, 2, 3, 4, 1~>2, 1~>3, 2~>3, 3~>4)
Subtraction refused: nodes = Set(), edges = Set(2~>3)
Graph(1, 2, 3, 4, 1~>2, 1~>3, 2~>3, 3~>4)
Graph(1, 3, 4, 1~>3, 3~>4)
Subtraction refused: nodes = Set(3), edges = Set()
Graph(1, 2, 3, 4, 5, 1~>2, 1~>3, 2~>3, 3~>4, 4~>5)
[success] Total time: 1 s, completed May 1, 2016 1:53:42 PM
```

添加或去掉违反这两个约束之一的节点会被拒绝。如果尝试添加或去除违反条件的节点，那程序员还可指定副作用。

7.3.3 JSON

Scala 的图能从 JSON 文件中导入图或把图导出生成 JSON 文件，具体实现代码如下：

```
object InfluenceDiagramToJson extends App {

  val g = Graph[String,LDiEdge](("'Weather'" ~+> "'Weather Forecast'")
("Forecast"), ("'Weather Forecast'" ~+> "'Vacation Activity'")
("Decision"), ("'Vacation Activity'" ~+> "'Satisfaction'")
("Deterministic"), ("'Weather'" ~+> "'Satisfaction'")
("Deterministic"), ("'Satisfaction'" ~+> "'Recommend to a Friend'")
("Probabilistic"))

  import scalax.collection.io.json.descriptor.predefined.{LDi}
  import scalax.collection.io.json.descriptor.StringNodeDescriptor
  import scalax.collection.io.json._

  val descriptor = new Descriptor[String](
    defaultNodeDescriptor = StringNodeDescriptor,
    defaultEdgeDescriptor = LDi.descriptor[String,String]("Edge")
```

```
  )

  val n = g.toJson(descriptor)
  println(n)
  import net.liftweb.json._
  println(Printer.pretty(JsonAST.render(JsonParser.parse(n))))
}
```

下面的代码是一个图表示为 JSON 的例子：

```
[kozlov@Alexanders-MacBook-Pro chapter07(master)]$ sbt "run-main org.
akozlov.chapter07.InfluenceDiagramToJson"
[info] Loading project definition from /Users/akozlov/Src/Book/ml-in-
scala/chapter07/project
[info] Set current project to Working with Graph Algorithms (in build
file:/Users/akozlov/Src/Book/ml-in-scala/chapter07/)
[info] Running org.akozlov.chapter07.InfluenceDiagramToJson
{
  "nodes":[["'Recommend to a Friend'"],["'Satisfaction'"],["'Vacation
Activity'"],["'Weather Forecast'"],["'Weather'"]],
  "edges":[{
    "n1":"'Weather'",
    "n2":"'Weather Forecast'",
    "label":"Forecast"
  },{
    "n1":"'Vacation Activity'",
    "n2":"'Satisfaction'",
    "label":"Deterministic"
  },{
    "n1":"'Weather'",
    "n2":"'Satisfaction'",
    "label":"Deterministic"
  },{
    "n1":"'Weather Forecast'",
    "n2":"'Vacation Activity'",
    "label":"Decision"
  },{
    "n1":"'Satisfaction'",
    "n2":"'Recommend to a Friend'",
    "label":"Probabilistic"
  }]
}
[success] Total time: 1 s, completed May 1, 2016 1:55:30 PM
```

对于更复杂的结构，可能需要自定义描述符、序列化器和反序列化器（参见 http://www.scala-graph.org/api/json/api/#scalax.collection.io.json.package）。

7.4 GraphX

Scala 的图操作和查询可认为是一种 DSL，但还是应该去了解 GraphX 的可扩展性。GraphX 是建立在强大的 Spark 框架之上的。这里以 CMU Enron 的电子邮件数据集（大约 2 GB）来介绍 GraphX 的用法。下一章将会介绍这些电子邮件数据的语义分析。数据集可以从 CMU 站点下载。它是来自 150 个用户的电子邮件，主要是 Enron 的经理之间的电子邮件，约 517 401 封。这些电子邮件可认为两人之间有关系，若把发送电子邮件的人与接受电子邮件的人看成顶点，则他们之间有一条边。

由于 GraphX 需要 RDD 格式的数据，因此必须做一些预处理。用 Scala 来做这样的预处理非常容易，这也表明 Scala 能很好地处理半结构化数据。具体的代码如下：

```
package org.akozlov.chapter07

import scala.io.Source

import scala.util.hashing.{MurmurHash3 => Hash}
import scala.util.matching.Regex

import java.util.{Date => javaDateTime}

import java.io.File
import net.liftweb.json._
import Extraction._
import Serialization.{read, write}

object EnronEmail {

  val emailRe = """[a-zA-Z0-9_.+\-]+@enron.com""".r.unanchored

  def emails(s: String) = {
    for (email <- emailRe findAllIn s) yield email
  }

  def hash(s: String) = {
    java.lang.Integer.MAX_VALUE.toLong + Hash.stringHash(s)
  }

  val messageRe =
    """(?:Message-ID:\s+)(<[A-Za-z0-9_.+\-@]+>)(?s)(?:.*?)(?m)
      |(?:Date:\s+)(.*?)$(?:.*?)
      |(?:From:\s+)([a-zA-Z0-9_.+\-]+@enron.com)(?:.*?)
      |(?:Subject: )(.*?)$""".stripMargin.r.unanchored

  case class Relation(from: String, fromId: Long, to: String, toId:
Long, source: String, messageId: String, date: javaDateTime, subject:
String)

  implicit val formats = Serialization.formats(NoTypeHints)
```

```
  def getFileTree(f: File): Stream[File] =
    f #:: (if (f.isDirectory) f.listFiles().toStream.
flatMap(getFileTree) else Stream.empty)

  def main(args: Array[String]) {
    getFileTree(new File(args(0))).par.map {
      file => {
        "\\.$".r findFirstIn file.getName match {
          case Some(x) =>
          try {
            val src = Source.fromFile(file, "us-ascii")
            val message = try src.mkString finally src.close()
            message match {
              case messageRe(messageId, date, from , subject) =>
              val fromLower = from.toLowerCase
              for (to <- emails(message).filter(_ !=
                fromLower).toList.distinct)
              println(write(Relation(fromLower, hash(fromLower),
                to, hash(to), file.toString, messageId, new
                javaDateTime(date), subject)))
                case _ =>
            }
          } catch {
            case e: Exception => System.err.println(e)
          }
          case _ =>
        }
      }
    }
  }
}
```

首先使用 MurmurHash3 类来生成节点 ID（其类型为 Long），这是 GraphX 中的每个节点要完成的任务。为了找到所需的内容，可用 emailRe 和 messageRe 来匹配文件中的内容。Scala 并行化程序不需要做太多工作。

注意 50 行 getFileTree (new File (args(0))). par.map 的 par 调用。这会让循环并行化。如果在 3 GHz 的处理器上处理整个 Enron 公司的数据集可能需要长达一个小时左右。若并行化，则在 32 核 Intel Xeon E5-2630 2.4 GHz CPU Linux 机器上会花费 8 分钟，而在 CPU 为 2.3 GHz Intel Core i7 的苹果 MacBook Pro 上花了 15 分钟。

运行这些代码将生成一组可以加载到 Spark 中的 JSON 记录。注意若要能正常运行，需将 joda-time.jar 和 lift-json.jar 放在 Spark 能找到的路径上。具体的代码如下所示：

```
# (mkdir Enron; cd Enron; wget -O - http://www.cs.cmu.edu/~./enron/enron_
mail_20150507.tgz | tar xzvf -)
...
# sbt --error "run-main org.akozlov.chapter07.EnronEmail Enron/maildir" >
graph.json
```

```
# spark --driver-memory 2g --executor-memory 2g
...
scala> val df = sqlContext.read.json("graph.json")
df: org.apache.spark.sql.DataFrame = [[date: string, from: string,
fromId: bigint, messageId: string, source: string, subject: string, to:
string, toId: bigint]
```

Spark 能够找出这些字段和类型。如果 Spark 无法解析所有记录，则会有一个包含未解析记录的 _corrupt_record 字段（其中之一就是数据集末尾的 [success] 行，可以使用 grep -Fv [success] 来过滤这些行）。可使用下面的命令来查看它们：

```
scala> df.select("_corrupt_record").collect.foreach(println)
...
```

可通过下面的命令来提取节点（人）与边（关系）的数据集：

```
scala> import org.apache.spark._
...
scala> import org.apache.spark.graphx._
...
scala> import org.apache.spark.rdd.RDD
...
scala> val people: RDD[(VertexId, String)] = df.select("fromId", "from").
unionAll(df.select("toId", "to")).na.drop.distinct.map( x => (x.get(0).
toString.toLong, x.get(1).toString))
people: org.apache.spark.rdd.RDD[(org.apache.spark.graphx.VertexId,
String)] = MapPartitionsRDD[146] at map at <console>:28


scala> val relationships = df.select("fromId", "toId", "messageId",
"subject").na.drop.distinct.map( x => Edge(x.get(0).toString.toLong,
x.get(1).toString.toLong, (x.get(2).toString, x.get(3).toString)))
relationships: org.apache.spark.rdd.RDD[org.apache.spark.graphx.
Edge[(String, String)]] = MapPartitionsRDD[156] at map at <console>:28


scala> val graph = Graph(people, relationships).cache
graph: org.apache.spark.graphx.Graph[String,(String, String)] = org.
apache.spark.graphx.impl.GraphImpl@7b59aa7b
```

注意 **GraphX 中的节点 ID**

正如在 Scala 的 Graph 中看到的，指定边就可以定义节点和图。在 GraphX 中，节点需要被显式提取，并且每个节点需要与 Long 类型的 ID 关联。虽然这可能限制了节点的灵活性和数量，但却可以提高效率。一个特别的例子是生成节点 ID 作为电子邮件字符串的哈希，这样不会检测到冲突，但是唯一 ID 的生成通常是一个难以并行化的问题。

这样就得到了第一个基于 GraphX 的图。相比于 Scala 的 Graph，它需要做更多的事情，

但现在它完全可用于分布式处理了。注意几点：首先需要将字段显式转换为 Long 和 String 作为 Edge 构造函数，这需要先找出字段的类型。其次，有可能创建的分区太多，Spark 可能需要优化分区数：

```
scala> graph.vertices.getNumPartitions
res1: Int = 200

scala> graph.edges.getNumPartitions
res2: Int = 200
```

为了重新分区，要执行两个调用：重新分区和合并。要尽量避免 shuffle。具体代码如下：

```
scala> val graph = Graph(people.coalesce(6), relationships.coalesce(6))
graph: org.apache.spark.graphx.Graph[String,(String, String)] = org.
apache.spark.graphx.impl.GraphImpl@5dc7d016

scala> graph.vertices.getNumPartitions
res10: Int = 6

scala> graph.edges.getNumPartitions
res11: Int = 6
```

如果在大集群上执行计算，重新分区可能会限制并行性。可在内存中使用 cache 方法来固定数据结构：

```
scala> graph.cache
res12: org.apache.spark.graphx.Graph[String,(String, String)] = org.
apache.spark.graphx.impl.GraphImpl@5dc7d016
```

这个方法会采用一些命令来构建一个图，这是一种不错的方法。下面给出一些统计数据，读者从中可看到 GraphX 的功能很强大。具体信息如下表所示。

计算 Enron 电子邮件图的基本统计。

统 计 信 息	Spark 命令	Enron 数据集上的值
有关系的数量（彼此发过邮件）	graph.numEdges	3 035 021
数量度量（消息 ID）	graph.edges.map(e=>e.attr._1).distinct.count	371 135
连接对的数量	graph.edges.flatMap(e=>List((e.srcId,e.dstId),(e.dstId,e.srcId))).distinct.count/2	217 867
单向发过邮件的数量	graph.edges.flatMap(e=>List((e.srcId,e.dstId),(e.dstId, e.srcId))).distinct.count-graph.edges.map(e=>(e.srcId,e.dstId)).distinct.count	193 183
不同主题行的数量	graph.edges.map(e=>e.attr._2).distinct.count	110 273

（续）

统计信息	Spark 命令	Enron 数据集上的值
所有节点数	graph.numVertices	23 607
仅是目的节点的数量	graph.numVertices-graph.edges.map(e=>e.srcId).distinct.count	17 264
仅是源节点的数量	graph.numVertices-graph.edges.map(e=>e.dstId).distinct.count	611

7.4.1 谁收到电子邮件

要想知道谁是一家公司的骨干员工，最直接的方法是查看他们邮件往来的数量。基于GraphX的图有内置inDegrees和outDegrees方法。可通过往来邮件的数量对电子邮件进行排名。具体实现代码如下：

```
scala> people.join(graph.inDegrees).sortBy(_._2._2, ascending=false).
take(10).foreach(println)
(268746271,(richard.shapiro@enron.com,18523))
(1608171805,(steven.kean@enron.com,15867))
(1578042212,(jeff.dasovich@enron.com,13878))
(960683221,(tana.jones@enron.com,13717))
(3784547591,(james.steffes@enron.com,12980))
(1403062842,(sara.shackleton@enron.com,12082))
(2319161027,(mark.taylor@enron.com,12018))
(969899621,(mark.guzman@enron.com,10777))
(1362498694,(geir.solberg@enron.com,10296))
(4151996958,(ryan.slinger@enron.com,10160))
```

若要根据发出的邮件数量来对其进行排名，可执行下面的代码：

```
scala> people.join(graph.outDegrees).sortBy(_._2._2, ascending=false).
take(10).foreach(println)
(1578042212,(jeff.dasovich@enron.com,139786))
(2822677534,(veronica.espinoza@enron.com,106442))
(3035779314,(pete.davis@enron.com,94666))
(2346362132,(rhonda.denton@enron.com,90570))
(861605621,(cheryl.johnson@enron.com,74319))
(14078526,(susan.mara@enron.com,58797))
(2058972224,(jae.black@enron.com,58718))
(871077839,(ginger.dernehl@enron.com,57559))
(3852770211,(lorna.brennan@enron.com,50106))
(241175230,(mary.hain@enron.com,40425))
…
```

下面在Enron数据集上采用一些更复杂的算法。

7.4.2 连通分量

连通分量的数量由图本身被划分为几个连通子图来决定。这意味着 Entron 关系图可能被分成两个或更多个组，这些组之间会彼此进行通信：

```
scala> val groups = org.apache.spark.graphx.lib.ConnectedComponents.
run(graph).vertices.map(_._2).distinct.cache
groups: org.apache.spark.rdd.RDD[org.apache.spark.graphx.VertexId] =
MapPartitionsRDD[2404] at distinct at <console>:34


scala> groups.count
res106: Long = 18


scala> people.join(groups.map( x => (x, x))).map(x => (x._1, x._2._1)).
sortBy(_._1).collect.foreach(println)
(332133,laura.beneville@enron.com)
(81833994,gpg.me-q@enron.com)
(115247730,dl-ga-enron_debtor@enron.com)
(299810291,gina.peters@enron.com)
(718200627,techsupport.notices@enron.com)
(847455579,paul.de@enron.com)
(919241773,etc.survey@enron.com)
(1139366119,enron.global.services.-.us@enron.com)
(1156539970,shelley.ariel@enron.com)
(1265773423,dl-ga-all_ews_employees@enron.com)
(1493879606,chairman.ees@enron.com)
(1511379835,gary.allen.-.safety.specialist@enron.com)
(2114016426,executive.robert@enron.com)
(2200225669,ken.board@enron.com)
(2914568776,ge.americas@enron.com)
(2934799198,yowman@enron.com)
(2975592118,tech.notices@enron.com)
(3678996795,mail.user@enron.com)
```

从上面的结果可看出有 18 个组。可通过 ID 对每组进行计数和提取组信息。例如，与 etc.survey@enron.com 相关联的组可以通过在 DataFrame 上执行 SQL 查询得到：

```
scala> df.filter("fromId = 919241773 or toId = 919241773").select("date",
"from","to","subject","source").collect.foreach(println)
[2000-09-19T18:40:00.000Z,survey.test@enron.com,etc.survey@enron.com,NO
ACTION REQUIRED - TEST,Enron/maildir/dasovich-j/all_documents/1567.]
[2000-09-19T18:40:00.000Z,survey.test@enron.com,etc.survey@enron.com,NO
ACTION REQUIRED - TEST,Enron/maildir/dasovich-j/notes inbox/504.]
```

这个小组是在 2000 年 9 月 19 日由 survey.test@enron.com 向 etc.survey@enron 发送了第一封电子邮件。这封邮件出现了两次，因为它存在于两个不同的文件夹（并有两个不同的消息 ID）中。只有第一个组（最大子图）包含了两个以上的电子邮件地址。

7.4.3 三角形计数

三角形计数算法相对简单，可通过下面三个步骤来计算得到：

1. 计算每个顶点的邻接点集合。
2. 计算集合中每条边的交点个数，并将其返回给对应的顶点。
3. 计算每个顶点的和，并除以 2，这是因为每个三角形顶点计算了两次。

该算法的前提条件是需要使用 srcId <dstId 将重图转换为无向图。具体实现如下：

```
scala> val unedges = graph.edges.map(e => if (e.srcId < e.dstId)
(e.srcId, e.dstId) else (e.dstId, e.srcId)).map( x => Edge(x._1, x._2,
1)).cache
unedges: org.apache.spark.rdd.RDD[org.apache.spark.graphx.Edge[Int]] =
MapPartitionsRDD[87] at map at <console>:48


scala> val ungraph = Graph(people, unedges).partitionBy(org.apache.spark.
graphx.PartitionStrategy.EdgePartition1D, 10).cache
ungraph: org.apache.spark.graphx.Graph[String,Int] = org.apache.spark.
graphx.impl.GraphImpl@77274fff


scala> val triangles = org.apache.spark.graphx.lib.TriangleCount.
run(ungraph).cache
triangles: org.apache.spark.graphx.Graph[Int,Int] = org.apache.spark.
graphx.impl.GraphImpl@6aec6da1


scala> people.join(triangles.vertices).map(t => (t._2._2,t._2._1)).
sortBy(_._1, ascending=false).take(10).foreach(println)
(31761,sally.beck@enron.com)
(24101,louise.kitchen@enron.com)
(23522,david.forster@enron.com)
(21694,kenneth.lay@enron.com)
(20847,john.lavorato@enron.com)
(18460,david.oxley@enron.com)
(17951,tammie.schoppe@enron.com)
(16929,steven.kean@enron.com)
(16390,tana.jones@enron.com)
(16197,julie.clyatt@enron.com)
```

虽然三角计数与某些人在公司是否重要没有直接关系，但三角计数较高会说明这个人应该具有更多的社会关系，当然团或强连通分量的数量可能会是更好的度量。

7.4.4 强连通分量

在有向图的数学理论中，如果从每个顶点出发都可以到达其他顶点，则该子图被认为是强连通。可能会出现整个图只有一个强连通分量，也就是说，每个顶点都是自己的连通分量。

如果将每个顶点当成连通分量，则将得到一个新的有向图，该有向图具有无环属性。

GraphX 已经实现用于 SCC 检测的算法：

```
scala> val components = org.apache.spark.graphx.lib.
StronglyConnectedComponents.run(graph, 100).cache
components: org.apache.spark.graphx.Graph[org.apache.spark.
graphx.VertexId,(String, String)] = org.apache.spark.graphx.impl.
GraphImpl@55913bc7


scala> components.vertices.map(_._2).distinct.count
res2: Long = 17980


scala> people.join(components.vertices.map(_._2).distinct.map( x => (x,
x))).map(x => (x._1, x._2._1)).sortBy(_._1).collect.foreach(println)
(332133,laura.beneville@enron.com)
(466265,medmonds@enron.com)
(471258,.jane@enron.com)
(497810,.kimberly@enron.com)
(507806,aleck.dadson@enron.com)
(639614,j..bonin@enron.com)
(896860,imceanotes-hbcamp+40aep+2ecom+40enron@enron.com)
(1196652,enron.legal@enron.com)
(1240743,thi.ly@enron.com)
(1480469,ofdb12a77a.a6162183-on86256988.005b6308@enron.com)
(1818533,fran.i.mayes@enron.com)
(2337461,michael.marryott@enron.com)
(2918577,houston.resolution.center@enron.com)
```

有 18 200 个强连通分量，每组平均只有 23 787/18 200＝1.3 个用户。

7.4.5 PageRank

PageRank 算法能通过分析连接来估计一个人的重要性，这里的连接是指来往的电子邮件。因此可在 Enron 的电子邮件图上执行 PageRank，具体实现如下：

```
scala> val ranks = graph.pageRank(0.001).vertices
ranks: org.apache.spark.graphx.VertexRDD[Double] = VertexRDDImpl[955] at
RDD at VertexRDD.scala:57


scala> people.join(ranks).map(t => (t._2._2,t._2._1)).sortBy(_._1,
ascending=false).take(10).foreach(println)


scala> val ranks = graph.pageRank(0.001).vertices
```

```
ranks: org.apache.spark.graphx.VertexRDD[Double] = VertexRDDImpl[955] at
RDD at VertexRDD.scala:57

scala> people.join(ranks).map(t => (t._2._2,t._2._1)).sortBy(_._1,
ascending=false).take(10).foreach(println)
(32.073722548483325,tana.jones@enron.com)
(29.086568868043248,sara.shackleton@enron.com)
(28.14656912897315,louise.kitchen@enron.com)
(26.57894933459292,vince.kaminski@enron.com)
(25.865486865014493,sally.beck@enron.com)
(23.86746232662471,john.lavorato@enron.com)
(22.489814482022275,jeff.skilling@enron.com)
(21.968039409295585,mark.taylor@enron.com)
(20.903053536275547,kenneth.lay@enron.com)
(20.39124651779771,gerald.nemec@enron.com)
```

PageRank 倾向于强调传入的边，因此返回的 Tana Jones 在整个结果的最上面，而在三角计数返回的结果中，它位于第 9 位。

7.4.6 SVD++

SVD ++ 是由 Yahuda Koren 和他的团队于 2008 年为 Netflix 竞赛所开发的推荐引擎算法。该算法的原始论文现在仍能下载，可通过在 Google 中输入 kdd08koren.pdf 来进行检索并下载。SVD ++ 是由 ZenoGarther（https://github.com/zenogantner/MyMediaLite）在 .NET MyMediaLite 库中具体实现，这些代码是基于 Apache 基金会的 Apache 2 许可协议。假设有一组用户（左边）和一些项（右边）：

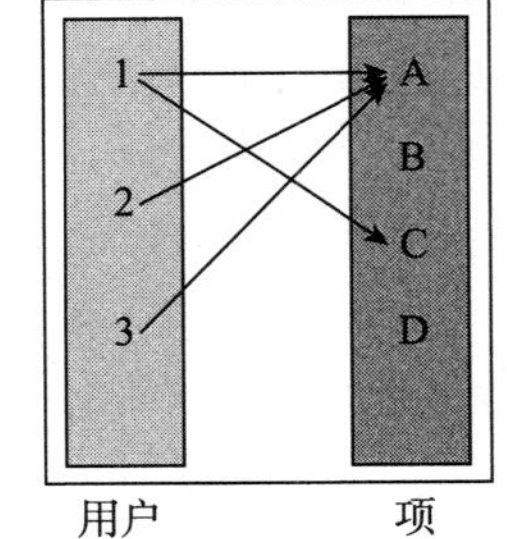

图 7-1 以二分图表示推荐问题

上图以图的形式来表示推荐问题。左边的节点代表用户，右边的节点代表项。用户 1 推荐项 A 和 C，而用户 2 和 3 仅推荐了一个项 A。剩下就没有连接的边。通常是要找到其余的项的推荐排名，边也可以有附加权重或推荐强度。这种图通常是稀疏的。这样的图也经常被称为二分图，因为边仅从一组节点到另一组节点（用户不会推荐另一个用户）。

推荐引擎通常需要两种节点：用户和项。推荐是基于元组（用户、项和评分）来得到评价矩阵的。推荐算法的实现方法之一是对这个评价矩阵进行**奇异值分解**（SVD）。最后的得分由三部分组成：基线（它是整个矩阵的平均值的总和）、用户的平均值和项目的平均值，具体表示如下：

$$r_{\{u,i\}}=\mu+b_u+b_i$$

其中，μ、b_u 和 b_i 分别表示总体平均、用户（推荐用户）平均、项（所有用户）平均。两行的笛卡尔积可以表示为：

$$r_{\{i,j\}}=\mu+b_u+b_iu+p_u^{\mathrm{T}}q_i$$

这就能得到一个最小化问题（可参见第 4 章）：

$$\min_{p^*,q^*,b^*}\sum_{u,i}(r_{ui}-\mu+b_u+b_i+p_u^{\mathrm{T}}q_i)+\lambda_3(\|p_u\|^2+\|q_i\|^2+b_u^2+b_i^2)$$

其中 λ_3 是第 4 章介绍过的正则化系数。因此，每个用户会与一组数字 (b_u, p_u) 和项 b_i、q_i 关联。在具体实现过程中，可通过梯度下降法来得到最佳系数。这是 SVD 优化的基础。在线性代数中，对于任意 $m\times$n 矩阵的 A 进行 SVD 分解，会将其表示为这三个矩阵的乘积：正交的 $m\times m$ 矩阵 U、$m\times n$ 的对角线矩阵 Σ，以及 $n\times n$ 酉矩阵 V（比如列相互正交）。如果取 Σ 的最大 r 项，则乘积被简化为 $m\times r$ 矩阵乘以 Σ 的简化矩阵，然后再乘以 $r\times n$ 矩阵的乘积，其中 r 称为分解的秩。如果取 Σ 的最大 r 项后，剩余的值很小，则可用新的 $(m+n)\times r$ 个元素来近似矩阵 A 的 $m\times n$ 个元素。m 和 n 有可能都很大，比如实际的在线购物中，m 表示商品数量，它可能会有几十万，而 n 表示用户，可能有上亿，这种近似可以大大节省空间。例如，若 $r=10$，$m=100\,000$ 和 $n=100\,000\,000$，则有：

$$\frac{m\times n}{(m+n)\times r}=\frac{10\,000\,000\,000\,000}{1\,001\,000\,000}\approx 10\,000$$

SVD 也可以被视为对 $m\neq n$ 的矩阵做 PCA。对 Enron 数据集，可将发件人作为用户，收件人作为项（这需要重新分配节点 ID），则有：

```
scala> val rgraph = graph.partitionBy(org.apache.spark.graphx.
PartitionStrategy.EdgePartition1D, 10).mapEdges(e => 1).groupEdges(_+_).
cache
rgraph: org.apache.spark.graphx.Graph[String,Int] = org.apache.spark.
graphx.impl.GraphImpl@2c1a48d6


scala> val redges = rgraph.edges.map( e => Edge(-e.srcId, e.dstId, Math.
log(e.attr.toDouble)) ).cache
redges: org.apache.spark.rdd.RDD[org.apache.spark.graphx.Edge[Double]] =
MapPartitionsRDD[57] at map at <console>:36


scala> import org.apache.spark.graphx.lib.SVDPlusPlus
import org.apache.spark.graphx.lib.SVDPlusPlus


scala> implicit val conf = new SVDPlusPlus.Conf(10, 50, 0.0, 10.0, 0.007,
0.007, 0.005, 0.015)
conf: org.apache.spark.graphx.lib.SVDPlusPlus.Conf = org.apache.spark.
graphx.lib.SVDPlusPlus$Conf@15cdc117


scala> val (svd, mu) = SVDPlusPlus.run(redges, conf)
svd: org.apache.spark.graphx.Graph[(Array[Double], Array[Double], Double,
Double),Double] = org.apache.spark.graphx.impl.GraphImpl@3050363d
mu: Double = 1.3773578970633769
```

```
scala> val svdRanks = svd.vertices.filter(_._1 > 0).map(x => (x._2._3,
x._1))
svdRanks: org.apache.spark.rdd.RDD[(Double, org.apache.spark.graphx.
VertexId)] = MapPartitionsRDD[1517] at map at <console>:31

scala> val svdRanks = svd.vertices.filter(_._1 > 0).map(x => (x._1,
x._2._3))
svdRanks: org.apache.spark.rdd.RDD[(org.apache.spark.graphx.VertexId,
Double)] = MapPartitionsRDD[1520] at map at <console>:31

scala> people.join(svdRanks).sortBy(_._2._2, ascending=false).map(x =>
(x._2._2, x._2._1)).take(10).foreach(println)
(8.864218804309887,jbryson@enron.com)
(5.935146713012661,dl-ga-all_enron_worldwide2@enron.com)
(5.740242927715701,houston.report@enron.com)
(5.441934324464593,a478079f-55e1f3b0-862566fa-612229@enron.com)
(4.910272928389445,pchoi2@enron.com)
(4.701529779800544,dl-ga-all_enron_worldwide1@enron.com)
(4.4046392452058045,eligible.employees@enron.com)
(4.374738019256556,all_ena_egm_eim@enron.com)
(4.303078586979311,dl-ga-all_enron_north_america@enron.com)
(3.8295412053860867,the.mailout@enron.com)
```

svdRanks 是用户 μ_i+b_i 部分的预测。大规模电子邮件通常会使用分布列表得到的优先级。要获取具体用户，需提供用户 ID：

```
scala> import com.github.fommil.netlib.BLAS.{getInstance => blas}

scala> def topN(uid: Long, num: Int) = {
     |     val usr = svd.vertices.filter(uid == -_._1).collect()(0)._2
     |     val recs = svd.vertices.filter(_._1 > 0).map( v => (v._1, mu +
usr._3 + v._2._3 + blas.ddot(usr._2.length, v._2._1, 1, usr._2, 1)))
     |     people.join(recs).sortBy(_._2._2, ascending=false).map(x =>
(x._2._2, x._2._1)).take(num)
     | }
topN: (uid: Long, num: Int)Array[(Double, String)]

scala> def top5(x: Long) : Array[(Double, String)] = topN(x, 5)
top5: (x: Long)Array[(Double, String)]

scala> people.join(graph.inDegrees).sortBy(_._2._2, ascending=false).
map(x => (x._1, x._2._1)).take(10).toList.map(t => (t._2, top5(t._1).
toList)).foreach(println)
(richard.shapiro@enron.com,List((4.866184418005094E66,anne.
bertino@enron.com), (3.9246829664352734E66,kgustafs@enron.com),
(3.9246829664352734E66,gweiss@enron.com), (3.871029763863491E66,hill@
enron.com), (3.743135924382312E66,fraser@enron.com)))
```

```
(steven.kean@enron.com,List((2.445163626935533E66,an
ne.bertino@enron.com), (1.9584692804232504E66,hill@
enron.com), (1.9105427465629028E66,kgustafs@enron.com),
(1.9105427465629028E66,gweiss@enron.com), (1.8931872324048717E66,fraser@
enron.com)))
(jeff.dasovich@enron.com,List((2.8924566115596135E66,
anne.bertino@enron.com), (2.3157345904446663E66,hill@
enron.com), (2.2646318970030287E66,gweiss@enron.
com), (2.2646318970030287E66,kgustafs@enron.com),
(2.2385865127706285E66,fraser@enron.com)))
(tana.jones@enron.com,List((6.1758464471309754E66,elizabeth.
sager@enron.com), (5.279291610047078E66,tana.jones@enron.com),
(4.967589820856654E66,tim.belden@enron.com), (4.909283344915057E66,jeff.
dasovich@enron.com), (4.869177440115682E66,mark.taylor@enron.com)))
(james.steffes@enron.com,List((5.7702834706832735E66,anne.
bertino@enron.com), (4.703038082326939E66,gweiss@enron.com),
(4.703038082326939E66,kgustafs@enron.com), (4.579565962089777E66,hill@
enron.com), (4.4298763869135494E66,george@enron.com)))
(sara.shackleton@enron.com,List((9.198688613290757E67,loui
se.kitchen@enron.com), (8.078107057848099E67,john.lavorato@
enron.com), (6.922806078209984E67,greg.whalley@enron.
com), (6.787266892881456E67,elizabeth.sager@enron.com),
(6.420473603137515E67,sally.beck@enron.com)))
(mark.taylor@enron.com,List((1.302856119148208E66,anne.
bertino@enron.com), (1.0678968544568682E66,hill@enron.com),
(1.031255083546722E66,fraser@enron.com), (1.009319696608474E66,george@
enron.com), (9.901391892701356E65,brad@enron.com)))
(mark.guzman@enron.com,List((9.770393472845669E65,anne.
bertino@enron.com), (7.97370292724488E65,kgustafs@enron.com),
(7.97370292724488E65,gweiss@enron.com), (7.751983820970696E65,hill@enron.
com), (7.500175024539423E65,george@enron.com)))
(geir.solberg@enron.com,List((6.856103529420811E65,anne.
bertino@enron.com), (5.611272903720188E65,gweiss@enron.com),
(5.611272903720188E65,kgustafs@enron.com), (5.436280144720843E65,hill@
enron.com), (5.2621103015001885E65,george@enron.com)))
(ryan.slinger@enron.com,List((5.0579114162531735E65,anne.
bertino@enron.com), (4.136838933824579E65,kgustafs@enron.com),
(4.136838933824579E65,gweiss@enron.com), (4.0110663808847004E65,hill@
enron.com), (3.8821438267917902E65,george@enron.com)))


scala> people.join(graph.outDegrees).sortBy(_._2._2, ascending=false).
map(x => (x._1, x._2._1)).take(10).toList.map(t => (t._2, top5(t._1).
toList)).foreach(println)
(jeff.dasovich@enron.com,List((2.8924566115596135E66,
anne.bertino@enron.com), (2.3157345904446663E66,hill@
enron.com), (2.2646318970030287E66,gweiss@enron.
com), (2.2646318970030287E66,kgustafs@enron.com),
(2.2385865127706285E66,fraser@enron.com)))
(veronica.espinoza@enron.com,List((3.135142195254243E65,gw
eiss@enron.com), (3.135142195254243E65,kgustafs@enron.com),
(2.773512892785554E65,anne.bertino@enron.com), (2.350799070225962E65,marc
ia.a.linton@enron.com), (2.2055288158758267E65,robert@enron.com)))
(pete.davis@enron.com,List((5.773492048248794E66,louise.
kitchen@enron.com), (5.067434612038159E66,john.lavorato@
```

```
enron.com), (4.389028076992449E66,greg.whalley@enron.
com), (4.179171198424l975E66,sally.beck@enron.com),
(4.009544764149938E66,elizabeth.sager@enron.com)))
(rhonda.denton@enron.com,List((2.834710591578977E68,louise.
kitchen@enron.com), (2.488253676819922E68,john.lavorato@
enron.com), (2.1516048969715738E68,greg.whalley@enron.com),
(2.0405329247770104E68,sally.beck@enron.com), (1.9877213034021861E68,eliz
abeth.sager@enron.com)))
(cheryl.johnson@enron.com,List((3.453167402163105E64,ma
ry.dix@enron.com), (3.208849221485621E64,theresa.byrne@
enron.com), (3.208849221485621E64,sandy.olofson@enron.com),
(3.0374270093157086E64,hill@enron.com), (2.886581252384442E64,fraser@
enron.com)))
(susan.mara@enron.com,List((5.1729089729525785E66,anne.
bertino@enron.com), (4.220843848723133E66,kgustafs@enron.com),
(4.220843848723133E66,gweiss@enron.com), (4.1044435240204605E66,hill@
enron.com), (3.9709951893268635E66,george@enron.com)))
(jae.black@enron.com,List((2.513139130001457E65,anne.bertino@enron.com),
(2.1037756300035247E65,hill@enron.com), (2.0297519350719265E65,fraser@
enron.com), (1.9587139280519927E65,george@enron.com),
(1.947164483486155E65,brad@enron.com)))
(ginger.dernehl@enron.com,List((4.516267307013845E66,anne.
bertino@enron.com), (3.653408921875843E66,gweiss@enron.com),
(3.653408921875843E66,kgustafs@enron.com), (3.590298037045689E66,hill@
enron.com), (3.471781765250177E66,fraser@enron.com)))
(lorna.brennan@enron.com,List((2.0719309635087482E66,anne.
bertino@enron.com), (1.732651408857978E66,kgustafs@enron.com),
(1.732651408857978E66,gweiss@enron.com), (1.6348480059915056E66,hill@
enron.com), (1.5880693846486309E66,george@enron.com)))
(mary.hain@enron.com,List((5.596589595417286E66,anne.bertino@enron.com),
(4.559474243930487E66,kgustafs@enron.com), (4.559474243930487E66,gweiss@
enron.com), (4.4421474044331
```

这里按用户的入度（in-degree）和出度（out-degree）计算了前五名推荐的电子邮件。

用 Scala 实现 SVD 只用了 159 行代码，并且还可以做进一步的改进。SVD ++ 包含基于隐式用户反馈和项的部分相似度信息。在 Netflix 的最终获胜方案中还考虑了用户偏好与时间相关这样的事实，但它们还没有在 GraphX 中实现。

7.5 总结

虽然用户可以轻松地为图问题创建自己的数据结构，但 Scala 对图的支持来自于语义层。因为 Scala 的 Graph 对实现图的功能具有方便性、交互性和易于表达等特点，而且通过 Spark 的分布式计算实现了可扩展性。希望本章提供的一些材料有助于实现基于 Scala、Spark 和 GraphX 的算法。值得一提的是，bot 图仍在积极开发中。

下一章将从更高的层面来介绍 Scala 与传统数据分析框架（如统计语言 R 和 Python）的集成，它们通常用于数据搜索。在第 9 章将介绍 NLP Scala 工具，会广泛利用各种复杂的数据结构。

第 8 章　Chapter 8

Scala 与 R 和 Python 的集成

虽然 Spark 提供了机器学习库 MLlib，但在许多实际应用中，R 和 Python 语言为统计计算提供了接口，用户更熟悉这类接口，而且这些软件也经历过长期的测试。具体而言，R 提供了很多统计库，包括用于分析方差、变量非独立 / 独立性的 ANOVA 和 MANOVA 工具包，还包括统计检验集以及 MLlib 库中没有的随机数生成器。通过 SparkR 项目保证从 R 转到 Spark 下接口仍然可使用。另外数据分析师都知道 Python 的 NumPy 和 SciPy 工具包高效地实现了线性代数运算、时间序列、优化和信号处理。随着将 R 和 Python 集成到 Spark 中，所有这些熟悉的功能都可以给 Scala/Spark 用户使用，在 Spark/MLlib 接口稳定后，会将这些库集成到新框架中，届时用户就可以在多台机器上以分布式方式执行任务了。

当人们使用 R 或 Python 以及任何其他的统计学习包（或线性代数包）来编程时，通常不会特别注意函数式编程。第 1 章提到了 Scala 是一种高级语言，这正是它的优点。Scala 可以与高效的 C 和 Fortran 相结合。例如免费的 Basic Linear Algebra Subprograms（BLAS），Linear Algebra Package（LAPACK）和 Arnoldi Package（ARPACK），它们已经支持 Java 和 Scala（http://www.netlib.org，https://github.com/fommil/netlib-java）。这里想介绍 Scala 的优势，因此本章将重点介绍在 Scala/Spark 中怎么使用这些语言。

本章将使用美国交通运输部的公开数据集（http://www.transtats.bts.gov）来介绍以下内容：

- R 的安装和 SparkR 的配置方法
- R DataFrame 和 Spark DataFrame
- 学习通过 R 来执行线性回归和 ANOVA 分析
- 学习用 SparkR 来进行**广义线性模型**（GLM）建模

- Python 的安装方法
- 学习如何使用 PySpark 以及从 Scala 调用 Python

8.1 R 的集成

R 语言与许多精心设计的高级技术一样，有人喜欢它，也有人讨厌它。其中一个原因是 R 可操作复杂对象，即把大多数复杂对象当成列表，而不是像现代高级语言中的 struct 或 map。R 最初是由 Ross Ihaka 和 Robert Gentleman 于 1993 年在奥克兰大学创建的，它的前身是贝尔实验室 1976 年左右开发的 S 语言，那时大多数商业编程软件使用的是 Fortran。虽然 R 加入了一些函数特性，比如传递函数作为参数并进行映射，但它也丢掉了一些功能，如惰性求值和列表推导。R 有一个非常好的帮助系统。如果有人说他从来没有使用过 help(…) 命令来得到某种数据转换或如何让模型变得更好，那他要么在撒谎，要么才刚刚开始接触 R。

8.1.1 R 和 SparkR 的相关配置

SparkR 需要 3.0 或更高级的版本 R 安装。下面给出具体的安装操作说明。

1. Linux

Linux 系统上的详细安装文档可以从 https://cran.r-project.org/bin/linux 上获取。但在 Debian 系统上的安装，须运行如下命令：

```
# apt-get update
...
# apt-get install r-base r-base-dev
...
```

要列出 Linux 软件库中已安装的可用软件包，可执行如下命令：

```
# apt-cache search "^r-.*" | sort
...
```

R 软件包是 r-base 和 r-recommended 的一部分，它们安装在 /usr/lib/R/library 目录下。可使用软件包维护工具（如 apt-get 或 aptitude）来升级。另外还有基于 Debian 的预编译 R 软件包，比如 r-cran- * 和 r-bioc- *，它们安装在 /usr/lib/R/site-library 目录下。下面的命令显示所有与 r-base-core 有关的软件包：

```
# apt-cache rdepends r-base-core
```

上面的命令会列出大量软件包，它们来自于 CRAN 网站或其他一些软件库。如果要安装或者使用新版本的 R 软件包，但没有现成的安装包，则需要执行以下命令来安装 r-base-dev 这样的源代码软件包，并通过编译源码来构建它们：

```
# apt-get install r-base-dev
```

这个命令会得到编译R包的基本要求，例如开发工具组的安装。本地用户或管理员可以使用CRAN上的源代码包安装R工具包，通常使用R>install.packges()或R CMD INSTALL命令来从R内部进行安装。例如，要安装R的ggplot2软件包，须运行以下命令：

```
> install.packages("ggplot2")
--- Please select a CRAN mirror for use in this session ---
also installing the dependencies 'stringi', 'magrittr', 'colorspace',
'Rcpp', 'stringr', 'RColorBrewer', 'dichromat', 'munsell', 'labeling',
'digest', 'gtable', 'plyr', 'reshape2', 'scales'
```

这会从网站下载软件包，并选择性编译该软件以及它们所需要依赖的包。有时候人们会被R的软件库搞糊涂。针对这种情况，建议在根目录中创建一个~/.Rprofile文件指向最近的CRAN库：

```
$ cat >> ~/.Rprofile << EOF
r = getOption("repos") # hard code the Berkeley repo for CRAN
r["CRAN"] = "http://cran.cnr.berkeley.edu"
options(repos = r)
rm(r)

EOF
```

~/.Rprofile文件可包含自定义会话的命令。建议把options(prompt ="R>")命令放在~/.Rprofile文件中，它像本书中大多数常用工具一样可以提示工作在哪个shell环境下。可用的镜像网站可在https://cran.r-project.org/mirrors.html获取。

此外建议通过以下命令，把软件包system/site/user安装在指定目录下，除非操作系统已经把这些命令放到~/.bashrc或系统的/etc/profile中了。

```
$ export R_LIBS_SITE=${R_LIBS_SITE:-/usr/local/lib/R/site-library:/usr/
lib/R/site-library:/usr/lib/R/library}
$ export R_LIBS_USER=${R_LIBS_USER:-$HOME/R/$(uname -i)-library/$( R
--version | grep -o -E [0-9]+\.[0-9]+ | head -1)}
```

2. Mac OS

R的Mac OS版本可以从http://cran.r-project.org/bin/macosx上下载。现在最新的版本是3.2.3。下载的新软件包需要检查它的兼容性，可执行如下命令来验证：

```
$ pkgutil --check-signature R-3.2.3.pkg
Package "R-3.2.3.pkg":
   Status: signed by a certificate trusted by Mac OS X
   Certificate Chain:
    1. Developer ID Installer: Simon Urbanek
       SHA1 fingerprint: B7 EB 39 5E 03 CF 1E 20 D1 A6 2E 9F D3 17 90 26
D8 D6 3B EF
       -----------------------------------------------------------------
-----------
```

```
    2. Developer ID Certification Authority
       SHA1 fingerprint: 3B 16 6C 3B 7D C4 B7 51 C9 FE 2A FA B9 13 56 41
E3 88 E1 86
       -----------------------------------------------------------------
-----------
    3. Apple Root CA
       SHA1 fingerprint: 61 1E 5B 66 2C 59 3A 08 FF 58 D1 4A E2 24 52 D1
98 DF 6C 60
```

上一节的环境设置也适用于 Mac OS 上的安装。

3. Windows

从 https://cran.r-project.org/bin/windows/ 下载 R 的 Windows 版本，它是 exe 安装程序。要安装 R，请以管理员身份运行这个可执行文件，并按照 Windows 路径**控制面板→系统→高级系统设置→环境变量**来编辑系统用户的环境变量。

4. 脚本方式运行的 SparkR

运行 SparkR 需要安装 Spark git tree 自带的 R/install-dev.sh 脚本。事实上，还要运行 shell 脚本和 R/pkg 目录里的东西（没有包含在编译好的 Spark 发行版中）：

```
$ git clone https://github.com/apache/spark.git
Cloning into 'spark'...
remote: Counting objects: 301864, done.
...
$ cp -r R/{install-dev.sh,pkg) $SPARK_HOME/R
...
$ cd $SPARK_HOME
$ ./R/install-dev.sh
* installing *source* package 'SparkR' ...
** R
** inst
** preparing package for lazy loading
Creating a new generic function for 'colnames' in package 'SparkR'
...
$ bin/sparkR

R version 3.2.3 (2015-12-10) -- "Wooden Christmas-Tree"
Copyright (C) 2015 The R Foundation for Statistical Computing
Platform: x86_64-redhat-linux-gnu (64-bit)

R is free software and comes with ABSOLUTELY NO WARRANTY.
You are welcome to redistribute it under certain conditions.
```

```
Type 'license()' or 'licence()' for distribution details.

  Natural language support but running in an English locale

R is a collaborative project with many contributors.
Type 'contributors()' for more information and
'citation()' on how to cite R or R packages in publications.

Type 'demo()' for some demos, 'help()' for on-line help, or
'help.start()' for an HTML browser interface to help.
Type 'q()' to quit R.

Launching java with spark-submit command /home/alex/spark-1.6.1-bin-
hadoop2.6/bin/spark-submit   "sparkr-shell" /tmp/RtmpgdTfmU/backend_
port22446d0391e8

 Welcome to
    ____              __
   / __/__  ___ _____/ /__
  _\ \/ _ \/ _ `/ __/  '_/
 /___/ .__/\_,_/_/ /_/\_\   version  1.6.1
    /_/


 Spark context is available as sc, SQL context is available as sqlContext
>
```

5. 通过 R 命令行运行 Spark

还可以直接使用 R 命令行（或通过 http://rstudio.org/ 上的 RStudio）初始化 Spark：

```
R> library(SparkR, lib.loc = c(file.path(Sys.getenv("SPARK_HOME"), "R",
"lib")))
...
R> sc <- sparkR.init(master = Sys.getenv("SPARK_MASTER"), sparkEnvir =
list(spark.driver.memory="1g"))
...
R> sqlContext <- sparkRSQL.init(sc)
```

如果在 Spark 上使用 YARN 作为集群资源管理器，SPARK_HOME 环境变量需要指向本地 Spark 安装目录，SPARK_MASTER 和 YARN_CONF_DIR 则应指向集群管理器（local、standalone、mesos 和 YARN）和 YARN 的配置目录。这些内容曾在第 3 章介绍过。

虽然大多数发行版都带有用户界面，但为了延续本书的一贯风格，本章将继续以命令行方式来介绍这些内容。

8.1.2 数据框

注意 数据框（DataFrame）最初来自 R 和 Python，所以在 SparkR 中看到它们也很自然。注意，SparkR 中数据框是基于 RDD 实现的，所以它们的工作方式不同于 R 中的数据框。

关于什么时候以及在什么地方存储和应用 schema 与元数据已成为最近的一个重要话题。一方面早期提供带有数据的 schema 能够对所有的数据进行验证和优化；另一方面，要获取原始数据限制太多，所以采集原始数据时总想获得尽可能多的数据，然后再对数据进行格式化和清理。这个过程通常被称为 schema 的读取。后面的新方法可通过使用工具来处理不断改进的 schema（如 Avro 和 schema 自动发现工具）。本章假设已经完成了 schema 的发现，可以开始使用数据框了。

首先，下载美国交通部的飞机延迟数据集。具体方法如下：

```
$ wget http://www.transtats.bts.gov/Download/On_Time_On_Time_
Performance_2015_7.zip
--2016-01-23 15:40:02--  http://www.transtats.bts.gov/Download/On_Time_
On_Time_Performance_2015_7.zip
Resolving www.transtats.bts.gov... 204.68.194.70
Connecting to www.transtats.bts.gov|204.68.194.70|:80... connected.
HTTP request sent, awaiting response... 200 OK
Length: 26204213 (25M) [application/x-zip-compressed]
Saving to: "On_Time_On_Time_Performance_2015_7.zip"

100%[=================================================================
======================================================================
===================================>] 26,204,213   966K/s   in 27s

2016-01-23 15:40:29 (956 KB/s) - "On_Time_On_Time_Performance_2015_7.zip"
saved [26204213/26204213]


$ unzip -d flights On_Time_On_Time_Performance_2015_7.zip
Archive:  On_Time_On_Time_Performance_2015_7.zip
  inflating: flights/On_Time_On_Time_Performance_2015_7.csv
  inflating: flights/readme.html
```

如果在集群上运行 Spark，则需要将该文件复制到 HDFS 上：

```
$ hadoop fs -put flights .
```

文件 flights/readme.html 提供如图 8-1 所示的详细元数据信息。

接下来将分析 SFO 返程飞行延迟，并找到导致延迟的因素。先从 R 的数据框开始：

```
$ bin/sparkR --master local[8]
```

BACKGROUND

The data contained in the compressed file has been extracted from the On-Time Performance data table of the "On-Time" database from the TranStats data library. The time period is indicated in the name of the compressed file; for example, XXX_XXXXX_2001_1 contains data of the first month of the year 2001.

RECORD LAYOUT

Below are fields in the order that they appear on the records:

Field	Description
Year	Year
Quarter	Quarter (1-4)
Month	Month
DayofMonth	Day of Month
DayOfWeek	Day of Week
FlightDate	Flight Date (yyyymmdd)
UniqueCarrier	Unique Carrier Code. When the same code has been used by multiple carriers, a numeric suffix is used for earlier users, for example, PA, PA(1), PA(2). Use this field for analysis across a range of years.
AirlineID	An identification number assigned by US DOT to identify a unique airline (carrier). A unique airline (carrier) is defined as one holding and reporting under the same DOT certificate regardless of its Code, Name, or holding company/corporation.
Carrier	Code assigned by IATA and commonly used to identify a carrier. As the same code may have been assigned to different carriers over time, the code is not always unique. For analysis, use the Unique Carrier Code.
TailNum	Tail Number
FlightNum	Flight Number
OriginAirportID	Origin Airport, Airport ID. An identification number assigned by US DOT to identify a unique airport. Use this field for airport analysis across a range of years because an airport can change its airport code and airport codes can be reused.
OriginAirportSeqID	Origin Airport, Airport Sequence ID. An identification number assigned by US DOT to identify a unique airport at a given point of time. Airport attributes, such as airport name or coordinates, may change over time.
OriginCityMarketID	Origin Airport, City Market ID. City Market ID is an identification number assigned by US DOT to identify a city market. Use this field to consolidate airports serving the same city market.
Origin	Origin Airport
OriginCityName	Origin Airport, City Name
OriginState	Origin Airport, State Code
OriginStateFips	Origin Airport, State Fips
OriginStateName	Origin Airport, State Name
OriginWac	Origin Airport, World Area Code

图 8-1　美国交通部发布的飞机准点运行的元数据集（仅用于演示）

```
R version 3.2.3 (2015-12-10) -- "Wooden Christmas-Tree"
Copyright (C) 2015 The R Foundation for Statistical Computing
Platform: x86_64-apple-darwin13.4.0 (64-bit)

R is free software and comes with ABSOLUTELY NO WARRANTY.
You are welcome to redistribute it under certain conditions.
Type 'license()' or 'licence()' for distribution details.

  Natural language support but running in an English locale

R is a collaborative project with many contributors.
Type 'contributors()' for more information and
'citation()' on how to cite R or R packages in publications.

Type 'demo()' for some demos, 'help()' for on-line help, or
'help.start()' for an HTML browser interface to help.
Type 'q()' to quit R.

[Previously saved workspace restored]

Launching java with spark-submit command /Users/akozlov/spark-1.6.1-
bin-hadoop2.6/bin/spark-submit   "--master" "local[8]" "sparkr-shell" /
```

```
var/folders/p1/y7ygx_4507q34vhd60q115p80000gn/T//RtmpD42eTz/backend_
port682e58e2c5db

 Welcome to
    ____              __
   / __/__  ___ _____/ /__
  _\ \/ _ \/ _ `/ __/  '_/
 /___/ .__/\_,_/_/ /_/\_\   version  1.6.1
    /_/


 Spark context is available as sc, SQL context is available as sqlContext
> flights <- read.table(unz("On_Time_On_Time_Performance_2015_7.zip",
"On_Time_On_Time_Performance_2015_7.csv"), nrows=1000000, header=T,
quote="\"", sep=",")
> sfoFlights <- flights[flights$Dest == "SFO", ]
> attach(sfoFlights)
> delays <- aggregate(ArrDelayMinutes ~ DayOfWeek + Origin +
UniqueCarrier, FUN=mean, na.rm=TRUE)
> tail(delays[order(delays$ArrDelayMinutes), ])
    DayOfWeek Origin UniqueCarrier ArrDelayMinutes
220         4    ABQ            OO           67.60
489         4    TUS            OO           71.80
186         5    IAH            F9           77.60
696         3    RNO            UA           79.50
491         6    TUS            OO          168.25
84          7    SLC            AS          203.25
```

假设有人在2015年7月的某个周日乘坐阿拉斯加航空公司的飞机从盐湖城飞来，但遇上航班延误（这里只做简单分析，并不关心结果的意义）。导致航班延误的随机因素会很多。

在SparkR中运行这个例子时，会使用R的数据框。如果想分析多个月的数据，需要在多个节点上分配负载，在这种情况下，SparkR的分布式数据框派上用场了，它甚至可以在单个节点上启动多个线程。有一种方式可直接将R的数据框转换为SparkR的数据框，从而得到RDD：

```
> sparkDf <- createDataFrame(sqlContext, flights)
```

如果在笔记本电脑上运行这段代码，将会耗尽整个内存。因为这会在多个线程或节点之间传输数据，所以要尽可能筛选掉无用的数据：

```
sparkDf <- createDataFrame(sqlContext, subset(flights, select =
c("ArrDelayMinutes", "DayOfWeek", "Origin", "Dest", "UniqueCarrier")))
```

下面的代码就可以在笔记本电脑上运行。当然，有一个从Spark的数据框到R数据框的逆转换：

```
> rDf <- as.data.frame(sparkDf)
```

也可以使用spark-csv包来读取.csv文件中的数据。如果原始.csv文件位于分布式系统（如HDFS）中，就可以避免在集群网络上传递数据。目前Spark的唯一缺点是不能直接读取.zip文件：

```
> $ ./bin/sparkR --packages com.databricks:spark-csv_2.10:1.3.0 --master
local[8]

R version 3.2.3 (2015-12-10) -- "Wooden Christmas-Tree"
Copyright (C) 2015 The R Foundation for Statistical Computing
Platform: x86_64-redhat-linux-gnu (64-bit)

R is free software and comes with ABSOLUTELY NO WARRANTY.
You are welcome to redistribute it under certain conditions.
Type 'license()' or 'licence()' for distribution details.

  Natural language support but running in an English locale

R is a collaborative project with many contributors.
Type 'contributors()' for more information and
'citation()' on how to cite R or R packages in publications.

Type 'demo()' for some demos, 'help()' for on-line help, or
'help.start()' for an HTML browser interface to help.
Type 'q()' to quit R.

Warning: namespace 'SparkR' is not available and has been replaced
by .GlobalEnv when processing object 'sparkDf'
[Previously saved workspace restored]

Launching java with spark-submit command /home/alex/spark-1.6.1-bin-
hadoop2.6/bin/spark-submit   "--master" "local[8]" "--packages" "com.
databricks:spark-csv_2.10:1.3.0" "sparkr-shell" /tmp/RtmpfhcUXX/backend_
port1b066bea5a03
Ivy Default Cache set to: /home/alex/.ivy2/cache
The jars for the packages stored in: /home/alex/.ivy2/jars
:: loading settings :: url = jar:file:/home/alex/spark-1.6.1-bin-
hadoop2.6/lib/spark-assembly-1.6.1-hadoop2.6.0.jar!/org/apache/ivy/core/
settings/ivysettings.xml
com.databricks#spark-csv_2.10 added as a dependency
:: resolving dependencies :: org.apache.spark#spark-submit-parent;1.0
  confs: [default]
  found com.databricks#spark-csv_2.10;1.3.0 in central
  found org.apache.commons#commons-csv;1.1 in central
  found com.univocity#univocity-parsers;1.5.1 in central
```

```
:: resolution report :: resolve 189ms :: artifacts dl 4ms
  :: modules in use:
  com.databricks#spark-csv_2.10;1.3.0 from central in [default]
  com.univocity#univocity-parsers;1.5.1 from central in [default]
  org.apache.commons#commons-csv;1.1 from central in [default]
  ---------------------------------------------------------------------
  |                  |            modules            ||   artifacts   |
  |       conf       | number| search|dwnlded|evicted|| number|dwnlded|
  ---------------------------------------------------------------------
  |      default     |   3   |   0   |   0   |   0   ||   3   |   0   |
  ---------------------------------------------------------------------
:: retrieving :: org.apache.spark#spark-submit-parent
  confs: [default]
  0 artifacts copied, 3 already retrieved (0kB/7ms)

 Welcome to
    ____              __
   / __/__  ___ _____/ /__
  _\ \/ _ \/ _ `/ __/  '_/
 /___/ .__/\_,_/_/ /_/\_\   version  1.6.1
    /_/


 Spark context is available as sc, SQL context is available as sqlContext
> sparkDf <- read.df(sqlContext, "./flights", "com.databricks.spark.csv",
header="true", inferSchema = "false")
> sfoFlights <- select(filter(sparkDf, sparkDf$Dest == "SFO"),
"DayOfWeek", "Origin", "UniqueCarrier", "ArrDelayMinutes")
> aggs <- agg(group_by(sfoFlights, "DayOfWeek", "Origin",
"UniqueCarrier"), count(sparkDf$ArrDelayMinutes),
avg(sparkDf$ArrDelayMinutes))
> head(arrange(aggs, c('avg(ArrDelayMinutes)'), decreasing = TRUE), 10)
   DayOfWeek Origin UniqueCarrier count(ArrDelayMinutes)
avg(ArrDelayMinutes)
1          7     SLC            AS                       4
203.25
2          6     TUS            OO                       4
168.25
3          3     RNO            UA                       8
79.50
4          5     IAH            F9                       5
77.60
5          4     TUS            OO                       5
71.80
6          4     ABQ            OO                       5
```

```
67.60
7          2    ABQ            OO                    4
66.25
8          1    IAH            F9                    4
61.25
9          4    DAL            WN                    5
59.20
10         3    SUN            OO                    5
59.00
```

注意，这里在命令行上使用 --package 选项来加载额外的 com.databricks: spark-csv_2.10: 1.3.0 包，以便在节点集群上执行 Spark 实例的分布式操作，甚至可以分析更大的数据集：

```
$ for i in $(seq 1 6); do wget http://www.transtats.bts.gov/Download/
On_Time_On_Time_Performance_2015_$i.zip; unzip -d flights On_Time_On_
Time_Performance_2015_$i.zip; hadoop fs -put -f flights/On_Time_On_Time_
Performance_2015_$i.csv flights; done


$ hadoop fs -ls flights
Found 7 items
-rw-r--r--   3 alex eng  211633432 2016-02-16 03:28 flights/On_Time_On_
Time_Performance_2015_1.csv
-rw-r--r--   3 alex eng  192791767 2016-02-16 03:28 flights/On_Time_On_
Time_Performance_2015_2.csv
-rw-r--r--   3 alex eng  227016932 2016-02-16 03:28 flights/On_Time_On_
Time_Performance_2015_3.csv
-rw-r--r--   3 alex eng  218600030 2016-02-16 03:28 flights/On_Time_On_
Time_Performance_2015_4.csv
-rw-r--r--   3 alex eng  224003544 2016-02-16 03:29 flights/On_Time_On_
Time_Performance_2015_5.csv
-rw-r--r--   3 alex eng  227418780 2016-02-16 03:29 flights/On_Time_On_
Time_Performance_2015_6.csv
-rw-r--r--   3 alex eng  235037955 2016-02-15 21:56 flights/On_Time_On_
Time_Performance_2015_7.csv
```

下载准点航班数据并将其存放在 flight 的目录中（第 1 章曾讨论过将目录看作大数据集）。下面对整个 2015 年的数据进行相同的分析：

```
> sparkDf <- read.df(sqlContext, "./flights", "com.databricks.spark.csv",
header="true")
> sfoFlights <- select(filter(sparkDf, sparkDf$Dest == "SFO"),
"DayOfWeek", "Origin", "UniqueCarrier", "ArrDelayMinutes")
> aggs <- cache(agg(group_by(sfoFlights, "DayOfWeek",
"Origin", "UniqueCarrier"), count(sparkDf$ArrDelayMinutes),
avg(sparkDf$ArrDelayMinutes)))
> head(arrange(aggs, c('avg(ArrDelayMinutes)'), decreasing = TRUE), 10)
   DayOfWeek Origin UniqueCarrier count(ArrDelayMinutes)
avg(ArrDelayMinutes)
1          6    MSP            UA                    1
122.00000
2          3    RNO            UA                    8
```

```
79.50000
3           1    MSP            UA                   13
68.53846
4           7    SAT            UA                    1
65.00000
5           7    STL            UA                    9
64.55556
6           1    ORD            F9                   13
55.92308
7           1    MSO            OO                    4
50.00000
8           2    MSO            OO                    4
48.50000
9           5    CEC            OO                   28
45.86957
10          3    STL            UA                   13
43.46154
```

注意，cache() 函数将数据集缓冲到内存中，因为稍后会再次使用它。这次是美国明尼阿波利斯在星期六的航班！这里针对 DayOfWeek、Origin 和 UniqueCarrier 的组合只有一个记录，这很可能是个异常值。这个异常值是：大约 30 次飞行晚点的平均时间减少到 30 分钟：

```
> head(arrange(filter(filter(aggs, aggs$Origin == "SLC"),
aggs$UniqueCarrier == "AS"), c('avg(ArrDelayMinutes)'), decreasing =
TRUE), 100)
  DayOfWeek Origin UniqueCarrier count(ArrDelayMinutes)
avg(ArrDelayMinutes)
1          7    SLC            AS                   30
32.600000
2          2    SLC            AS                   30
10.200000
3          4    SLC            AS                   31
9.774194
4          1    SLC            AS                   30
9.433333
5          3    SLC            AS                   30
5.866667
6          5    SLC            AS                   31
5.516129
7          6    SLC            AS                   30
2.133333
```

星期天也仍然会这样延误。笔记本电脑的 CPU 核数和集群中的节点数决定能分析数据量的多少。下面来看看更复杂的机器学习模型。

8.1.3 线性模型

线性方法在统计建模中扮演着非常重要的角色。顾名思义，线性模型就是假设因变量是自变量的加权组合。R 中的 lm 函数可用来进行线性回归并返回系数，具体操作如下：

```
R> attach(iris)
R> lm(Sepal.Length ~ Sepal.Width)

Call:
lm(formula = Sepal.Length ~ Sepal.Width)

Coefficients:
(Intercept)  Sepal.Width
     6.5262      -0.2234
```

summary 函数提供了更多信息：

```
R> model <- lm(Sepal.Length ~ Sepal.Width + Petal.Length + Petal.Width)
R> summary(model)

Call:
lm(formula = Sepal.Length ~ Sepal.Width + Petal.Length + Petal.Width)

Residuals:
     Min       1Q   Median       3Q      Max
-0.82816 -0.21989  0.01875  0.19709  0.84570

Coefficients:
             Estimate Std. Error t value Pr(>|t|)
(Intercept)   1.85600    0.25078   7.401 9.85e-12 ***
Sepal.Width   0.65084    0.06665   9.765  < 2e-16 ***
Petal.Length  0.70913    0.05672  12.502  < 2e-16 ***
Petal.Width  -0.55648    0.12755  -4.363 2.41e-05 ***
---
Signif. codes:  0 '***' 0.001 '**' 0.01 '*' 0.05 '.' 0.1 ' ' 1

Residual standard error: 0.3145 on 146 degrees of freedom
Multiple R-squared:  0.8586,  Adjusted R-squared:  0.8557
F-statistic: 295.5 on 3 and 146 DF,  p-value: < 2.2e-16
```

第 3 章已经讨论过广义线性模型，下面介绍它在 R 和 SparkR 中的应用。线性模型通常会提供更丰富的信息，是优秀的数据分析工具，尤其是在处理噪声数据和选择相关特征时更具优势。

注意　**数据分析生命周期**

虽然大多数统计学书籍强调分析数据以及最合理地使用数据，但统计分析的结果一般也会对搜索新信息的来源产生一定的影响。第 3 章结束时曾讨论过：在完整的数据生命周期中，数据科学家总是将最新变量和重要结果转变成采集数据的理论。例如，家用打印机的墨水使用分析报告指出打印照片的墨水量增加了，则应该收集图片格式、数字图像源和用户纸张使用习惯等信息。即使这个过程不是全自动化，但这种方法在真实的商业环境中也非常有效。

下面是关于线性模型输出参数的简单描述：

- **残差**：实际值和预测值之间的差异统计。现有很多检测残差分布模型的方法，讨论它们已超出了本书的范围，但可以使用 resid（model）函数获得详细的残差表。
- **系数**：实际的线性组合系数。t 值表示系数值与标准误差估计值的比率：比率值较高意味着组合系数可能对因变量有较大的影响。系数也可以用 coef（model）函数获得。
- **残留标准误差**：给出标准均方误差，即在线性回归中作为优化目标的度量。
- **多元 R 平方**：模型解释的因变量方差比。调整值考虑了模型中的参数数量，并且当样本数量不能对模型的复杂性做出解释时（即使在大数据情况下也会发生），调整值是避免过拟合的更好的度量。
- **F 统计量**：模型质量的度量。简单来说，它是度量模型参数如何解释因变量的。p 值给出了模型解释因变量的概率。通常令人满意的取值是小于 0.05（或 5%）。一般来说，较高的值表明该模型在统计上可能无效，也没有什么意义；但较低的 F 统计值也并不总表明该模型将在实际中运行良好。因此它不能被直接作为模型接受标准。

一般在使用线性模型时，会使用更复杂的广义线性模型函数或递归模型（例如决策树和 rpart 函数）来寻找有意义的变量。线性模型可以作为其他改进模型的比较标准。

如果自变量是离散的，ANOVA 方法是研究方差的标准技术：

```
R> aov <- aov(Sepal.Length ~ Species)
R> summary(aov)
             Df Sum Sq Mean Sq F value Pr(>F)
Species       2  63.21  31.606   119.3 <2e-16 ***
Residuals   147  38.96   0.265
---
Signif. codes:  0 '***' 0.001 '**' 0.01 '*' 0.05 '.' 0.1 ' ' 1
```

模型质量的度量是 F 统计量。虽然人们总是可以通过 Rscript 的管道机制来运行具有 RDD 功能的 R 算法，但后面还会讨论 JSR（Java Specifcation Request）223 与 Python 集成的问题。下一节将专门介绍一个具体的广义线性回归函数，该函数已经在 R 和 SparkR 中实现。

8.1.4 广义线性模型

可运行 R 的 glm 函数或 SparkR 的 glm 函数。下表为 R 中已经实现的链接函数（link

function)、优化函数以及可能的选择：

函　　数	方　　差	链接函数
gaussian	gaussian	identity
binomial	binomial	logit、probit 或 cloglog
poisson	poisson	log、identity 或 sqrt
Gamma	Gamma	inverse、identity 或 log
inverse.gaussian	inverse.gaussian	1/mu^2
quasi	user-defined	user-defined

把 ArrDel15 当作一个二元目标，它表示飞机到达时间是否会超过 15 分钟。自变量有 DepDel15、DayOfWeek、Month、UniqueCarrier、Origin 和 Dest 等：

```
R> flights <- read.table(unz("On_Time_On_Time_Performance_2015_7.zip",
"On_Time_On_Time_Performance_2015_7.csv"), nrows=1000000, header=T,
quote="\"", sep=",")
R> flights$DoW_ <- factor(flights$DayOfWeek,levels=c(1,2,3,4,5,6,7), labe
ls=c("Mon","Tue","Wed","Thu","Fri","Sat","Sun"))
R> attach(flights)
R> system.time(model <- glm(ArrDel15 ~ UniqueCarrier + DoW_ + Origin +
Dest, flights, family="binomial"))
```

在等待结果的同时，请打开 SparkR 的另一个 shell，并在 7 个月的数据上运行 glm 函数：

```
sparkR> cache(sparkDf <- read.df(sqlContext, "./flights", "com.
databricks.spark.csv", header="true", inferSchema="true"))
DataFrame[Year:int, Quarter:int, Month:int, DayofMonth:int,
DayOfWeek:int, FlightDate:string, UniqueCarrier:string, AirlineID:int,
Carrier:string, TailNum:string, FlightNum:int, OriginAirportID:int,
OriginAirportSeqID:int, OriginCityMarketID:int, Origin:string,
OriginCityName:string, OriginState:string, OriginStateFips:int,
OriginStateName:string, OriginWac:int, DestAirportID:int,
DestAirportSeqID:int, DestCityMarketID:int, Dest:string,
DestCityName:string, DestState:string, DestStateFips:int,
DestStateName:string, DestWac:int, CRSDepTime:int, DepTime:int,
DepDelay:double, DepDelayMinutes:double, DepDel15:double,
DepartureDelayGroups:int, DepTimeBlk:string, TaxiOut:double,
WheelsOff:int, WheelsOn:int, TaxiIn:double, CRSArrTime:int,
ArrTime:int, ArrDelay:double, ArrDelayMinutes:double, ArrDel15:double,
ArrivalDelayGroups:int, ArrTimeBlk:string, Cancelled:double,
CancellationCode:string, Diverted:double, CRSElapsedTime:double,
ActualElapsedTime:double, AirTime:double, Flights:double,
Distance:double, DistanceGroup:int, CarrierDelay:double,
WeatherDelay:double, NASDelay:double, SecurityDelay:double,
LateAircraftDelay:double, FirstDepTime:int, TotalAddGTime:double,
LongestAddGTime:double, DivAirportLandings:int, DivReachedDest:double,
DivActualElapsedTime:double, DivArrDelay:double, DivDistance:double,
Div1Airport:string, Div1AirportID:int, Div1AirportSeqID:int,
Div1WheelsOn:int, Div1TotalGTime:double, Div1LongestGTime:double,
```

```
Div1WheelsOff:int, Div1TailNum:string, Div2Airport:string,
Div2AirportID:int, Div2AirportSeqID:int, Div2WheelsOn:int,
Div2TotalGTime:double, Div2LongestGTime:double, Div2WheelsOff:string,
Div2TailNum:string, Div3Airport:string, Div3AirportID:string,
Div3AirportSeqID:string, Div3WheelsOn:string, Div3TotalGTime:string,
Div3LongestGTime:string, Div3WheelsOff:string, Div3TailNum:string,
Div4Airport:string, Div4AirportID:string, Div4AirportSeqID:string,
Div4WheelsOn:string, Div4TotalGTime:string, Div4LongestGTime:string,
Div4WheelsOff:string, Div4TailNum:string, Div5Airport:string,
Div5AirportID:string, Div5AirportSeqID:string, Div5WheelsOn:string,
Div5TotalGTime:string, Div5LongestGTime:string, Div5WheelsOff:string,
Div5TailNum:string, :string]
sparkR> noNulls <- cache(dropna(selectExpr(filter(sparkDf,
sparkDf$Cancelled == 0), "ArrDel15", "UniqueCarrier", "format_
string('%d', DayOfWeek) as DayOfWeek", "Origin", "Dest"), "any"))
sparkR> sparkModel = glm(ArrDel15 ~ UniqueCarrier + DayOfWeek + Origin +
Dest, noNulls, family="binomial")
```

这里建立一个解释航班延迟的模型。该模型由航班号、星期、出发地和目的地生成，可让获得的数据具备这样的格式：ArrDel15~UniqueCarrier + DayOfWeek + Origin + Dest。

注意

null、大数据和 Scala

注意，在 SparkR 中使用 glm 时，必须过滤掉未取消的航班，删除 NA（类似于 C 和 Java 语言中的 null）。在默认情况下，R 就会这样做。大数据通常是稀疏的，因此 NA 在大数据中很常见，所以要重视这种情况。在 MLlib 中显式处理空值（null），这是在提醒用户数据集中增加了一些额外的信息，这是一个受欢迎的特性。NA 的出现给出了数据采集方式的信息。在理想情况下，每个 NA 应该通过 get_na_info 方法来得到它不可用的具体原因，并让用户采用 Scala 中的 Either 类型。

空值具有 Java 或 Scala 语言中的部分特征，而 Option 和 Either 是两种全新的数据类型，它们有更可靠的机制来处理空值。具体而言，Either 可以给出一个值，也就是一个异常消息，以此说明该数据为什么不能用于计算；而 Option 可以给出一个具体值或者直接为 None，Scala 模式匹配框架能很容易得到它。

注意，在单个 CPU 上，SparkR 可运行在多个线程上。这些线程会在多核 CPU 运行，并能较快返回结果，即使在较大数据集上也是如此。这个实验在 32 核的计算机上只需一分钟就能完成，而采用 R 的 glm 需要 35 分钟。为了得到与 R 一样的结果，还需要运行 summary() 方法：

```
> summary(sparkModel)
$coefficients
                     Estimate
(Intercept)       -1.518542340
UniqueCarrier_WN   0.382722232
UniqueCarrier_DL  -0.047997652
UniqueCarrier_OO   0.367031995
```

```
UniqueCarrier_AA  0.046737727
UniqueCarrier_EV  0.344539788
UniqueCarrier_UA  0.299290120
UniqueCarrier_US  0.069837542
UniqueCarrier_MQ  0.467597761
UniqueCarrier_B6  0.326240578
UniqueCarrier_AS -0.210762769
UniqueCarrier_NK  0.841185903
UniqueCarrier_F9  0.788720078
UniqueCarrier_HA -0.094638586
DayOfWeek_5       0.232234937
DayOfWeek_4       0.274016179
DayOfWeek_3       0.147645473
DayOfWeek_1       0.347349366
DayOfWeek_2       0.190157420
DayOfWeek_7       0.199774806
Origin_ATL       -0.180512251
...
```

表现最差的是 NK（Spirit 航空公司）。SparkR 内部使用的优化算法为有限内存拟牛顿法，在 7 月份的数据上，它与使用 R 的 glm 所计算的结果相似：

```
R> summary(model)

Call:
glm(formula = ArrDel15 ~ UniqueCarrier + DoW + Origin + Dest,
    family = "binomial", data = dow)

Deviance Residuals:
    Min       1Q   Median       3Q      Max
-1.4205  -0.7274  -0.6132  -0.4510   2.9414

Coefficients:
                  Estimate Std. Error z value Pr(>|z|)
(Intercept)      -1.817e+00  2.402e-01  -7.563 3.95e-14 ***
UniqueCarrierAS -3.296e-01  3.413e-02  -9.658  < 2e-16 ***
UniqueCarrierB6  3.932e-01  2.358e-02  16.676  < 2e-16 ***
UniqueCarrierDL -6.602e-02  1.850e-02  -3.568 0.000359 ***
UniqueCarrierEV  3.174e-01  2.155e-02  14.728  < 2e-16 ***
UniqueCarrierF9  6.754e-01  2.979e-02  22.668  < 2e-16 ***
UniqueCarrierHA  7.883e-02  7.058e-02   1.117 0.264066
UniqueCarrierMQ  2.175e-01  2.393e-02   9.090  < 2e-16 ***
UniqueCarrierNK  7.928e-01  2.702e-02  29.343  < 2e-16 ***
```

```
UniqueCarrierOO  4.001e-01  2.019e-02  19.817  < 2e-16 ***
UniqueCarrierUA  3.982e-01  1.827e-02  21.795  < 2e-16 ***
UniqueCarrierVX  9.723e-02  3.690e-02   2.635 0.008423 **
UniqueCarrierWN  6.358e-01  1.700e-02  37.406  < 2e-16 ***
dowTue           1.365e-01  1.313e-02  10.395  < 2e-16 ***
dowWed           1.724e-01  1.242e-02  13.877  < 2e-16 ***
dowThu           4.593e-02  1.256e-02   3.656 0.000256 ***
dowFri          -2.338e-01  1.311e-02 -17.837  < 2e-16 ***
dowSat          -2.413e-01  1.458e-02 -16.556  < 2e-16 ***
dowSun          -3.028e-01  1.408e-02 -21.511  < 2e-16 ***
OriginABI       -3.355e-01  2.554e-01  -1.314 0.188965
...
```

下表给出了 SparkR 中 glm 函数的其他参数：

参　数	可能的取值	注　释
formula	类似 R 中的符号描述	目前只支持这些运算符：'~'、'.'、'：'、'+' 和 '-'
family	gaussian 或 binomial	使用如下引用：gaussian->linear regression、binomial->logistic regression
data	DataFrame	使用 SparkR 的数据框，而不是 data.frame 函数
lambda	positive	正则化系数
alpha	positive	弹性网混合参数（详细信息参阅 glmnet 的相关文档）
standardize	TRUE 或 FALSE	用户自定义
slover	l-bfgs、normal 或 auto	auto：自动选择算法； l-bfgs：有限内存的 BFGS 算法； normal：使用正规方程作为线性回归问题的解析解

8.1.5 在 SparkR 中读取 JSON 文件

Schema 读取大数据的功能很强大。数据框能够计算出文本文件每行所包含的 JSON 记录：

```
[akozlov@Alexanders-MacBook-Pro spark-1.6.1-bin-hadoop2.6]$ cat examples/
src/main/resources/people.json
{"name":"Michael"}
{"name":"Andy", "age":30}
{"name":"Justin", "age":19}

[akozlov@Alexanders-MacBook-Pro spark-1.6.1-bin-hadoop2.6]$ bin/sparkR
...

> people = read.json(sqlContext, "examples/src/main/resources/people.
json")
> dtypes(people)
```

```
[[1]]
[1] "age"    "bigint"

[[2]]
[1] "name"   "string"

> schema(people)
StructType
|-name = "age", type = "LongType", nullable = TRUE
|-name = "name", type = "StringType", nullable = TRUE
> showDF(people)
+----+-------+
| age|   name|
+----+-------+
|null|Michael|
|  30|   Andy|
|  19| Justin|
+----+-------+
```

8.1.6 在 SparkR 中写入 Parquet 文件

上一章介绍过 Parquet 格式，它是一种高效的存储格式，特别是对于低基数（low cardinality）列更是如此。R 能直接读取和写入 Parquet 文件：

```
> write.parquet(sparkDf, "parquet")
```

可以看到新的 Parquet 文件比从 DoT 下载的原始 zip 文件要小 66 倍：

```
[akozlov@Alexanders-MacBook-Pro spark-1.6.1-bin-hadoop2.6]$ ls -l On_
Time_On_Time_Performance_2015_7.zip parquet/ flights/
-rw-r--r--  1 akozlov  staff  26204213 Sep  9 12:21 /Users/akozlov/spark/
On_Time_On_Time_Performance_2015_7.zip

flights/:
total 459088
-rw-r--r--  1 akozlov  staff  235037955 Sep  9 12:20 On_Time_On_Time_
Performance_2015_7.csv
-rw-r--r--  1 akozlov  staff      12054 Sep  9 12:20 readme.html

parquet/:
total 848
-rw-r--r--  1 akozlov  staff       0 Jan 24 22:50 _SUCCESS
-rw-r--r--  1 akozlov  staff   10000 Jan 24 22:50 _common_metadata
-rw-r--r--  1 akozlov  staff   23498 Jan 24 22:50 _metadata
-rw-r--r--  1 akozlov  staff  394418 Jan 24 22:50 part-r-00000-9e2d0004-
c71f-4bf5-aafe-90822f9d7223.gz.parquet
```

8.1.7 从 R 调用 Scala

假设想通过 R 去调用 Scala 的一个关于数值计算的特殊方法。可采取类似 Unix 系统的操作：用 R 的 system() 函数调用 /bin/sh。但采用 rscala 包会更高效，它启动 Scala 解释器，并通过 TCP/IP 协议来进行网络通信。

Scala 解释器维护调用之间的状态（记忆）。类似地，可定义如下函数：

```
R> scala <- scalaInterpreter()
R> scala %~% 'def pri(i: Stream[Int]): Stream[Int] = i.head #:: pri(i.
tail filter  { x => { println("Evaluating " + x + "%" + i.head); x %
i.head != 0 } } )'
ScalaInterpreterReference... engine: javax.script.ScriptEngine
R> scala %~% 'val primes = pri(Stream.from(2))'
ScalaInterpreterReference... primes: Stream[Int]
R> scala %~% 'primes take 5 foreach println'
2
Evaluating 3%2
3
Evaluating 4%2
Evaluating 5%2
Evaluating 5%3
5
Evaluating 6%2
Evaluating 7%2
Evaluating 7%3
Evaluating 7%5
7
Evaluating 8%2
Evaluating 9%2
Evaluating 9%3
Evaluating 10%2
Evaluating 11%2
Evaluating 11%3
Evaluating 11%5
Evaluating 11%7
11
R> scala %~% 'primes take 5 foreach println'
2
3
5
7
11
R> scala %~% 'primes take 7 foreach println'
```

```
2
3
5
7
11
Evaluating 12%2
Evaluating 13%2
Evaluating 13%3
Evaluating 13%5
Evaluating 13%7
Evaluating 13%11
13
Evaluating 14%2
Evaluating 15%2
Evaluating 15%3
Evaluating 16%2
Evaluating 17%2
Evaluating 17%3
Evaluating 17%5
Evaluating 17%7
Evaluating 17%11
Evaluating 17%13
17
R>
```

通过 Scala 调用 R，需要 Scala 运算符或 Rscript 命令：

```
[akozlov@Alexanders-MacBook-Pro ~]$ cat << EOF > rdate.R
> #!/usr/local/bin/Rscript
>
> write(date(), stdout())
> EOF
[akozlov@Alexanders-MacBook-Pro ~]$ chmod a+x rdate.R
[akozlov@Alexanders-MacBook-Pro ~]$ scala
Welcome to Scala version 2.11.7 (Java HotSpot(TM) 64-Bit Server VM, Java
1.8.0_40).
Type in expressions to have them evaluated.
Type :help for more information.

scala> import sys.process._
import sys.process._

scala> val date = Process(Seq("./rdate.R")).!!
date: String =
```

```
"Wed Feb 24 02:20:09 2016
"
```

使用 Rserve

更高效的方法是使用类似 TCP/IP 的二进制文件传输协议和 R 的 Rsclient/Rserve 软件包（http://www.rforge.net/Rserve）来进行通信。若要启动节点上的 Rserve 包，需执行以下操作：

```
[akozlov@Alexanders-MacBook-Pro ~]$ wget http://www.rforge.net/Rserve/
snapshot/Rserve_1.8-5.tar.gz

[akozlov@Alexanders-MacBook-Pro ~]$ R CMD INSTALL Rserve_1.8-5.tar.gz
...
[akozlov@Alexanders-MacBook-Pro ~]$ R CMD INSTALL Rserve_1.8-5.tar.gz

[akozlov@Alexanders-MacBook-Pro ~]$ $ R -q CMD Rserve

R version 3.2.3 (2015-12-10) -- "Wooden Christmas-Tree"
Copyright (C) 2015 The R Foundation for Statistical Computing
Platform: x86_64-apple-darwin13.4.0 (64-bit)

R is free software and comes with ABSOLUTELY NO WARRANTY.
You are welcome to redistribute it under certain conditions.
Type 'license()' or 'licence()' for distribution details.

  Natural language support but running in an English locale

R is a collaborative project with many contributors.
Type 'contributors()' for more information and
'citation()' on how to cite R or R packages in publications.

Type 'demo()' for some demos, 'help()' for on-line help, or
'help.start()' for an HTML browser interface to help.
Type 'q()' to quit R.

Rserv started in daemon mode.
```

在默认情况下，Rserve 会在 localhost: 6311 上进行监听。二进制网络协议的优点是跨平台，多个客户端可以与服务器通信，所以客户端可以连接到 Rserve。

注意，虽然将结果作为二进制对象传递有其优点，但必须小心 R 和 Scala 之间的类型映射。Rserve 支持包括 Python 在内的其他客户端。本章最后会介绍与 JSR 223 兼容的脚本。

8.2　Python 的集成

Python 渐渐变成了一个事实上的数据科学工具。它有命令行界面和很不错的可视化工具 matplotlib 和 ggplot，其中 ggplot 是基于 R 的 ggplot2 开发的。最近，时序列数据分析软件包 Pandas 的创始者 Wes McKinney 已经加入了 Cloudera 公司，这为 Python 在大数据中的应用创造了更好的条件。

8.2.1　安装 Python

Python 通常是 Spark 默认安装的一部分，Spark 要求 Python 的版本是 2.7.0 以上。

如果读者的 Mac OS 上没有安装 Python，建议从 http://brew.sh 上下载并安装包管理器 Homebrew：

```
[akozlov@Alexanders-MacBook-Pro spark(master)]$ ruby -e "$(curl -fsSL
https://raw.githubusercontent.com/Homebrew/install/master/install)"
==> This script will install:
/usr/local/bin/brew
/usr/local/Library/...
/usr/local/share/man/man1/brew.1
…
[akozlov@Alexanders-MacBook-Pro spark(master)]$ brew install python
…
```

另外还可以在类 Unix 系统上对发布的 Python 源码进行编译：

```
$ export PYTHON_VERSION=2.7.11
$ wget -O - https://www.python.org/ftp/python/$PYTHON_VERSION/Python-
$PYTHON_VERSION.tgz | tar xzvf -
$ cd $HOME/Python-$PYTHON_VERSION
$ ./configure--prefix=/usr/local --enable-unicode=ucs4--enable-shared
LDFLAGS="-Wl,-rpath /usr/local/lib"
$ make; sudo make altinstall
$ sudo ln -sf /usr/local/bin/python2.7 /usr/local/bin/python
```

一种不错的做法是将编译后的文件与 Python 默认安装路径放在不同的目录中。一个系统上有多个版本的 Python 也正常，通常只要将不同版本的 Python 安装在不同目录下就不会出问题。机器学习有很多工具包，本章还需再配置一些包。当然，工具包的具体版本可能因 Python 的版本会有所不同：

```
$ wget https://bootstrap.pypa.io/ez_setup.py
$ sudo /usr/local/bin/python ez_setup.py
$ sudo /usr/local/bin/easy_install-2.7 pip
$ sudo /usr/local/bin/pip install --upgrade avro nose numpy scipy pandas
statsmodels scikit-learn iso8601 python-dateutil python-snappy
```

如果要编译所有代码（包括 SciPy，它会使用 Fortran 编译器和线性代数库），请使用

Python 2.7.11！

注意 请注意，如果想在分布式环境中通过pipe命令来使用Python，需要集群中的每个节点都安装Python。

8.2.2 PySpark

像bin/sparkR使用预加载的Spark上下文来启动R一样，bin/pyspark也会先预加载Spark上下文，运行Spark驱动程序，然后启动Python shell。其中环境变量PYSPARK_PYTHON用于指向具体的Python版本：

```
[akozlov@Alexanders-MacBook-Pro spark-1.6.1-bin-hadoop2.6]$ export
PYSPARK_PYTHON=/usr/local/bin/python
[akozlov@Alexanders-MacBook-Pro spark-1.6.1-bin-hadoop2.6]$ bin/pyspark
Python 2.7.11 (default, Jan 23 2016, 20:14:24)
[GCC 4.2.1 Compatible Apple LLVM 7.0.2 (clang-700.1.81)] on darwin
Type "help", "copyright", "credits" or "license" for more information.
Welcome to
```

```
Using Python version 2.7.11 (default, Jan 23 2016 20:14:24)
SparkContext available as sc, HiveContext available as sqlContext.
>>>
```

PySpark支持MLlib库的大多数功能（http://spark.apache.org/docs/latest/api/python），但它总是滞后于Scala API几个版本（http://spark.apache.org/docs/latest/api/python）。从1.6.0以上的版本开始，PySpark支持数据框（http://spark.apache.org/docs/latest/sql-programming-guide.html）：

```
>>> sfoFlights = sqlContext.sql("SELECT Dest, UniqueCarrier,
ArrDelayMinutes FROM parquet.parquet")
>>> sfoFlights.groupBy(["Dest", "UniqueCarrier"]).agg(func.
avg("ArrDelayMinutes"), func.count("ArrDelayMinutes")).
sort("avg(ArrDelayMinutes)", ascending=False).head(5)
[Row(Dest=u'HNL', UniqueCarrier=u'HA', avg(ArrDelayMinut
es)=53.70967741935484, count(ArrDelayMinutes)=31), Row(Dest=u'IAH',
UniqueCarrier=u'F9', avg(ArrDelayMinutes)=43.064516129032256,
count(ArrDelayMinutes)=31), Row(Dest=u'LAX', UniqueCarrier=u'DL', av
g(ArrDelayMinutes)=39.68691588785047, count(ArrDelayMinutes)=214),
Row(Dest=u'LAX', UniqueCarrier=u'WN', avg(ArrDelayMinut
es)=29.704453441295545, count(ArrDelayMinutes)=247), Row(Dest=u'MSO',
UniqueCarrier=u'OO', avg(ArrDelayMinutes)=29.551724137931036,
count(ArrDelayMinutes)=29)]
```

8.2.3 从 Java/Scala 调用 Python

因为这是一本关于 Scala 的书，所以还应该讲讲如何直接从 Scala（或 Java）调用 Python 代码及其解释器。下面将讨论这些有用的功能。

1. 使用 sys.process._

Scala 同 Java 一样，可以创建一个单独的线程来调用 OS 进程。其实在第 1 章就采用过这种方法来进行交互式分析：通过 .! 命令启动进程并返回退出代码，而 .!! 命令将返回包含输出的字符串：

```
scala> import sys.process._
import sys.process._

scala> val retCode = Process(Seq("/usr/local/bin/python", "-c", "import
socket; print(socket.gethostname())")).!
Alexanders-MacBook-Pro.local
retCode: Int = 0

scala> val lines = Process(Seq("/usr/local/bin/python", "-c", """from
datetime import datetime, timedelta; print("Yesterday was {}".
format(datetime.now()-timedelta(days=1)))""")).!!
lines: String =
"Yesterday was 2016-02-12 16:24:53.161853
"
```

接下来试着完成一个更复杂的 SVD 计算（类似于推荐引擎中使用的 SVD ++ 方法，但这次要在后台调用 BLASC 库）。创建一个可执行的 Python 文件，它通过字符串来表示矩阵，输入是矩阵的秩，输出是 SVD 近似，这个近似矩阵的秩与输入的秩一样：

```
#!/usr/bin/env python

import sys
import os
import re

import numpy as np
from scipy import linalg
from scipy.linalg import svd

np.set_printoptions(linewidth=10000)

def process_line(input):
    inp = input.rstrip("\r\n")
    if len(inp) > 1:
        try:
            (mat, rank) = inp.split("|")
            a = np.matrix(mat)
            r = int(rank)
```

```
        except:
            a = np.matrix(inp)
            r = 1
        U, s, Vh = linalg.svd(a, full_matrices=False)
        for i in xrange(r, s.size):
            s[i] = 0
        S = linalg.diagsvd(s, s.size, s.size)
        print(str(np.dot(U, np.dot(S, Vh))).replace(os.linesep, ";"))

if __name__ == '__main__':
    map(process_line, sys.stdin)
```

上面的 Python 文件取名叫 svd.py，将其保存在当前目录。输入一个矩阵和它的秩，根据输入的秩来生成一个 SVD 的近似：

```
$ echo -e "1,2,3;2,1,2;3,2,1;7,8,9|3" | ./svd.py
[[ 1.  2.  3.]; [ 2.  1.  2.]; [ 3.  2.  1.]; [ 7.  8.  9.]]
```

要从 Scala 调用该文件，需先在 DSL 中定义 # <<< 方法：

```
scala> implicit class RunCommand(command: String) {
     |   def #<<< (input: String)(implicit buffer: StringBuilder) =  {
     |     val process = Process(command)
     |     val io = new ProcessIO (
     |       in  => { in.write(input getBytes "UTF-8"); in.close},
     |       out => { buffer append scala.io.Source.fromInputStream(out).
getLines.mkString("\n"); buffer.append("\n"); out.close() },
     |       err => { scala.io.Source.fromInputStream(err).getLines().
foreach(System.err.println) })
     |     (process run io).exitValue
     |   }
     | }
defined class RunCommand
```

现在就可以使用 #<<< 运算符调用 Python 的 SVD 方法了。

```
scala> implicit val buffer = new StringBuilder()
buffer: StringBuilder =


scala> if ("./svd.py" #<<< "1,2,3;2,1,2;3,2,1;7,8,9|1" == 0)
Some(buffer.toString) else None
res77: Option[String] = Some([[ 1.84716691  2.02576751  2.29557674];
[ 1.48971176  1.63375041  1.85134741]; [ 1.71759947  1.88367234
2.13455611]; [ 7.19431647  7.88992728  8.94077601]])
```

注意，要得到秩为 1 的矩阵，则该矩阵所有的行和列都是线性相关的。对于输入操作，可按如下方式一次传递多行数据：

```
scala> if ("./svd.py" #<<< """
     | 1,2,3;2,1,2;3,2,1;7,8,9|0
     | 1,2,3;2,1,2;3,2,1;7,8,9|1
```

```
     | 1,2,3;2,1,2;3,2,1;7,8,9|2
     | 1,2,3;2,1,2;3,2,1;7,8,9|3""" == 0) Some(buffer.toString) else None
res80: Option[String] =
Some([[ 0.  0.  0.]; [ 0.  0.  0.]; [ 0.  0.  0.]; [ 0.  0.  0.]]
[[ 1.84716691  2.02576751  2.29557674]; [ 1.48971176  1.63375041
1.85134741]; [ 1.71759947  1.88367234  2.13455611]; [ 7.19431647
7.88992728  8.94077601]]
[[ 0.9905897   2.02161614  2.98849663]; [ 1.72361156  1.63488399
1.66213642]; [ 3.04783513  1.89011928  1.05847477]; [ 7.04822694
7.88921926  9.05895373]]
[[ 1.  2.  3.]; [ 2.  1.  2.]; [ 3.  2.  1.]; [ 7.  8.  9.]])
```

2. Spark pipe

通常SVD分解的计算量很大，因此在这种情况下调用Python的开销显得相对较小。如果让进程一直运行，并像上一个例子那样每次输入多行数据，这样就能避免这种开销。Hadoop MR和Spark都是采用这种方法。例如在Spark中整个计算只需要一行，如下所示：

```
scala> sc.parallelize(List("1,2,3;2,1,2;3,2,1;7,8,9|0",
"1,2,3;2,1,2;3,2,1;7,8,9|1", "1,2,3;2,1,2;3,2,1;7,8,9|2",
"1,2,3;2,1,2;3,2,1;7,8,9|3"),4).pipe("./svd.py").collect.foreach(println)
[[ 0.  0.  0.]; [ 0.  0.  0.]; [ 0.  0.  0.]; [ 0.  0.  0.]]
[[ 1.84716691  2.02576751  2.29557674]; [ 1.48971176  1.63375041
1.85134741]; [ 1.71759947  1.88367234  2.13455611]; [ 7.19431647
7.88992728  8.94077601]]
[[ 0.9905897   2.02161614  2.98849663]; [ 1.72361156  1.63488399
1.66213642]; [ 3.04783513  1.89011928  1.05847477]; [ 7.04822694
7.88921926  9.05895373]]
[[ 1.  2.  3.]; [ 2.  1.  2.]; [ 3.  2.  1.]; [ 7.  8.  9.]]
```

现在已准备好在多核工作站集群上执行分布计算了！读者应该已经喜欢上Scala/Spark了吧。

注意，调试程序执行过程可能会比较麻烦，因为数据通过操作系统的管道从一个进程传递到另一个进程。

3. Jython和JSR 223

为了完整地介绍Python和Scala的集成，还需介绍Jython，即Python的Java实现，它不同于大家非常熟悉的CPython（它是Python的C语言实现）。Jython不会通过操作系统管道传递输入或输出参数，因为它允许用户将Python源代码编译为Java字节代码，并且能在Java虚拟机上运行。由于Scala也能在Java虚拟机中运行，所以它可以直接使用Jython类；然而反过来一般不行。Java/Jython有时与Scala类不兼容。

注意 **JSR 223**

在实际应用中需要“JavaTM平台的脚本”，这个技术规范是2004年11月15日（https://www.jcp.org/en/jsr/detail?id=223）开始制定的。最初它的目标是让Java

servlet 能够使用多种脚本语言。该规范要求脚本语言维护者运行程序时要提供一个对应的 Java JAR。可移植性问题阻碍了具体的实现，特别是在需要平台与操作系统有复杂的交互（比如 C 或 Fortran 中的动态链接）方面。目前只有少数语言严格遵守这个规范要求，R 和 Python 也不能完全支持。

由于 Java 6 支持 JSR 223，因此 Java 脚本可添加到 javax.script 中，只要提供脚本语言引擎，这个包允许使用相同的 API 调用多种脚本语言。若想添加 Jython 脚本语言，请从 Jython 站点 http://www.jython.org/downloads.html 上下载最新的 Jython JAR：

```
$ wget -O jython-standalone-2.7.0.jar http://search.maven.org/
remotecontent?filepath=org/python/jython-standalone/2.7.0/jython-
standalone-2.7.0.jar


[akozlov@Alexanders-MacBook-Pro Scala]$ scala -cp jython-standalone-
2.7.0.jar
Welcome to Scala version 2.11.7 (Java HotSpot(TM) 64-Bit Server VM, Java
1.8.0_40).
Type in expressions to have them evaluated.
Type :help for more information.


scala> import javax.script.ScriptEngine;
...
scala> import javax.script.ScriptEngineManager;
...
scala> import javax.script.ScriptException;
...
scala> val manager = new ScriptEngineManager();
manager: javax.script.ScriptEngineManager = javax.script.
ScriptEngineManager@3a03464


scala> val engines = manager.getEngineFactories();
engines: java.util.List[javax.script.ScriptEngineFactory] = [org.python.
jsr223.PyScriptEngineFactory@4909b8da, jdk.nashorn.api.scripting.
NashornScriptEngineFactory@68837a77, scala.tools.nsc.interpreter.
IMain$Factory@1324409e]
```

现在可以使用 Jython/Python 脚本引擎：

```
scala> val engine = new ScriptEngineManager().getEngineByName("jython");
engine: javax.script.ScriptEngine = org.python.jsr223.
PyScriptEngine@6094de13


scala> engine.eval("from datetime import datetime, timedelta; yesterday =
str(datetime.now()-timedelta(days=1))")
res15: Object = null
```

```
scala> engine.get("yesterday")
res16: Object = 2016-02-12 23:26:38.012000
```

这里应该有一个免责声明：并不是所有的 Python 模块在 Jython 下都是可用的。需要 C 或者 Fortran 的动态链接（而 Java 中没有该库）的模块不可能在 Jython 中工作。具体而言，Jython 不支持 NumPy 和 SciPy，因为它们依赖于 C 或者 Fortran。如果发现一些丢失的模块，可以尝试从 Python 发行版中复制 .py 文件到 Jython 的 sys.path 目录下。如果这样做模块能够运行，那就非常幸运了。

Jython 访问 Python 模块有一个优势：不需要在每次调用时都执行 Python 的运行时环境，这样会明显提高模块的性能：

```
scala> val startTime = System.nanoTime
startTime: Long = 54384084381087

scala> for (i <- 1 to 100) {
     |   engine.eval("from datetime import datetime, timedelta; yesterday
= str(datetime.now()-timedelta(days=1))")
     |   val yesterday = engine.get("yesterday")
     | }

scala> val elapsed = 1e-9 * (System.nanoTime - startTime)
elapsed: Double = 0.270837934

scala> val startTime = System.nanoTime
startTime: Long = 54391560460133

scala> for (i <- 1 to 100) {
     |   val yesterday = Process(Seq("/usr/local/bin/python", "-c",
"""from datetime import datetime, timedelta; print(datetime.now()-
timedelta(days=1))""")).!!
     | }

scala> val elapsed = 1e-9 * (System.nanoTime - startTime)
elapsed: Double = 2.221937263
```

可以看到，使用 Jython JSR 223 时，其执行的速度要快 10 倍。

8.3 总结

R 和 Python 对数据科学家而言就像面包和黄油一样重要。现代框架往往是彼此协作，取长补短。本章讨论了 Spark 与 R 和 Python 的集成问题，它们有非常受欢迎的包（R）和模块（Python），这些都在 Spark/Scala 中得到实现。甚至有许多人认为 R 和 Python 的库对于实现他们的程序起到了关键性作用。

本章演示了集成这些软件包的一些方法，并给出集成时的一些权衡策略，以便继续学习后面的章节。在下一章一开始就会用到函数式编程。

第 9 章 Chapter 9

Scala 中的 NLP

本章介绍自然语言处理（NLP）的一些常用算法，同时介绍了一些特别适合 Scala 编程的算法。有许多开源 NLP 包，其中最有名的当属 NLTK（http://www.nltk.org），它是用 Python 编写的，号称能解决 NLP 各方面的问题。其他还有 Wolf（https://github.com/wolfe-pack）、FACTORIE（http://factorie.cs.umass.edu）、ScalaNLP（http://www.scalanlp.org）和 skymind（http://www.skymind.io）等，它们中有些是受专利保护的。但这个领域的开源项目由于各种原因很少能长期保持活跃。大多数项目正在被 Spark 的 MLlib 替代，在软件的扩展性方面更是如此。

本章不会详细介绍与 NLP 相关的各个领域（比如将文本转换为语音，将语音转换为文本以及语言翻译等），只是基于 Spark 的 MLlib 来介绍几种基本的 NLP 技术。这是本书最后一个介绍算法的章节。Scala 非常像自然语言，在本章还会用到之前介绍过的技术。

NLP 毋庸置疑是人工智能（AI）的核心。人工智能是为了模仿人类的智能，所以自然语言的解析和理解是 AI 不可缺少的部分。大数据技术已经开始渗透到 NLP 领域了，传统的 NLP 只算是计算密集型的小数据问题。NLP 通常需要大量的深度学习技术，而所有的文本数据量并不比目前机器生成的日志的数量大。

虽然美国国会图书馆拥有数百万计的文献，其中大多数文献都已经数字化，这些文献数字化后的总容量高达拍字节（PB）级，但一个社交网站只需要花上一些时间就能完成这种级别的数据的收集、存储和分析。尽管大多数作者的作品用几兆字节的文件就可存储（参见表 9-1），但社交网络和 ADTECH 公司每天要从数百万用户和数百个上下文中解析文本。

表 9-1 一些著名作家的数字化作品集（如今大多数作品集在亚马逊网站花几美元就可以买到。后面的作者虽乐意把自己的作品数字化，但其价格更加昂贵）

作　家	生卒年月	数字化作品大小
柏拉图	公元前 428/427（或 424/423）～348/347	2.1 MB
威廉·莎士比亚	1564.4.28（受洗）～1616.4.23	3.8 MB
陀思妥耶夫斯基	1821.11.11～1881.2.9	5.9 MB
列夫·托尔斯泰	1828.9.9～1910.11.20	6.9 MB
马克·吐温	1835.12.30～1910.4.21	13 MB

自然语言是一个随着时间、技术和时代的发展而变化的动态概念。比如表情符号、三字母缩写、外语之间的相互借用等都在不断变化。所以，描述这个不断变化的生态系统本身就是一个挑战。

和前面的章节一样，本章将重点介绍如何使用 Scala 进行语言分析。由于这个话题很大，因此这里不能覆盖 NLP 各个方面的内容。

本章将介绍以下内容：

- 以一个例子来介绍 NLP 中的文本处理流程
- 介绍使用词袋方式来对文本进行简单分析
- 介绍词项频率 – 逆文档频率（TF-IDF）算法和信息检索（IR）技术
- 介绍文档聚类，并通过一个例子来介绍隐狄利克雷分配（LDA）方法
- 介绍如何用基于 n-gram 的 word2vec 算法来进行语义分析

9.1 文本分析流程

开始详细介绍算法之前，先来看一个通用的文本处理流程（见图 9-1）。在文本分析中，输入通常会表示为字符流（其具体表示形式取决于特定语言）。

词法分析将字符流分解成单词序列（或语言分析中的词位（lexeme））。这个过程通常也称为词条化（这些单词称为词条）。ANother Tool for Language Recognition（ANTLR）（http://www.antlr.org/）和 Flex（http://flex.sourceforge.net）是开源社区最有名的两大语言分析工具。一个词义模糊性的典型例子是词的歧义性。例如，在短语“I saw a bat”中，“bat”可以是动物蝙蝠或棒球棒。这种情况通常需要根据上下文来解决，具体方法在后面会讨论。

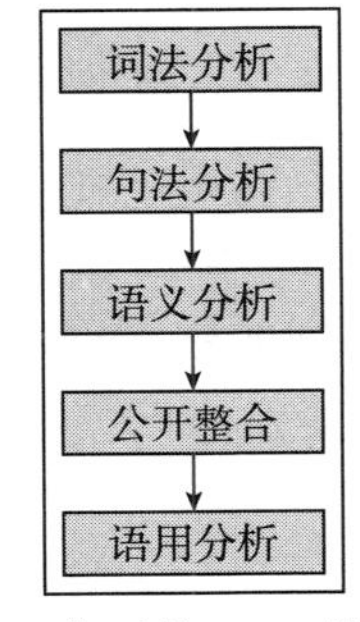

图 9-1 典型的 NLP 处理流程

句法分析也称为语法分析，传统的处理方法是将文本的结构与语法规则匹配。对不允许有任何歧义的计算机语言来说，这尤为重要。自然语言通常称这个过程为分块和标注。在许多

情况下，人类语言的词汇意义可能受语境、语调，甚至身体语言或面部表情的影响。与大数据（其数据量会超过复杂性）方法相对比，这种分析的价值仍然是一个有争议的话题。大数据分析的一个例子是word2vec方法，稍后将对其进行介绍。

语义分析是从句法结构中提取独立语义的过程。在这个方案中，它尽可能删除包含特定文化和语言背景的特征。这个阶段的歧义主要来源于：短语附着、连词、名词组的结构、语义歧义、照应非字面语音（anaphoric non-literal speech）等。word2vec方法也能处理这些问题的一部分。

公开整合会涉及部分上下文的问题：因为句子或成语的意义可能取决于之前的句子或段落，所以语法分析和文化背景在这里也扮演着重要的角色。

最后，语用分析是另一个复杂层面上的运用，它试着依据意图去重新解释。比如：如何改变领域（world）的状态？它是可操作的吗？

简单文本分析

词袋是对文档最直接的描述。Scala和Spark提供了一个很好的范例来对词分布进行分析。首先，读取整个文档集，然后统计不同词的个数：

```
$ bin/spark-shell
Welcome to
```

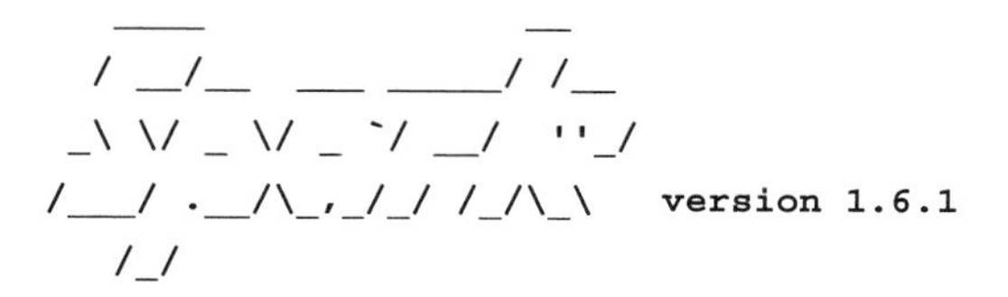

```
Using Scala version 2.10.5 (Java HotSpot(TM) 64-Bit Server VM, Java
1.8.0_40)
Type in expressions to have them evaluated.
Type :help for more information.
Spark context available as sc.
SQL context available as sqlContext.

scala> val leotolstoy = sc.textFile("leotolstoy").cache
leotolstoy: org.apache.spark.rdd.RDD[String] = leotolstoy
MapPartitionsRDD[1] at textFile at <console>:27

scala> leotolstoy.flatMap(_.split("\\W+")).count
res1: Long = 1318234

scala> val shakespeare = sc.textFile("shakespeare").cache
shakespeare: org.apache.spark.rdd.RDD[String] = shakespeare
MapPartitionsRDD[7] at textFile at <console>:27
```

```
scala> shakespeare.flatMap(_.split("\\W+")).count
res2: Long = 1051958
```

Scala 给出一种估算不同作品中词汇数量的方法，即根据给出的作者名进行估计。找到两个语料库交集的最简单方法是找到它们的公共词汇（注意，列夫·托尔斯泰的俄语和法语作品的词汇完全不同；而莎士比亚是英语作家）：

```
scala> :silent

scala> val shakespeareBag = shakespeare.flatMap(_.split("\\W+")).map(_.
toLowerCase).distinct

scala> val leotolstoyBag = leotolstoy.flatMap(_.split("\\W+")).map(_.
toLowerCase).distinct
leotolstoyBag: org.apache.spark.rdd.RDD[String] = MapPartitionsRDD[27] at
map at <console>:29

scala> println("The bags intersection is " + leotolstoyBag.
intersection(shakespeareBag).count)
The bags intersection is 11552
```

几千字的索引可以用现有的方法来管理。给出任何一部小说，都能判断它更像列夫·托尔斯泰的作品，还是威廉·莎士比亚的。下面来看看《圣经》(Kin g James 版本)，可从 Project Gutenberg（https://www.gutenberg.org/files/10/10-h/10-h.htm）下载：

```
$ (mkdir bible; cd bible; wget http://www.gutenberg.org/cache/epub/10/
pg10.txt)

scala> val bible = sc.textFile("bible").cache

scala> val bibleBag = bible.flatMap(_.split("\\W+")).map(_.toLowerCase).
distinct

scala>:silent

scala> bibleBag.intersection(shakespeareBag).count
res5: Long = 7250

scala> bibleBag.intersection(leotolstoyBag).count
res24: Long = 6611
```

这个结果看起来似乎很合理，因为宗教语言在莎士比亚时代很流行。另一方面，安东·契诃夫（Anton Chekhov）的戏剧集与列夫·托尔斯泰作品的词汇表有更大的交集：

```
$ (mkdir chekhov; cd chekhov;
 wget http://www.gutenberg.org/cache/epub/7986/pg7986.txt
 wget http://www.gutenberg.org/cache/epub/1756/pg1756.txt
```

```
 wget http://www.gutenberg.org/cache/epub/1754/1754.txt
 wget http://www.gutenberg.org/cache/epub/13415/pg13415.txt)

scala> val chekhov = sc.textFile("chekhov").cache
chekhov: org.apache.spark.rdd.RDD[String] = chekhov MapPartitionsRDD[61]
at textFile at <console>:27

scala> val chekhovBag = chekhov.flatMap(_.split("\\W+")).map(_.
toLowerCase).distinct
chekhovBag: org.apache.spark.rdd.RDD[String] = MapPartitionsRDD[66] at
distinct at <console>:29

scala> chekhovBag.intersection(leotolstoyBag).count
res8: Long = 8263

scala> chekhovBag.intersection(shakespeareBag).count
res9: Long = 6457
```

上面的方法简单有效，但还可以做一些改进。首先提取词干。很多语言把词的公共部分称为词干，而随着环境、性别、时间等变化的部分称为前缀或后缀。一般来说，词干提取是这样一个过程：提高去重复的数量，并把形式灵活的词近似成词根、词基（base）或词干来得到交集。词干的形式不需要与词根完全相同，相关联的词映射到词干的形式也有各种不同的形式，有的词干本身甚至不是一个有意义的语法词根。其次，计算词的频度。虽然下一节将介绍更复杂的方法，但从练习的角度来讲，应该排除在文档里经常出现的冠词、所有格代词一类的高频词。这里称这类词为停用词或低计数词。本章结尾将详细介绍使用优化的 Porter Stemmer 方法实现词干提取的过程。

注意 在网站 http://tartarus.org/martin/PorterStemmer/ 上有用 Scala 或其他语言（包括高度优化的 ANSI C，其效率可能更高）所写的 Porter Stemmer 程序。但下面会提供另一个经过优化后可立即在 Spark 上运行的 Scala 版本。

下面的 Stemmer 示例程序将提取词干，计算不同词之间的相对交集，并删除停用词：

```
def main(args: Array[String]) {

    val stemmer = new Stemmer

    val conf = new SparkConf().
      setAppName("Stemmer").
  setMaster(args(0))

val sc = new SparkContext(conf)

val stopwords = scala.collection.immutable.TreeSet(
  "", "i", "a", "an", "and", "are", "as", "at", "be", "but",
```

```
        "by", "for", "from", "had", "has", "he", "her", "him", "his",
        "in", "is", "it", "its", "my", "not", "of", "on", "she",
        "that", "the", "to", "was", "were", "will", "with", "you"
    ) map { stemmer.stem(_) }

    val bags = for (name <- args.slice(1, args.length)) yield {
      val rdd = sc.textFile(name).map(_.toLowerCase)
      if (name == "nytimes" || name == "nips" || name == "enron")
        rdd.filter(!_.startsWith("zzz_")).flatMap(_.split("_"))
          .map(stemmer.stem(_))
          .distinct.filter(!stopwords.contains(_)).cache
      else {
        val withCounts = rdd.flatMap(_.split("\\W+"))
          .map(stemmer.stem(_)).filter(!stopwords.contains(_))
          .map((_, 1)).reduceByKey(_+_)
        val minCount = scala.math.max(1L, 0.0001 *
          withCounts.count.toLong)
        withCounts.filter(_._2 > minCount).map(_._1).cache
      }
    }

    val cntRoots = (0 until { args.length - 1 }).map(i =>
      Math.sqrt(bags(i).count.toDouble))

    for(l <- 0 until { args.length - 1 }; r <- l until
      { args.length - 1 }) {
      val cnt = bags(l).intersection(bags(r)).count
      println("The intersect " + args(l+1) + " x " + args(r+1) + "
        is: " + cnt + " (" +
        (cnt.toDouble / cntRoots(l) / cntRoots(r)) + ")")
    }

    sc.stop
    }
}
```

当从命令行运行该程序时，将数据集（主文件系统中文档集所在的目录）作为参数，输出词干包（bag）的大小和它们的交集：

```
$ sbt "run-main org.akozlov.examples.Stemmer local[2] shakespeare
leotolstoy chekhov nytimes nips enron bible"
[info] Loading project definition from /Users/akozlov/Src/Book/ml-in-
scala/chapter09/project
[info] Set current project to NLP in Scala (in build file:/Users/akozlov/
Src/Book/ml-in-scala/chapter09/)
[info] Running org.akozlov.examples.Stemmer local[2] shakespeare
leotolstoy chekhov nytimes nips enron bible
The intersect shakespeare x shakespeare is: 10533 (1.0)
The intersect shakespeare x leotolstoy is: 5834 (0.5293670391596142)
The intersect shakespeare x chekhov is: 3295 (0.4715281914492153)
The intersect shakespeare x nytimes is: 7207 (0.4163369701270161)
The intersect shakespeare x nips is: 2726 (0.27457329089479504)
```

```
The intersect shakespeare x enron is: 5217 (0.34431535832271265)
The intersect shakespeare x bible is: 3826 (0.45171392986714726)
The intersect leotolstoy x leotolstoy is: 11531 (0.9999999999999999)
The intersect leotolstoy x chekhov is: 4099 (0.5606253333241973)
The intersect leotolstoy x nytimes is: 8657 (0.47796976891152176)
The intersect leotolstoy x nips is: 3231 (0.3110369262979765)
The intersect leotolstoy x enron is: 6076 (0.38326210407266764)
The intersect leotolstoy x bible is: 3455 (0.3898604013063757)
The intersect chekhov x chekhov is: 4636 (1.0)
The intersect chekhov x nytimes is: 3843 (0.33463022711780555)
The intersect chekhov x nips is: 1889 (0.28679311682962116)
The intersect chekhov x enron is: 3213 (0.31963226496874225)
The intersect chekhov x bible is: 2282 (0.40610513998395287)
The intersect nytimes x nytimes is: 28449 (1.0)
The intersect nytimes x nips is: 4954 (0.30362042173997206)
The intersect nytimes x enron is: 11273 (0.45270741164576034)
The intersect nytimes x bible is: 3655 (0.2625720159205085)
The intersect nips x nips is: 9358 (1.0000000000000002)
The intersect nips x enron is: 4888 (0.3422561629856124)
The intersect nips x bible is: 1615 (0.20229053645165143)
The intersect enron x enron is: 21796 (1.0)
The intersect enron x bible is: 2895 (0.23760453654690084)
The intersect bible x bible is: 6811 (1.0)
[success] Total time: 12 s, completed May 17, 2016 11:00:38 PM
```

上面的例子只是证实了这样一个假设：与列夫·托尔斯泰和其他人的著作相比，圣经里的词汇更接近威廉·莎士比亚的作品。有趣的是，《纽约时报》的文章和Enron公司的电子邮件（前几章曾使用过）中的现代词汇更接近于列夫·托尔斯泰，这可能与翻译的质量有关。

另外需要注意的是，这里大约用了40行Scala代码（其中不包括Porter Stemmer之类的库，它大约有100行），花了约12秒完成这个复杂的分析。Scala的强大之处在于它可以非常高效地利用其他库来编写简洁的代码。

注意 **序列化**

第6章讨论过序列化。由于Spark的任务可以在不同的线程或JVM上执行，所以Spark在传递对象时会进行大量的序列化/反序列化工作。同样可以使用map {val stemmer = new Stemmer; stemmer.stem(_)} 替代 map {stemmer.stem(_)}，但后者在多次迭代中会重复使用对象，而这种做法似乎在语言学上更流行。建议使用基于Kryo的序列化程序进行性能优化，它虽不如Java序列化程序灵活，但性能更高。但为了方便集成，使管道中的每个对象可序列化或使用默认的Java序列化的方法会更容易。

再介绍一个例子，它用来计算词频的分布。具体实现如下：

```
scala> val bags = for (name <- List("shakespeare", "leotolstoy",
"chekhov", "nytimes", "enron", "bible")) yield {
     |      sc textFile(name) flatMap { _.split("\\W+") } map {
_.toLowerCase } map { stemmer.stem(_) } filter { ! stopwords.contains(_)
} cache()
     | }
bags: List[org.apache.spark.rdd.RDD[String]] = List(MapPartitionsRDD[93]
at filter at <console>:36, MapPartitionsRDD[98] at filter at
<console>:36, MapPartitionsRDD[103] at filter at <console>:36,
MapPartitionsRDD[108] at filter at <console>:36, MapPartitionsRDD[113] at
filter at <console>:36, MapPartitionsRDD[118] at filter at <console>:36)
scala> bags reduceLeft { (a, b) => a.union(b) } map { (_, 1) }
reduceByKey { _+_ } collect() sortBy(- _._2) map { x => scala.math.
log(x._2) }
res18: Array[Double] = Array(10.27759958298627, 10.1152465449837,
10.058652004037477, 10.046635061754612, 9.999615579630348,
9.855399641729074, 9.834405391348684, 9.801233318497372,
9.792667717430884, 9.76347807952779, 9.742496866444002,
9.655474810542554, 9.630365631415676, 9.623244409181346,
9.593355351246755, 9.517604459155686, 9.515837804297965,
9.47231994707559, 9.45930760329985, 9.441531454869693, 9.435561763085358,
9.426257878198653, 9.378985497953893, 9.355997944398545,
9.34862295977619, 9.300820725104558, 9.25569607369698, 9.25320827220336,
9.229162126216771, 9.20391980417326, 9.19917830726999, 9.167224080902555,
9.153875834995056, 9.137877200242468, 9.129889247578555,
9.090430075303626, 9.090091799380007, 9.083075020930307,
9.077722847361343, 9.070273383079064, 9.0542711863262...
...
```

图 9-2 是基于对数尺度的相对词频率分布。除了前面少数几个词之外，对数化后词频率的排名几乎呈线性关系。

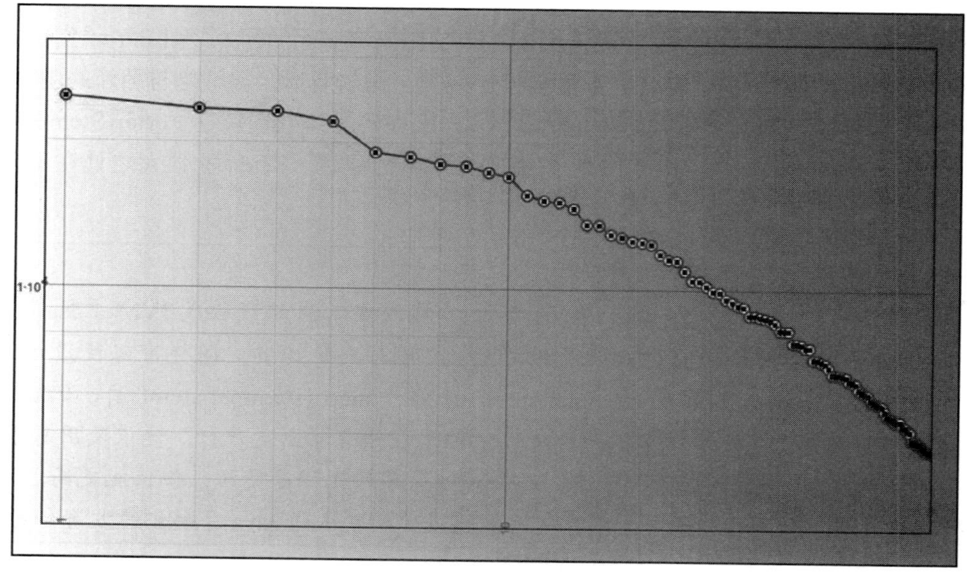

图 9-2　对数尺度下典型的相对词频率分布（Zipf 定律）

9.2　Spark的MLlib库

下面将继续介绍MLlib库，主要补充一下用Scala编写的其他NLP库。MLlib最重要的特征是它具有可扩展性，它还支持一些数据预处理和文本处理算法，尤其在特征构造方面（http://spark.apache.org/docs/latest/ml-features.html）非常具有优势。

9.2.1　TF-IDF

虽然前面已经给出了有力的分析，但没有对词频信息进行分析，而词频信息在信息检索中相当重要。信息检索过程需要检索、收集文档，并根据一些词项来对文档排序，将排名靠前的文档返回给用户。

TF-IDF是一种标准技术，它的词频率和语料库的词频率有偏差。Spark已经实现了TF-IDF技术，它使用哈希（hash）函数来查找词项。这种方法虽避免了计算全局的词项到索引的映射，但有可能出现哈希冲突。哈希冲突的概率由哈希表大小决定，其默认特征维度大小为2 ^ 20＝1 048 576。

Spark在执行过程中把每个文档都作为数据集中的一行，将其转换为可迭代的RDD，并通过以下代码来计算哈希：

```
scala> import org.apache.spark.mllib.feature.HashingTF
import org.apache.spark.mllib.feature.HashingTF

scala> import org.apache.spark.mllib.linalg.Vector
import org.apache.spark.mllib.linalg.Vector

scala> val hashingTF = new HashingTF
hashingTF: org.apache.spark.mllib.feature.HashingTF = org.apache.spark.
mllib.feature.HashingTF@61b975f7

scala> val documents: RDD[Seq[String]] = sc.textFile("shakepeare").map(_.
split("\\W+").toSeq)
documents: org.apache.spark.rdd.RDD[Seq[String]] = MapPartitionsRDD[263]
at map at <console>:34

scala> val tf = hashingTF transform documents
tf: org.apache.spark.rdd.RDD[org.apache.spark.mllib.linalg.Vector] =
MapPartitionsRDD[264] at map at HashingTF.scala:76
```

计算hashingTF时，仅需要对数据进行单次传递；要使用IDF，则需要两次传递：首先计算IDF向量，再通过IDF计算词频率。

```
scala> tf.cache
res26: tf.type = MapPartitionsRDD[268] at map at HashingTF.scala:76

scala> import org.apache.spark.mllib.feature.IDF
```

```
import org.apache.spark.mllib.feature.IDF

scala> val idf = new IDF(minDocFreq = 2) fit tf
idf: org.apache.spark.mllib.feature.IDFModel = org.apache.spark.mllib.
feature.IDFModel@514bda2d

scala> val tfidf = idf transform tf
tfidf: org.apache.spark.rdd.RDD[org.apache.spark.mllib.linalg.Vector] =
MapPartitionsRDD[272] at mapPartitions at IDF.scala:178

scala> tfidf take(10) foreach println
(1048576,[3159,3543,84049,582393,787662,838279,928610,961626,1021219,1021
273],[3.9626355004005083,4.556357737874695,8.380602528651274,8.1577369746
83708,11.513471982269106,9.316247404932888,10.666174121881904,11.51347198
2269106,8.07948477778396,11.002646358503116])
(1048576,[267794,1021219],[8.783442874448122,8.07948477778396])
(1048576,[0],[0.5688129477150906])
(1048576,[3123,3370,3521,3543,96727,101577,114801,116103,497275,504006,50
8606,843002,962509,980206],[4.207164322003765,2.9674322162952897,4.125144
122691999,2.2781788689373474,2.132236195047438,3.2951341639027754,1.92045
75904855747,6.318664992090735,11.002646358503116,3.1043838099579815,5.451
238364272918,11.002646358503116,8.43769700104158,10.30949917794317])
(1048576,[0,3371,3521,3555,27409,89087,104545,107877,552624,735790,910062
,943655,962421],[0.5688129477150906,3.442878442319589,4.125144122691999,4
.462482535201062,5.023254392629403,5.160262034409286,5.646060083831103,4.
712188947797486, 11.002646358503116, 7.006282204641219, 6.216822672821767,
11.513471982269106,8.898512204232908])
(1048576,[3371,3543,82108,114801,149895,279256,582393,597025,838279,91518
1],[3.442878442319589,2.2781788689373474,6.017670811187438,3.840915180971
1495,7.893585399642122,6.625632265652778,8.157736974683708,10.41485969360
0997,9.316247404932888,11.513471982269106])
(1048576,[3123,3555,413342,504006,690950,702035,980206],[4.20716432200376
5,4.462482535201062,3.4399651117812313,3.1043838099579815,11.513471982269
106,11.002646358503116,10.30949917794317])
(1048576,[0],[0.5688129477150906])
(1048576,[97,1344,3370,100898,105489,508606,582393,736902,838279,1026302]
,[2.533299776544098,23.026943964538212,2.9674322162952897,0.0,11.22578990
9817326,5.451238364272918,8.157736974683708,10.30949917794317,9.316247404
932888,11.513471982269106])
(1048576, [0,1344, 3365, 114801, 327690, 357319, 413342, 692611, 867249, 965170],
[4.550503581720725,23.026943964538212,2.7455719545259836,1.920457590485574
7,8.268278849083533,9.521041817578901,3.4399651117812313,0.0,6.6614417183
49489,0.0])
```

这里，可以看到文档用一组词项及其得分来表示。

9.2.2 LDA

Spark MLlib 中的 LDA 算法是一种聚类算法，特征向量表示文档中所出现词的计数。该模型最大化单词数量的概率。假定每个文档是由主题生成的，具体而言，文档中的单词由各个独立主题通过狄利克雷分布（该分布在多项式情形下是广义 β 分布）生成。LDA 的目标就是导出各个主题的（隐）分布，生成词的统计模型参数。

MLlib 中的 LDA 是基于 2009 年发表的文章（http://www.jmlr.org/ papers/volume10/newman09a/newman09a.pdf）来实现的，为了将主题分配给文档，使用 GraphX 来实现分布式期望最大化（EM）算法。

下面处理 Enron 电子邮件语料库（第 7 章曾介绍过该语料库）。为了对电子邮件进行聚类操作，需要提取邮件的正文和地址，并把它们作为训练文件中的单独一行。

```
$ mkdir enron
$ cat /dev/null > enron/all.txt
$ for f in $(find maildir -name \*\. -print); do cat $f | sed
'1,/^$/d;/^$/d' | tr "\n\r" "  " >> enron/all.txt; echo "" >> enron/all.
txt; done
$
```

现在，先使用 Scala/Spark 构建一个包含文档 ID 的语料库，随后以词袋形式来生成单词出现次数的稠密数组：

```
$ spark-shell --driver-memory 8g --executor-memory 8g --packages com.
github.fommil.netlib:all:1.1.2
Ivy Default Cache set to: /home/alex/.ivy2/cache
The jars for the packages stored in: /home/alex/.ivy2/jars
:: loading settings :: url = jar:file:/opt/cloudera/parcels/CDH-
5.5.2-1.cdh5.5.2.p0.4/jars/spark-assembly-1.5.0-cdh5.5.2-hadoop2.6.0-
cdh5.5.2.jar!/org/apache/ivy/core/settings/ivysettings.xml
com.github.fommil.netlib#all added as a dependency
:: resolving dependencies :: org.apache.spark#spark-submit-parent;1.0
  confs: [default]
  found com.github.fommil.netlib#all;1.1.2 in central
  found net.sourceforge.f2j#arpack_combined_all;0.1 in central
  found com.github.fommil.netlib#core;1.1.2 in central
  found com.github.fommil.netlib#netlib-native_ref-osx-x86_64;1.1 in
central
  found com.github.fommil.netlib#native_ref-java;1.1 in central
  found com.github.fommil#jniloader;1.1 in central
  found com.github.fommil.netlib#netlib-native_ref-linux-x86_64;1.1 in
central
  found com.github.fommil.netlib#netlib-native_ref-linux-i686;1.1 in
central
  found com.github.fommil.netlib#netlib-native_ref-win-x86_64;1.1 in
central
  found com.github.fommil.netlib#netlib-native_ref-win-i686;1.1 in
central
  found com.github.fommil.netlib#netlib-native_ref-linux-armhf;1.1 in
central
  found com.github.fommil.netlib#netlib-native_system-osx-x86_64;1.1 in
```

```
central
  found com.github.fommil.netlib#native_system-java;1.1 in central
  found com.github.fommil.netlib#netlib-native_system-linux-x86_64;1.1 in
central
  found com.github.fommil.netlib#netlib-native_system-linux-i686;1.1 in
central
  found com.github.fommil.netlib#netlib-native_system-linux-armhf;1.1 in
central
  found com.github.fommil.netlib#netlib-native_system-win-x86_64;1.1 in
central
  found com.github.fommil.netlib#netlib-native_system-win-i686;1.1 in
central
downloading https://repo1.maven.org/maven2/net/sourceforge/f2j/arpack_
combined_all/0.1/arpack_combined_all-0.1-javadoc.jar ...
  [SUCCESSFUL ] net.sourceforge.f2j#arpack_combined_all;0.1!arpack_
combined_all.jar (513ms)
downloading https://repo1.maven.org/maven2/com/github/fommil/netlib/
core/1.1.2/core-1.1.2.jar ...
  [SUCCESSFUL ] com.github.fommil.netlib#core;1.1.2!core.jar (18ms)
downloading https://repo1.maven.org/maven2/com/github/fommil/netlib/
netlib-native_ref-osx-x86_64/1.1/netlib-native_ref-osx-x86_64-1.1-
natives.jar ...
  [SUCCESSFUL ] com.github.fommil.netlib#netlib-native_ref-osx-
x86_64;1.1!netlib-native_ref-osx-x86_64.jar (167ms)
downloading https://repo1.maven.org/maven2/com/github/fommil/netlib/
netlib-native_ref-linux-x86_64/1.1/netlib-native_ref-linux-x86_64-1.1-
natives.jar ...
  [SUCCESSFUL ] com.github.fommil.netlib#netlib-native_ref-linux-
x86_64;1.1!netlib-native_ref-linux-x86_64.jar (159ms)
downloading https://repo1.maven.org/maven2/com/github/fommil/netlib/
netlib-native_ref-linux-i686/1.1/netlib-native_ref-linux-i686-1.1-
natives.jar ...
  [SUCCESSFUL ] com.github.fommil.netlib#netlib-native_ref-linux-
i686;1.1!netlib-native_ref-linux-i686.jar (131ms)
downloading https://repo1.maven.org/maven2/com/github/fommil/netlib/
netlib-native_ref-win-x86_64/1.1/netlib-native_ref-win-x86_64-1.1-
natives.jar ...
  [SUCCESSFUL ] com.github.fommil.netlib#netlib-native_ref-win-
x86_64;1.1!netlib-native_ref-win-x86_64.jar (210ms)
downloading https://repo1.maven.org/maven2/com/github/fommil/netlib/
netlib-native_ref-win-i686/1.1/netlib-native_ref-win-i686-1.1-natives.jar
...
  [SUCCESSFUL ] com.github.fommil.netlib#netlib-native_ref-win-
i686;1.1!netlib-native_ref-win-i686.jar (167ms)
downloading https://repo1.maven.org/maven2/com/github/fommil/netlib/
netlib-native_ref-linux-armhf/1.1/netlib-native_ref-linux-armhf-1.1-
natives.jar ...
  [SUCCESSFUL ] com.github.fommil.netlib#netlib-native_ref-linux-
armhf;1.1!netlib-native_ref-linux-armhf.jar (110ms)
```

```
downloading https://repo1.maven.org/maven2/com/github/fommil/netlib/netlib-native_system-osx-x86_64/1.1/netlib-native_system-osx-x86_64-1.1-natives.jar ...
  [SUCCESSFUL ] com.github.fommil.netlib#netlib-native_system-osx-x86_64;1.1!netlib-native_system-osx-x86_64.jar (54ms)
downloading https://repo1.maven.org/maven2/com/github/fommil/netlib/netlib-native_system-linux-x86_64/1.1/netlib-native_system-linux-x86_64-1.1-natives.jar ...
  [SUCCESSFUL ] com.github.fommil.netlib#netlib-native_system-linux-x86_64;1.1!netlib-native_system-linux-x86_64.jar (47ms)
downloading https://repo1.maven.org/maven2/com/github/fommil/netlib/netlib-native_system-linux-i686/1.1/netlib-native_system-linux-i686-1.1-natives.jar ...
  [SUCCESSFUL ] com.github.fommil.netlib#netlib-native_system-linux-i686;1.1!netlib-native_system-linux-i686.jar (44ms)
downloading https://repo1.maven.org/maven2/com/github/fommil/netlib/netlib-native_system-linux-armhf/1.1/netlib-native_system-linux-armhf-1.1-natives.jar ...
[SUCCESSFUL ] com.github.fommil.netlib#netlib-native_system-linux-armhf;1.1!netlib-native_system-linux-armhf.jar (35ms)
downloading https://repo1.maven.org/maven2/com/github/fommil/netlib/netlib-native_system-win-x86_64/1.1/netlib-native_system-win-x86_64-1.1-natives.jar ...
  [SUCCESSFUL ] com.github.fommil.netlib#netlib-native_system-win-x86_64;1.1!netlib-native_system-win-x86_64.jar (62ms)
downloading https://repo1.maven.org/maven2/com/github/fommil/netlib/netlib-native_system-win-i686/1.1/netlib-native_system-win-i686-1.1-natives.jar ...
  [SUCCESSFUL ] com.github.fommil.netlib#netlib-native_system-win-i686;1.1!netlib-native_system-win-i686.jar (55ms)
downloading https://repo1.maven.org/maven2/com/github/fommil/netlib/native_ref-java/1.1/native_ref-java-1.1.jar ...
  [SUCCESSFUL ] com.github.fommil.netlib#native_ref-java;1.1!native_ref-java.jar (24ms)
downloading https://repo1.maven.org/maven2/com/github/fommil/jniloader/1.1/jniloader-1.1.jar ...
  [SUCCESSFUL ] com.github.fommil#jniloader;1.1!jniloader.jar (3ms)
downloading https://repo1.maven.org/maven2/com/github/fommil/netlib/native_system-java/1.1/native_system-java-1.1.jar ...
  [SUCCESSFUL ] com.github.fommil.netlib#native_system-java;1.1!native_system-java.jar (7ms)
:: resolution report :: resolve 3366ms :: artifacts dl 1821ms
  :: modules in use:
  com.github.fommil#jniloader;1.1 from central in [default]
  com.github.fommil.netlib#all;1.1.2 from central in [default]
  com.github.fommil.netlib#core;1.1.2 from central in [default]
  com.github.fommil.netlib#native_ref-java;1.1 from central in [default]
  com.github.fommil.netlib#native_system-java;1.1 from central in [default]
```

```
  com.github.fommil.netlib#netlib-native_ref-linux-armhf;1.1 from central
in [default]
  com.github.fommil.netlib#netlib-native_ref-linux-i686;1.1 from central
in [default]
  com.github.fommil.netlib#netlib-native_ref-linux-x86_64;1.1 from
central in [default]
  com.github.fommil.netlib#netlib-native_ref-osx-x86_64;1.1 from central
in [default]
  com.github.fommil.netlib#netlib-native_ref-win-i686;1.1 from central in
[default]
  com.github.fommil.netlib#netlib-native_ref-win-x86_64;1.1 from central
in [default]
  com.github.fommil.netlib#netlib-native_system-linux-armhf;1.1 from
central in [default]
  com.github.fommil.netlib#netlib-native_system-linux-i686;1.1 from
central in [default]
  com.github.fommil.netlib#netlib-native_system-linux-x86_64;1.1 from
central in [default]
  com.github.fommil.netlib#netlib-native_system-osx-x86_64;1.1 from
central in [default]
  com.github.fommil.netlib#netlib-native_system-win-i686;1.1 from central
in [default]
  com.github.fommil.netlib#netlib-native_system-win-x86_64;1.1 from
central in [default]
  net.sourceforge.f2j#arpack_combined_all;0.1 from central in [default]
  :: evicted modules:
  com.github.fommil.netlib#core;1.1 by [com.github.fommil.
netlib#core;1.1.2] in [default]
  ---------------------------------------------------------------------
  |                  |            modules              ||   artifacts   |
  |       conf       | number| search|dwnlded|evicted|| number|dwnlded|
  ---------------------------------------------------------------------
  |      default     |   19  |   18  |   18  |   1   ||   17  |   17  |
  ---------------------------------------------------------------------
...
scala> val enron = sc textFile("enron")
enron: org.apache.spark.rdd.RDD[String] = MapPartitionsRDD[1] at textFile
at <console>:21


scala> enron.flatMap(_.split("\\W+")).map(_.toLowerCase).distinct.count
res0: Long = 529199


scala> val stopwords = scala.collection.immutable.TreeSet ("", "i", "a",
"an", "and", "are", "as", "at", "be", "but", "by", "for", "from", "had",
"has", "he", "her", "him", "his", "in", "is", "it", "its", "not", "of",
"on", "she", "that", "the", "to", "was", "were", "will", "with", "you")
stopwords: scala.collection.immutable.TreeSet[String] = TreeSet(, a, an,
```

```
and, are, as, at, be, but, by, for, from, had, has, he, her, him, his, i,
in, is, it, its, not, of, on, she, that, the, to, was, were, will, with,
you)

scala>


scala> val terms = enron.flatMap(x => if (x.length < 8192) x.toLowerCase.
split("\\W+") else Nil).filterNot(stopwords).map(_,1).reduceByKey(_+_).
collect.sortBy(- _._2).slice(0, 1000).map(_._1)

terms: Array[String] = Array(enron, ect, com, this, hou, we, s, have,
subject, or, 2001, if, your, pm, am, please, cc, 2000, e, any, me, 00,
message, 1, corp, would, can, 10, our, all, sent, 2, mail, 11, re,
thanks, original, know, 12, 713, http, may, t, do, 3, time, 01, ees, m,
new, my, they, no, up, information, energy, us, gas, so, get, 5, about,
there, need, what, call, out, 4, let, power, should, na, which, one, 02,
also, been, www, other, 30, email, more, john, like, these, 03, mark,
04, attached, d, enron_development, their, see, 05, j, forwarded, market,
some, agreement, 09, day, questions, meeting, 08, when, houston, doc,
contact, company, 6, just, jeff, only, who, 8, fax, how, deal, could, 20,
business, use, them, date, price, 06, week, here, net, 15, 9, 07, group,
california,...

scala> def getBagCounts(bag: Seq[String]) = { for(term <- terms) yield {
bag.count(_==term) } }

getBagCounts: (bag: Seq[String])Array[Int]


scala> import org.apache.spark.mllib.linalg.Vectors

import org.apache.spark.mllib.linalg.Vectors


scala> val corpus = enron.map(x => { if (x.length < 8192) Some(x.
toLowerCase.split("\\W+").toSeq) else None } ).map(x => { Vectors.
dense(getBagCounts(x.getOrElse(Nil)).map(_.toDouble).toArray)
}).zipWithIndex.map(_.swap).cache

corpus: org.apache.spark.rdd.RDD[(Long, org.apache.spark.mllib.linalg.
Vector)] = MapPartitionsRDD[14] at map at <console>:30


scala> import org.apache.spark.mllib.clustering.{LDA,
DistributedLDAModel}

import org.apache.spark.mllib.clustering.{LDA, DistributedLDAModel}


scala> import org.apache.spark.mllib.linalg.Vectors

import org.apache.spark.mllib.linalg.Vectors


scala> val ldaModel = new LDA().setK(10).run(corpus)

...

scala> ldaModel.topicsMatrix.transpose

res2: org.apache.spark.mllib.linalg.Matrix =

207683.78495933366  79745.88417942637   92118.63972404732   ... (1000
total)

35853.48027575886   4725.178508682296   111214.8860582083   ...
```

```
135755.75666585402  54736.471356209106  93289.65563593085  ...
39445.796099155996  6272.534431534215   34764.02707696523  ...
329786.21570967307  602782.9591026317   42212.22143362559  ...
62235.09960154089   12191.826543794878  59343.24100019015  ...
210049.59592560542  160538.9650732507   40034.69756641789  ...
53818.14660186875   6351.853448001488   125354.26708575874 ...
44133.150537842856  4342.697652158682   154382.95646078113 ...
90072.97362336674   21132.629704311104  93683.40795807641  ...
```

还可以罗列出所有词，并根据每个词相对于主题的重要性按降序排列：

```
scala> ldaModel.describeTopics foreach { x : (Array[Int], Array[Double])
=> { print(x._1.slice(0,10).map(terms(_)).mkString(":")); print("-> ");
print(x._2.slice(0,10).map(_.toFloat).mkString(":")); println } }
com:this:ect:or:if:s:hou:2001:00:we-> 0.054606363:0.024220783:0.02096761:
0.013669214:0.0132700335:0.012969772:0.012623918:0.011363528:0.010114557:
0.009587474

s:this:hou:your:2001:or:please:am:com:new-> 0.029883621:0.027119286:0.013
396418:0.012856948:0.01218803:0.01124849:0.010425644:0.009812181:0.008742
722:0.0070441025

com:this:s:ect:hou:or:2001:if:your:am-> 0.035424445:0.024343235:0.0151826
28:0.014283071:0.013619815:0.012251413:0.012221165:0.011411696:0.01028402
4:0.009559739

would:pm:cc:3:thanks:e:my:all:there:11-> 0.047611523:0.034175437:0.022914
853:0.019933242:0.017208714:0.015393614:0.015366959:0.01393391:0.01257752
5:0.011743208

ect:com:we:can:they:03:if:also:00:this-> 0.13815293:0.0755843:0.065043546
:0.015290086:0.0121941045:0.011561104:0.011326733:0.010967959:0.010653805
:0.009674695

com:this:s:hou:or:2001:pm:your:if:cc-> 0.016605735:0.015834121:0.01289918
:0.012708308:0.0125788655:0.011726159:0.011477625:0.010578845:0.010555539
:0.009609056

com:ect:we:if:they:hou:s:00:2001:or-> 0.05537054:0.04231919:0.023271963:0
.012856676:0.012689817:0.012186356:0.011350313:0.010887237:0.010778923:0.
010662295

this:s:hou:com:your:2001:or:please:am:if-> 0.030830953:0.016557815:0.0142
36835:0.013236604:0.013107091:0.0126846135:0.012257128:0.010862533:0.0102
7849:0.008893094

this:s:or:pm:com:your:please:new:hou:2001-> 0.03981197:0.013273305:0.0128
72894:0.011672661:0.011380969:0.010689667:0.009650983:0.009605533:0.00953
5899:0.009165275

this:com:hou:s:or:2001:if:your:am:please-> 0.024562683:0.02361607:0.01377
0585:0.013601272:0.0126994:0.012360005:0.011348433:0.010228578:0.0096196
28:0.009347991
```

为了找出每个主题排名靠前的文档或每个文档排名靠前的主题，需要对 LDA 模型进行扩展，将其转换为分布式 LDA 模型或本地 LDA 模型：

```
scala> ldaModel.save(sc, "ldamodel")


scala> val sameModel = DistributedLDAModel.load(sc, "ldamode21")
```

```
scala> sameModel.topDocumentsPerTopic(10) foreach { x : (Array[Long],
Array[Double]) => { print(x._1.mkString(":")); print("-> "); print(x._2.
map(_.toFloat).mkString(":")); println } }
59784:50745:52479:60441:58399:49202:64836:52490:67936:67938-> 0.97146696:
0.9713364:0.9661418:0.9661132:0.95249915:0.9519995:0.94945914:0.94944507:
0.8977366:0.8791358
233009:233844:233007:235307:233842:235306:235302:235293:233020:233857->
0.9962034:0.9962034:0.9962034:0.9962034:0.9962034:0.99620336:0.9954057:
0.9954057:0.9954057:0.9954057
14909:115602:14776:39025:115522:288507:4499:38955:15754:200876-> 0.839639
07:0.83415157:0.8319566:0.8303818:0.8291597:0.8281472:0.82739806:0.827251
7:0.82579833:0.8243338
237004:71818:124587:278308:278764:278950:233672:234490:126637:123664->
0.99929106:0.9968135:0.9964454:0.99644524:0.996445:0.99644494:0.99644476:
0.9964447:0.99644464:0.99644417
156466:82237:82252:82242:341376:82501:341367:340197:82212:82243-> 0.99716
955:0.94635135:0.9431836:0.94241136:0.9421047:0.9410431:0.94075173:0.9406
304:0.9402021:0.94014835
335708:336413:334075:419613:417327:418484:334157:335795:337573:334160->
0.987011:0.98687994:0.9865438:0.96953565:0.96953565:0.96953565:0.9588571:
0.95852506:0.95832515:0.9581657
243971:244119:228538:226696:224833:207609:144009:209548:143066:195299->
0.7546907:0.7546907:0.59146744:0.59095955:0.59090924:0.45532238:0.4506441
7:0.44945204:0.4487876:0.44833568
242260:214359:126325:234126:123362:233304:235006:124195:107996:334829->
0.89615464:0.8961442:0.8106028:0.8106027:0.8106023:0.8106023:0.8106021:
0.8106019:0.76834095:0.7570231
209751:195546:201477:191758:211002:202325:197542:193691:199705:329052->
0.913124:0.9130985:0.9130918:0.9130672:0.5525752:0.5524637:0.5524494:0.55
2405:0.55240136:0.5026157
153326:407544:407682:408098:157881:351230:343651:127848:98884:129351->
0.97206575:0.97206575:0.97206575:0.97206575:0.97206575:0.9689198:0.968068:
0.9659192:0.9657442:0.96553063
```

9.3 分词、标注和分块

当文本以数字化形式呈现时，可以按非词字符进行分割，所以要找出每个词还是比较容易。但这种情况在口语分析中要复杂一些，因为分词总是试图去优化度量，比如最小化词典中的词的数量、短语的长度或复杂度（*Natural Language Processing with Python*，Steven Bird 等人著，O'Reilly Media Inc，2009）。

标注通常是指给词性加标记。英语里有名词、代词、动词、形容词、副词、冠词、介词、连接词和感叹词。例如在短语“we saw the yellow dog”中，“we”是代词，“saw”是动词，“the”是冠词，“yellow”是形容词，而“dog”是名词。

在某些语言中，怎么分块和标注取决于上下文内容。例如汉语的“爱江山人”直译为英语是“ love country person”，意译则是“ country-loving person”或“ love countryperson”。再比如俄语中的“*казнить нельзя помиловать*”按字面翻译为英语是“ execute not pardon”，也可意译为“ execute, don't pardon”或“ don't execute, pardon”。虽然书面语言可以用逗

号消除歧义，但口语通常很难分辨它们的区别，不过有时可以借助语调正确断句。

对基于词袋的词频率技术，一些极常见的词对区分文档没有价值，就需要从词汇表中去掉。这些被去掉的词称为停用词。现在还没有一种较好的策略来得到停用词清单，在很多情况下通过排除高频词的方式来得到停用词，这些词几乎出现在每个文档中，它们对文档分类和信息检索都没有用。

9.4 POS 标记

POS 标记会根据概率对每个词的语法功能（名词、动词、形容词等）进行标注。POS 标记通常作为语法和语义分析的输入。下面用 FACTORIE 工具包（用 Scala 编写的软件，http://factorie.cs.umass.edu）来演示 POS 标记算法。在开始之前，需要从 https://github.com/factorie/factorie.git 下载二进制映像文件或源文件，并生成它们：

```
$ git clone https://github.com/factorie/factorie.git
...
$ cd factorie
$ git checkout factorie_2.11-1.2
...
$ mvn package -Pnlp-jar-with-dependencies
```

生成过程也包括模型训练，在生成后，用下面的命令来启动服务器，其端口号为 3228：

```
$ $ bin/fac nlp --wsj-forward-pos --conll-chain-ner
java -Xmx6g -ea -Djava.awt.headless=true -Dfile.encoding=UTF-8 -server
-classpath ./src/main/resources:./target/classes:./target/factorie_2.11-
1.2-nlp-jar-with-dependencies.jar
found model
18232
Listening on port 3228
...
```

所有对 3228 端口进行通信的数据都看作是文本，输出是经过词条化和标注后的结果：

```
$ telnet localhost 3228
Trying ::1...
Connected to localhost.
Escape character is '^]'.
But I warn you, if you don't tell me that this means war, if you still
try to defend the infamies and horrors perpetrated by that Antichrist--I
really believe he is Antichrist--I will have nothing more to do with you
and you are no longer my friend, no longer my 'faithful slave,' as you
call yourself! But how do you do? I see I have frightened you--sit down
and tell me all the news.
```

```
1  1  But  CC  O
2  2  I    PRP  O
3  3  warn    VBP  O
4  4  you     PRP  O
5  5  ,       O
6  6  if     IN  O
7  7  you     PRP  O
8  8  do     VBP  O
9  9  n't     RB  O
10  10  tell     VB  O
11  11  me     PRP  O
12  12  that     IN  O
13  13  this     DT  O
14  14  means     VBZ  O
15  15  war     NN  O
16  16  ,     ,  O
17  17  if     IN  O
18  18  you  PRP  O
19  19  still     RB  O
20  20  try     VBP  O
21  21  to     TO  O
22  22  defend     VB  O
23  23  the     DT  O
24  24  infamies     NNS  O
25  25  and     CC  O
26  26  horrors     NNS  O
27  27  perpetrated     VBN  O
28  28  by     IN  O
29  29  that     DT  O
30  30  Antichrist     NNP  O
31  31  --     :  O
32  1  I  PRP  O
33  2  really     RB  O
34  3  believe     VBP  O
35  4  he     PRP  O
36  5  is     VBZ  O
37  6  Antichrist     NNP  U-MISC
38  7  --     :  O
39  1  I     PRP  O
40  2  will     MD  O
41  3  have     VB  O
42  4  nothing     NN  O
```

```
43  5  more    JJR  O
44  6  to    TO  O
45  7  do    VB  O
46  8  with    IN  O
47  9  you    PRP  O
48  10  and    CC  O
49  11  you    PRP  O
50  12  are    VBP  O
51  13  no    RB  O
52  14  longer    RBR  O
53  15  my    PRP$  O
54  16  friend    NN  O
55  17  ,    ,  O
56  18  no    RB  O
57  19  longer    RB  O
58  20  my  PRP$  O
59  21  '    POS  O
60  22  faithful    NN  O
61  23  slave    NN  O
62  24  ,    ,  O
63  25  '    ''  O
64  26  as    IN  O
65  27  you    PRP  O
66  28  call    VBP  O
67  29  yourself    PRP  O
68  30  !    .  O
69  1  But    CC  O
70  2  how    WRB  O
71  3  do    VBP  O
72  4  you    PRP  O
73  5  do    VB  O
74  6  ?    .  O
75  1  I    PRP  O
76  2  see    VBP  O
77  3  I    PRP  O
78  4  have    VBP  O
79  5  frightened    VBN  O
80  6  you    PRP  O
81  7  --    :  O
82  8  sit    VB  O
83  9  down    RB  O
84  10  and    CC  O
```

```
85  11  tell     VB  O
86  12  me     PRP  O
87  13  all     DT  O
88  14  the     DT  O
89  15  news     NN  O
90  16  .    .  O
```

POS是一个单路径、从左到右的标记器（tagger），它会将文本作为流来处理。本质上来讲，该算法通过概率统计理论来找到最有可能的分配。下面介绍另一种方法，它不使用语法分析，但对语言理解和翻译都非常有用。

9.5 使用word2vec寻找词关系

word2vec算法是Tomas Mikolov于2012年在Google提出的一种算法。设计word2vec的最初想法是想通过复杂的交易模型提高效率。与词袋表示文档的方法不同，word2vec想通过n-gram或skip-gram分析方法来考虑每个词的上下文。词和词的上下文用一组浮点型或双精度型的数组 u_t 表示，其目标函数是最大对数似然：

$$\frac{1}{T}\sum_{t=1}^{T}\sum_{j=-k}^{T}\log p(w_{t+j} \mid w_t)$$

其中，

$$p(w_j \mid w_i)=\frac{\exp(u_j^{\mathrm{T}} u_i)}{\Sigma_k \exp(u_k^{\mathrm{T}} u_i)}$$

通过选择最佳的 u_t 值可以得到一个词的表示（也称为**映射优化**）。u_t 之间的余弦值（点积）可以作为两个词的相似性度量。Spark使用hierarchical softmax来实现word2vec，这可降低计算条件概率的复杂度，计算的 $O(\log(V))$ 可以看成是词数量 V 的对数，而不是与 V 成正比。训练与训练数据集的大小呈线性关系，这很适合于采用基于大数据的并行化技术。

word2vec经常在给定上下文的情况下来预测最有可能的词，或具有相同意思的词（同义词）。以下代码是用word2vec来训练列夫·托尔斯泰的《战争与和平》，并找出“circle”的同义词。在训练之前，先运行cat 2600.txt | tr "\n\r" " " >warandpeace.txt命令，把Gutenberg版（一种古老的电子版本）的《战争与和平》转换为单行格式：

```
scala> val word2vec = new Word2Vec
word2vec: org.apache.spark.mllib.feature.Word2Vec = org.apache.spark.
mllib.feature.Word2Vec@58bb4dd


scala> val model = word2vec.fit(sc.textFile("warandpeace").map(_.
split("\\W+").toSeq)
model: org.apache.spark.mllib.feature.Word2VecModel = org.apache.spark.
mllib.feature.Word2VecModel@6f61b9d7
```

```
scala> val synonyms = model.findSynonyms("life", 10)
synonyms: Array[(String, Double)] = Array((freedom,1.704344822168997),
(universal,1.682276637692245), (conception,1.6776193389148586),
(relation,1.6760497906519414), (humanity,1.67601036253831),
(consists,1.6637604144872544), (recognition,1.6526169382380496),
(subjection,1.6496559771230317), (activity,1.646671198014248),
(astronomy,1.6444424059160712))

scala> synonyms foreach println
(freedom,1.704344822168997)
(universal,1.682276637692245)
(conception,1.6776193389148586)
(relation,1.6760497906519414)
(humanity,1.67601036253831)
(consists,1.6637604144872544)
(recognition,1.6526169382380496)
(subjection,1.6496559771230317)
(activity,1.646671198014248)
(astronomy,1.6444424059160712)
```

通常，人们要找出某些词的同义词会很困难，比如在英语辞典里，“freedom”不是“life”的同义词，但这里却将 freedom 当成了 life 的同义词，在这种情形下，这样的结果有意义的。

虽然通过目标函数很难得到理想答案，比如英语词典中的“freedom”并不是“life”的同义词，但上面的结果仍有意义。word2vec 模型中的每个词都被表示为双精度数组。word2vec 的另一个有趣的应用是找出向量 a 和向量 b 的关系是否与向量 a 和向量 c 相同？这个通过向量表达式 $a-b+c$ 来实现：

```
scala> val a = model.getVectors.filter(_._1 == "monarchs").map(_._2).head
a: Array[Float] = Array(-0.0044642715, -0.0013227836, -0.011506443,
0.03691717, 0.020431392, 0.013427449, -0.0036369907, -0.013460356,
-3.8938568E-4, 0.02432113, 0.014533845, 0.004130258, 0.00671316,
-0.009344602, 0.006229065, -0.005442078, -0.0045390734, -0.0038824948,
-6.5973646E-4, 0.021729799, -0.011289608, -0.0030690092, -0.011423801,
0.009100784, 0.011765533, 0.0069619063, 0.017540144, 0.011198071,
0.026103685, -0.017285397, 0.0045515243, -0.0044477824, -0.0074411617,
-0.023975836, 0.011371289, -0.022625357, -2.6478301E-5, -0.010510282,
0.010622139, -0.009597833, 0.014937023, -0.01298345, 0.0016747514,
0.01172987, -0.001512275, 0.022340108, -0.009758578, -0.014942565,
0.0040697413, 0.0015349758, 0.010246878, 0.0021413323, 0.008739062,
0.007845526, 0.006857361, 0.01160148, 0.008595...
scala> val b = model.getVectors.filter(_._1 == "princess").map(_._2).head
b: Array[Float] = Array(0.13265875, -0.04882792, -0.08409957,
-0.04067986, 0.009084379, 0.121674284, -0.11963971, 0.06699862,
-0.20277102, 0.26296946, -0.058114383, 0.076021515, 0.06751665,
-0.17419271, -0.089830205, 0.2463593, 0.062816426, -0.10538805,
0.062085453, -0.2483566, 0.03468293, 0.20642486, 0.3129267, -0.12418643,
-0.12557726, 0.06725172, -0.03703333, -0.10810595, 0.06692443,
```

```
-0.046484336, 0.2433963, -0.12762263, -0.18473054, -0.084376186,
0.0037174677, -0.0040220995, -0.3419341, -0.25928706, -0.054454487,
0.09521076, -0.041567303, -0.13727514, -0.04826158, 0.13326299,
0.16228828, 0.08495835, -0.18073058, -0.018380836, -0.15691829,
0.056539804, 0.13673553, -0.027935665, 0.081865616, 0.07029694,
-0.041142456, 0.041359138, -0.2304657, -0.17088272, -0.14424285,
-0.0030700471, -0...

scala> val c = model.getVectors.filter(_._1 == "individual").map(_._2).
head

c: Array[Float] = Array(-0.0013353615, -0.01820516, 0.007949033,
0.05430816, -0.029520465, -0.030641818, -6.607431E-4, 0.026548808,
0.04784935, -0.006470232, 0.041406438, 0.06599842, 0.0074243015,
0.041538745, 0.0030222891, -0.003932073, -0.03154199, -0.028486902,
0.022139633, 0.05738223, -0.03890591, -0.06761177, 0.0055152955,
-0.02480924, -0.053222697, -0.028698998, -0.005315235, 0.0582403,
-0.0024816995, 0.031634405, -0.027884213, 6.0290704E-4, 1.9750209E-
4, -0.05563172, 0.023785716, -0.037577976, 0.04134448, 0.0026664822,
-0.019832063, -0.0011898747, 0.03160933, 0.031184288, 0.0025268437,
-0.02718441, -0.07729341, -0.009460656, 0.005344515, -0.05110715,
0.018468754, 0.008984449, -0.0053139487, 0.0053904117, -0.01322933,
-0.015247412, 0.009819351, 0.038043085, 0.044905875, 0.00402788...

scala> model.findSynonyms(new DenseVector((for(i <- 0 until 100) yield
(a(i) - b(i) + c(i)).toDouble).toArray), 10) foreach println

(achievement,0.9432423663884002)

(uncertainty,0.9187759184842362)

(leader,0.9163721499105207)

(individual,0.9048367510621271)

(instead,0.8992079672038455)

(cannon,0.8947818781378154)

(arguments,0.8883634101905679)

(aims,0.8725107984356915)

(ants,0.8593842583047755)

(War,0.8530727227924755)
```

这可用于语言学上寻找词之间的关系。

Porter Stemmer 代码的实现

Porter Stemmer 算法是在 20 世纪 80 年代初发展起来的。它有很多实现方法，详细的实现步骤和原始参考资料可见：http://tartarus.org/martin/PorterStemmer/def.txt。Porter Stemmer 算法以前缀或词干为前提条件，大约要进行 6～9 步后缀 / 结尾（ending）替换。书中提供了一个优化过的代码库，它是用 Scala 编写的。例如，step 1 函数代表了大部分的词干分析实例。该函数有 12 个子程序：其中最后 8 个取决于音节的数量和词干中是否存在元音。

```
def step1(s: String) = {
  b = s
  // step 1a
  processSubList(List(("sses", "ss"), ("ies","i"),
    ("ss","ss"), ("s", "")), _>=0)
```

```
    // step 1b
    if (!(replacer("eed", "ee", _>0)))
    {
      if ((vowelInStem("ed") && replacer("ed", "", _>=0)) ||
        (vowelInStem("ing") && replacer("ing", "", _>=0)))
      {
        if (!processSubList(List(("at", "ate"), ("bl","ble"),
        ("iz","ize")), _>=0 ) )
        {
          // if this isn't done, then it gets more confusing.
          if (doublec() && b.last != 'l' && b.last != 's' &&
            b.last != 'z') { b = b.substring(0, b.length - 1) }
          else
            if (calcM(b.length) == 1 && cvc("")) { b = b + "e" }
        }
      }
    }
    // step 1c
    (vowelInStem("y") && replacer("y", "i", _>=0))
    this
  }
```

完整的代码见 https://github.com/alexvk/ml-in-scala/blob/master/chapter09/src/main/scala/Stemmer.scala。

9.6 总结

本章介绍了 NLP 的基础概念，并演示了几个基本的自然语言处理技术。希望能通过几行 Scala 代码就能表达和测试复杂的 NLP 概念。当然，这些只是目前 NLP 开发技术的冰山一角，这包括基于 CPU 的并行化，可看作是 GPU 的一部分（具体例子由 Puck 给出，可参见 https://github.com/dlwh/puck）。本章也从专业的角度给出了基于 Spark MLlib NLP 的实现过程。

本书的最后一章将介绍系统监控和模型监控。

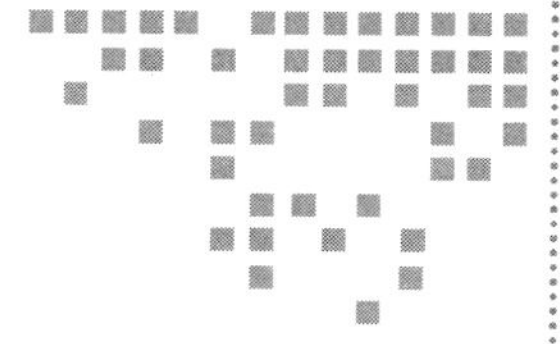

第10章 Chapter 10

高级模型监控

尽管这是本书的最后一章，但它不是临时添加的章节。往往发生不幸时，监控才会被想起来。监控是长期运行的应用所需要的重要组件，因此也是应用的一部分。监控可以显著提高产品体验感，并确保应用正常运行。因为它改进了问题的诊断方法，对确定应用的改进方向至关重要。

成功的软件工程的基本准则之一是创建系统，如果可能的话，这些系统是拿给个人使用，这完全适用于监测、诊断和调试（相当不好的称呼，其实就是用于修复软件产品中存在的问题）。复杂系统，尤其是分布式系统的诊断和调试很麻烦，因为多个事件会交织在一起，而程序的执行却受制于竞态条件。虽然分布式系统开发和维护领域现在也有很多研究成果，但本章仅粗略地讨论分布式服务，并给出一个设计可维护复杂分布式系统的指导原则。

首先，纯函数式编程（Scala 就遵循这样的编程范式）花了大力气来避免产生副作用。虽然这个想法在很多时候是有意义的，但很难想象一个有用的程序对外部世界不产生任何影响。基于数据驱动的应用程序的整体思想是对现行业务有积极的影响，并明确其副作用。

监测显然属于副作用范围。程序执行时需要留下一些踪迹，以便后面可以分析原因，弄清楚设计或运行究竟在什么位置失败了。执行跟踪可以通过在控制台上输出信息或将信息写入文件（通常称为日志），也可以返回包含程序执行轨迹和中间结果的对象。后一种方法实际上更符合函数式编程和单子（monadic）哲学思想，尤其适合于分布式编程，但它却常常被忽略。这是一个有趣的研究话题，但篇幅有限，只能讨论监控在现代系统中的实际应用，这些监控几乎都是通过日志记录的。对于每次调用都有执行轨迹的对象，若对其执行单子方法，肯定会增加进程间或机器间的通信开销，但把不同的碎片信息拼接在一起时能节省大量的时间。

下面列出一个无经验的调试方法，每个人都需要在代码中找到错误：

- 分析程序输出，特别是由简单输出语句或内置的配置实例（如 java.util.logging、log4j 或 slf4j façade 等）生成的日志
- 安装（远程）调试器
- 监测 CPU、磁盘 I/O、内存，以便解决更高级别的资源利用问题

如果是一个多线程或分布式系统，这些方法或多或少都会失败。而 Scala 本身就是多线程的，Spark 本身又是分布式的，因此通过一组节点来收集日志是不可扩展的（虽然有一些成功的商业系统在这样做）。由于安全和网络限制，安装远程调试器并不总是可行。远程调试还可能增加程序负担并干扰程序执行，特别是对使用同步方式的程序。虽然有时把调试级别设置为 DEBUG 或 TRACE 模式很有用，即使当时处理方法是正确的，但还是会被开发人员特定的思维方式所左右。本书采用的方法是打开一个具有足够信息的 servlet，尽可能多地使用 Scala 和 Scalatra 的当前状态来实时收集程序执行过程和应用方法。

调试程序的问题很多，但监控有些不同，它仅关注高层次的问题标识。调查问题和解决问题会交织在一起，这已超出了监控的范围。本章将介绍以下内容：

- 了解监控的主要范围和监控目标
- 学习用一些 OS 工具来标识和调试问题，这些工具是基于 Scala/Java 实现的
- 学习 MBeans 和 MXBeans
- 了解模型性能漂移
- 了解 A/B 测试

10.1 系统监控

虽然有专门针对 ML 任务的监控类型，比如模型性能监控，但本章准备从基本的系统监控开始介绍。传统的系统监控属于操作系统维护，如今已演变成了复杂应用的重要组件维护，尤其是运行在分布式工作站这样复杂的应用上。操作系统的基本组件包括 CPU、磁盘、内存、网络和供电设备上的电量。表 10-1 提供了一组类似操作系统的工具，可用于监控系统的性能。这些工具是 Linux 下的命令，因为 Linux 是大多数 Scala 应用程序的平台，也有操作系统供应商提供了 Active Monitor 这样的操作系统监控工具。由于 Scala 运行在 Java 虚拟机上，所以还特别针对 JVM 添加了 Java 的监控工具。

表 10-1 普通 Linux 下的监控工具

范围	执行命令	注解
CPU	htop、top、sar-u	top 一直是最常用的性能诊断工具，CPU 和内存一直是最大的瓶颈。随着分布式编程的出现，网络和磁盘逐渐成为了最大的问题

（续）

范　围	执行命令	注　解
Disk	iostat、sar-d、lsof	lsof 返回打开文件的数量，这通常是一个约束资源，因为许多大数据应用程序和守护程序经常会同时打开多个文件
Memory	top、free、vmstat、sar-r	操作系统以多种方式使用内存，例如维护磁盘 I/O 缓冲区，取得额外的缓冲或缓存提高程序的运行性能
Network	ifconfig、netstat、tcpdump、nettop、iftop、nmap	网络是分布式系统常谈论的问题，它是一个重要的操作系统组件。从应用程序的观点看，需要找出问题有错误、冲突和丢弃的数据包
Energy	powerstat	功耗通常不是 OS 监控的一部分，但它仍然是一种共享资源，最近成为工作系统的主要成本之一
Java	jconsole、jinfo、jcmd、jmc	所有这些工具都可以检查应用程序的配置和运行时的属性。从版本 7u40 开始，Java Mission Control（JMC）包含在 JDK 中

很多情况下这些工具提供的功能有重复。比如使用 top、sar 和 jmc 等命令都可以获取 CPU 和内存的信息。

有些工具会借助于一组分布式节点来收集信息。Ganglia 是一个可扩展分布式监控系统（http://ganglia.info），它是基于 BSD 授权协议的开源软件。Ganglia 采用了分层设计，非常注重数据结构和算法设计。该系统已经可以扩展到 10 000 个节点。它包含一个守护进程 gmetad 和后台程序 gmond，前者负责从多个主机收集信息并将其显示在 Web 界面上，后者则运行在各个主机上。通信的默认端口为 8649。默认情况下，gmond 会发送有关 CPU、内存和网络的信息，但也有插件程序能发送其他信息。gmetad 可以整合信息，并将层次结构链传递给另一个守护进程 gmetad。数据最终会显示在 Ganglia 的网页上。

Graphite 是另一个监控工具，它用于存储数字时间序列数据，并根据需要渲染图形。Web 应用程序提供了 render 端点（endpoint）来生成图形，并通过 RESTful API 检索原始数据。Graphite 有一个可插拔的后端（虽然它有默认的实现）。大多数现代度量实现（包括本章所使用的 scala 度量）都支持将数据发送到 Graphite。

10.2　进程监控

上一节中描述的工具都是通用的。对于长期运行的进程，通常需要图形化监控程序（例如 Ganglia 或 Graphite）提供有关内部状态的信息，或者只是用一个小服务程序来显示其状态。这些程序中的大多数是只读的，但在某些情况下，用户可通过命令来修改程序状态（例如日志级别）或触发垃圾回收。

一般说来，监控应该做以下工作：

- 提供执行程序和特定应用程序的高级度量信息
- 检查关键组件是否正常运行

- 合并一些重要的度量预警信息和阈值化信息

监控还包括更新日志参数或测试组件等操作，例如用预定义参数触发模型评分机制，它被当作检查是否正常运行的一部分，这是一种参数化检查。

下面的例子用来查看如何对一个“Hello World”Web 应用程序进行监控。监控系统接受类似 REST 的请求，并为 Scalatra 框架（http://scalatra.org，基于 Scala 的一个轻量级 Web 应用程序开发框架）上不同用户分配一个唯一的 ID。应用程序响应 CRUD HTTP 请求，为每个用户创建唯一的数字 ID。为了在 Scalatra 框架上实现服务，只需提供一个 Scalate 模板。相关完整文档可以在 http://scalatra.org/2.4/guides/views/scalate.html 中找到，源代码在 chapter 10 子目录中能找到：

```
class SimpleServlet extends Servlet {
  val logger = LoggerFactory.getLogger(getClass)
  var hwCounter: Long = 0L
  val hwLookup: scala.collection.mutable.Map[String,Long] =
    scala.collection.mutable.Map()
  val defaultName = "Stranger"
  def response(name: String, id: Long) = { "Hello %s! Your id
    should be %d.".format(if (name.length > 0) name else
    defaultName, id) }
  get("/hw/:name") {
    val name = params("name")
    val startTime = System.nanoTime
    val retVal = response(name, synchronized { hwLookup.get(name)
      match { case Some(id) => id; case _ => hwLookup += name -> {
      hwCounter += 1; hwCounter } ; hwCounter } } )
        logger.info("It took [" + name + "] " + (System.nanoTime -
          startTime) + " " + TimeUnit.NANOSECONDS)
        retVal
      }
    }
```

首先，代码通过请求获取 name 参数（类似 REST 的参数解析）。其次，检查现有记录的内部哈希表，如果记录不存在，使用同步调用方式创建一个新的索引，以便增加 hwCounter（在实际的应用程序中，这些信息应该在数据库（如 HBase 数据库）中持久化。为简单起见，本节将忽略掉这些细节）。要运行应用程序，需要下载代码，执行 sbt，然后键入 ~; jetty: stop; jetty: start 来编译第 7 章中的相关代码。修改后的文件立即被构建工具执行，同时 jetty 服务器也将重新启动：

```
[akozlov@Alexanders-MacBook-Pro chapter10]$ sbt
[info] Loading project definition from /Users/akozlov/Src/Book/ml-in-
scala/chapter10/project
[info] Compiling 1 Scala source to /Users/akozlov/Src/Book/ml-in-scala/
chapter10/project/target/scala-2.10/sbt-0.13/classes...
[info] Set current project to Advanced Model Monitoring (in build file:/
Users/akozlov/Src/Book/ml-in-scala/chapter10/)
> ~;jetty:stop;jetty:start
```

```
[success] Total time: 0 s, completed May 15, 2016 12:08:31 PM
[info] Compiling Templates in Template Directory: /Users/akozlov/Src/
Book/ml-in-scala/chapter10/src/main/webapp/WEB-INF/templates
SLF4J: Failed to load class "org.slf4j.impl.StaticLoggerBinder".
SLF4J: Defaulting to no-operation (NOP) logger implementation
SLF4J: See http://www.slf4j.org/codes.html#StaticLoggerBinder for further
details.
[info] starting server ...
[success] Total time: 1 s, completed May 15, 2016 12:08:32 PM
1. Waiting for source changes... (press enter to interrupt)
2016-05-15 12:08:32.578:INFO::main: Logging initialized @119ms
2016-05-15 12:08:32.586:INFO:oejr.Runner:main: Runner
2016-05-15 12:08:32.666:INFO:oejs.Server:main: jetty-9.2.1.v20140609
2016-05-15 12:08:34.650:WARN:oeja.AnnotationConfiguration:main:
ServletContainerInitializers: detected. Class hierarchy: empty
2016-15-05 12:08:34.921: [main] INFO  o.scalatra.servlet.ScalatraListener
- The cycle class name from the config: ScalatraBootstrap
2016-15-05 12:08:34.973: [main] INFO  o.scalatra.servlet.ScalatraListener
- Initializing life cycle class: ScalatraBootstrap
2016-15-05 12:08:35.213: [main] INFO  o.f.s.servlet.ServletTemplateEngine
- Scalate template engine using working directory: /var/folders/p1/y7ygx_
4507q34vhd60q115p80000gn/T/scalate-6339535024071976693-workdir
2016-05-15 12:08:35.216:INFO:oejsh.ContextHandler:main: Started o.e.j
.w.WebAppContext@1ef7fe8e{/,file:/Users/akozlov/Src/Book/ml-in-scala/
chapter10/target/webapp/,AVAILABLE}{file:/Users/akozlov/Src/Book/ml-in-
scala/chapter10/target/webapp/}
2016-05-15 12:08:35.216:WARN:oejsh.RequestLogHandler:main: !RequestLog
2016-05-15 12:08:35.237:INFO:oejs.ServerConnector:main: Started ServerCon
nector@68df9280{HTTP/1.1}{0.0.0.0:8080}
2016-05-15 12:08:35.237:INFO:oejs.Server:main: Started @2795ms2016-15-05
12:03:52.385: [main] INFO  o.f.s.servlet.ServletTemplateEngine - Scalate
template engine using working directory: /var/folders/p1/y7ygx_4507q34vhd
60q115p80000gn/T/scalate-3504767079718792844-workdir
2016-05-15 12:03:52.387:INFO:oejsh.ContextHandler:main: Started o.e.j
.w.WebAppContext@1ef7fe8e{/,file:/Users/akozlov/Src/Book/ml-in-scala/
chapter10/target/webapp/,AVAILABLE}{file:/Users/akozlov/Src/Book/ml-in-
scala/chapter10/target/webapp/}
2016-05-15 12:03:52.388:WARN:oejsh.RequestLogHandler:main: !RequestLog
2016-05-15 12:03:52.408:INFO:oejs.ServerConnector:main: Started ServerCon
nector@68df9280{HTTP/1.1}{0.0.0.0:8080}
2016-05-15 12:03:52.408:INFO:oejs.Server:main: Started @2796mss
```

servlet 的端口号为 8080，可在浏览器中执行如下请求：http://localhost:8080/hw/Joe。

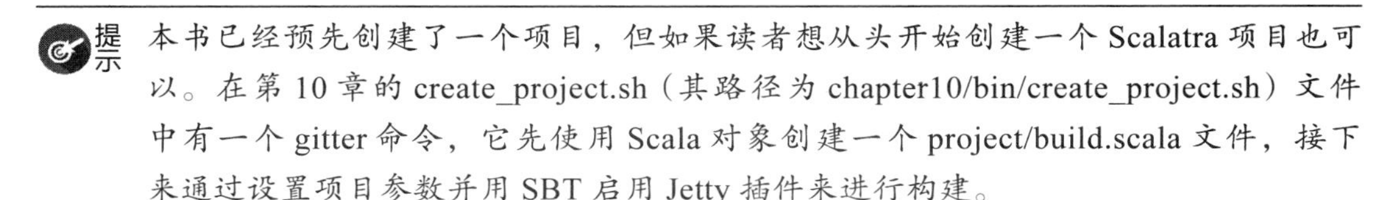
提示 本书已经预先创建了一个项目，但如果读者想从头开始创建一个 Scalatra 项目也可以。在第 10 章的 create_project.sh（其路径为 chapter10/bin/create_project.sh）文件中有一个 gitter 命令，它先使用 Scala 对象创建一个 project/build.scala 文件，接下来通过设置项目参数并用 SBT 启用 Jetty 插件来进行构建。

输出结果应该和下面的屏幕截图相似：

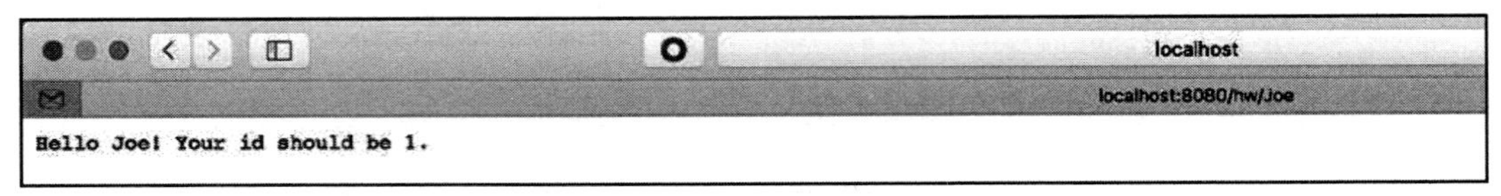

图 10-1 servlet 的 Web 页面

如果使用不同的名称调用 servlet，它会分配不同的 ID，这个 ID 在应用程序的生命周期中都存在。

由于还启用了控制台日志，会在控制台上看到如下命令：

```
2016-15-05 13:10:06.240: [qtp1747585824-26] INFO  o.a.examples.
ServletWithMetrics - It took [Joe] 133225 NANOSECONDS
```

在获取和分析日志时，可能需要将日志重定向成一个文件，在一组分布式服务器中，需要有多个系统来收集、搜索和分析日志，但通常会使用一个更简单的方法来检查（introspect）运行代码。实现的具体方法是创建单个有度量的模板，而 Scalatra 提供对度量和监控系统是否正常运行的支持，以实现基本的计数、直方图、速率等操作。

下面将使用 Scalatra 所支持的度量。ScalatraBootstrap 类还必须实现 MetricsBootstrap 特质。org.scalatra.metrics.MetricsSupport 和 org.scalatra.metrics.HealthChecksSupport 的特质提供了类似于 Scalate 模板的模板，如下面的代码所示。

下面是 ScalatraTemplate.scala 文件的内容：

```
import org.akozlov.examples._

import javax.servlet.ServletContext
import org.scalatra.LifeCycle
import org.scalatra.metrics.MetricsSupportExtensions._
import org.scalatra.metrics._

class ScalatraBootstrap extends LifeCycle with MetricsBootstrap {
  override def init(context: ServletContext) = {
    context.mount(new ServletWithMetrics, "/")
    context.mountMetricsAdminServlet("/admin")
    context.mountHealthCheckServlet("/health")
    context.installInstrumentedFilter("/*")
  }
}
```

接下来是 ServletWithMetrics.scala 文件中的内容：

```
package org.akozlov.examples

import org.scalatra._
import scalate.ScalateSupport
import org.scalatra.ScalatraServlet
import org.scalatra.metrics.{MetricsSupport, HealthChecksSupport}
import java.util.concurrent.atomic.AtomicLong
```

```
import java.util.concurrent.TimeUnit
import org.slf4j.{Logger, LoggerFactory}

class ServletWithMetrics extends Servlet with MetricsSupport with
  HealthChecksSupport {
  val logger = LoggerFactory.getLogger(getClass)
  val defaultName = "Stranger"
  var hwCounter: Long = 0L
  val hwLookup: scala.collection.mutable.Map[String,Long] =
    scala.collection.mutable.Map()  val hist =
    histogram("histogram")
  val cnt =  counter("counter")
  val m = meter("meter")
  healthCheck("response", unhealthyMessage = "Ouch!") {
    response("Alex", 2) contains "Alex" }
  def response(name: String, id: Long) = { "Hello %s! Your id
    should be %d.".format(if (name.length > 0) name else
    defaultName, id) }

  get("/hw/:name") {
    cnt += 1
    val name = params("name")
    hist += name.length
    val startTime = System.nanoTime
    val retVal = response(name, synchronized { hwLookup.get(name)
      match { case Some(id) => id; case _ => hwLookup += name -> {
      hwCounter += 1; hwCounter } ; hwCounter } } )s
    val elapsedTime = System.nanoTime - startTime
    logger.info("It took [" + name + "] " + elapsedTime + " " +
      TimeUnit.NANOSECONDS)
    m.mark(1)
    retVal
  }
```

如果再次在浏览器中输入链接 http://localhost:8080/admin，页面将显示一组链接信息，如下图所示：

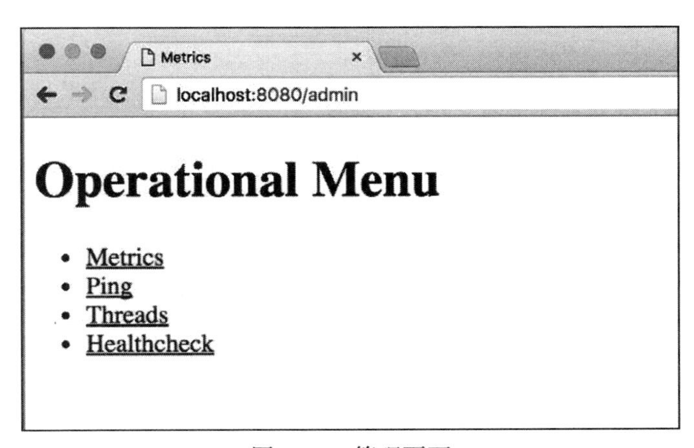

图 10-2　管理页面

Metrics 链接将导向度量页面（见图 10-3）。g.akozlov.exampes.ServletWithMetrics.Counter 会得到全局请求计数，org.akozlov.exampes.ServletWithMetrics.histogram 会显示累积值（这里为名称长度）的分布。更重要的是，它将分别计算百分位数 50、75、95、98、99 和 99.9，仪表计数器将显示最后 1 分钟、5 分钟和 15 分钟的比率：

localhost:8080/admin/metr ×

localhost:8080/admin/metrics?pretty=true


```
{
  "version" : "3.0.0",
  "gauges" : { },
  "counters" : {
    "com.codahale.metrics.servlet.InstrumentedFilter.activeRequests" : {
      "count" : 1
    },
    "org.akozlov.examples.ServletWithMetrics.counter" : {
      "count" : 3
    }
  },
  "histograms" : {
    "org.akozlov.examples.ServletWithMetrics.histogram" : {
      "count" : 3,
      "max" : 6,
      "mean" : 4.417153998557605,
      "min" : 3,
      "p50" : 4.0,
      "p75" : 6.0,
      "p95" : 6.0,
      "p98" : 6.0,
      "p99" : 6.0,
      "p999" : 6.0,
      "stddev" : 1.25749956766925
    }
  },
  "meters" : {
    "com.codahale.metrics.servlet.InstrumentedFilter.responseCodes.badRequest" : {
      "count" : 0,
      "m15_rate" : 0.0,
      "m1_rate" : 0.0,
      "m5_rate" : 0.0,
      "mean_rate" : 0.0,
```


图 10-3　度量页面

最后可得到检查结果。这里只是检查响应函数的返回值是否已经包含字符串，这些字符串会作为参数传递。具体见图 10-4。

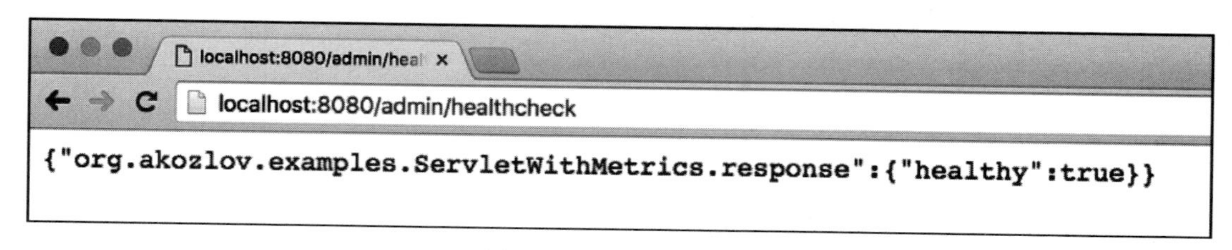

图 10-4　运行状况页面

这些度量配置要报告给数据收集服务器 Ganglia 或 Graphite，或者定期将信息转存到日志文件中。

端点不一定是只读的。用来测量任务完成时间的计时器是预先配置好的组件，它也可以用于测量性能得分。类 ServletWithMetrics 的代码如下：

```
get("/time") {
  val sleepTime = scala.util.Random.nextInt(1000)
  val startTime = System.nanoTime
  timer("timer") {
    Thread.sleep(sleepTime)
    Thread.sleep(sleepTime)
    Thread.sleep(sleepTime)
  }
  logger.info("It took [" + sleepTime + "] " + (System.nanoTime
    - startTime) + " " + TimeUnit.NANOSECONDS)
  m.mark(1)
}
```

访问网址 http://localhost:8080/time 会触发代码执行，它将与计时器度量同步。

类似地，执行 put 操作（由 put() 模板创建）可以调整运行时参数或现场（in-situ）执行代码。

注意　**JSR 110**

JSR 110 是另一种 **Java 规范请求**（JSR），通常称为 **Java 管理扩展**（JMX）。JSR 110 规定了许多 API 和协议，以便能够远程监控 JVM 的运行情况。访问 JMX 服务的常见方法是通过 jconsole 命令连接到默认的本地进程。为了连接远程主机，需要在 Java 命令行中加上选项 -Dcom.sun.management.jmxremote.port=portNum。同时建议启用 SSL 或基于密码的身份验证措施。因为 JMX 可通过回调来管理系统状态，所以其他使用 JMX 来进行监控的工具也用类似的方法来管理 JVM。

你可通过 JMX 来公开用户自己的度量。虽然 Scala 运行在 JVM 中，但 JMX（通过 MBeans）的实现非常 Java 化，尚不清楚该机制在 Scala 中是如何实现的。但 JMX Beans 作为一个用 Scala 写的小应用程序迟早是要公开的。

JMX MBean，通常会在 JConsole 中检查，但是也可以让其出现在 /jmx servlet 中，该代码可在 https://github.com/alexvk/ml-in-scala 中找到。

10.3　模型监控

目前已经介绍了基本的系统和应用程序的度量方法。而最新的发展方向是利用监控组件来得到统计模型性能。统计模型性能包括以下内容：

- ❑ 模型性能如何随时间演变
- ❑ 模型何时停用
- ❑ 模型运行状况检查

10.3.1 随时间变化的性能

ML 模型的性能会随着时间恶化，即由于概念的变化，比如属性定义的改变或者底层依赖关系的改变，模型的性能会随时间发生变化，这个过程不太很好理解。不幸的是，很少有模型会随时间变化而性能得以提升。因此，跟踪模型势在必行。一种方法是通过监控模型去优化度量，因为在许多情况下并没有现成的带标记的数据集。

很多时候，模型性能恶化与统计建模的质量没有直接关系，即使比较简单的模型，如线性回归和 logistic 回归往往都比决策树一类的复杂模型更稳定。模式演变或属性重命名（这种情况通常不会被人注意）都可能导致模型性能恶化。

模型监控的部分工作应该执行运行状况检查，用几个数据或已知的一组数据定期地对模型进行评分。

10.3.2 模型停用标准

在实际工作中，数据科学家经常每隔几周就会拿出更好的模型。即便不是这样，也需要给出停用模型的一组标准。由于实际得到的监控数据基本上不会与评分数据相关联，因此通常只能通过代理来衡量模型性能，从而得到模型应该改进的方法。

10.3.3 A/B 测试

A/B 测试是电子商务中所特有的受控实验的一种具体情形。A/B 测试通常应用于一个网页的不同版本，让完全独立的各组用户分别测试每个版本。测试的因变量通常是响应率。如果关于用户的任何具体信息都是无效的，并且没有保留在计算机的 cookie 中，那么可通过随机方式来划分用户。通常的划分是基于唯一的用户 ID，但这种做法并不太恰当。A/B 测试受制于受控实验所遵循的相同假设：测试应完全独立，因变量的分布应为独立同分布。其实很难想象所有测试对象都是独立同分布的，但 A/B 测试在实际工作中很有效。

在建模中，可将获得的数据分成两个或多个通道，并由两个或多个模型进行评分。此外，需要估计每个通道的性能度量，并估计方差。通常将其中一个模型当成基准模型，这与零假设相关，而对于其余模型，可采用 t 检验来比较与标准差的差异比率。

10.4 总结

本章介绍了现有 Scala 监控解决方案（具体而言就是 Scalatra）中的系统监控、应用程序监控以及模型监控目标。许多度量方法与标准操作系统或 Java 监控有相同的功能，但这里还讨论了如何创建特定的应用程序度量方法和运行状态检查。本章还介绍了 ML 应用中新的模型监控领域，包括统计模型的性能恶化监控、运行状态监控和性能监控，也介绍了分布式系统的监控，由于篇幅有限，并没有深入讨论这个话题。

这是本书的最后一章，但绝不意味着这是学习旅程的结束，因为新框架和应用程序正在不断出现。Scala 已经成为作者实战中的一个简洁好用的开发工具。可用它在几个小时得到需要的结果，而传统开发工具需要好几天的时间。由于 Scala 在交互分析、复杂数据处理和分布式处理方面有很大的优势，因此现在有很多人都在使用它。